最受欢迎的做事方式

凹凸◎编著

送给年轻人的社交技能手册

第2版

中国纺织出版社

内 容 提 要

年轻人闯荡社会，做事是重要的生存本领。不论是政坛精英，还是商界巨子；不论是高官贤达，还是市井百姓，那些能成就一番事业的人，都是掌握了做事技巧和法则的人。年轻人想把事情做好，不仅要有积极的想法和精益求精的态度，更需要多掌握些切实可用的技巧。

本书是一本做事技巧大全，从关注细节、善用信息、善用朋友、借助外力、把握心态、讲求效率等多个方面，剖析最受欢迎的做事方式，指导年轻人在人际交往中更易被人接纳、尊重，并获得帮助，从而让读者在人际交往中更加顺利，让人生境界不断提升。

图书在版编目（CIP）数据

最受欢迎的做事方式 / 凹凸编著. --2版. --北京：中国纺织出版社，2015.8（2022.3重印）
ISBN 978-7-5180-1453-8

Ⅰ. ①最… Ⅱ. ①凹… Ⅲ. ①成功心理—青年读物
Ⅳ. ①B848.4-49

中国版本图书馆CIP数据核字（2015）第055386号

策划编辑：闫 星　　　　责任印制：储志伟

中国纺织出版社出版发行
地址：北京朝阳区百子湾东里A407号楼　邮政编码：100124
邮购电话：010—87155894　传真：010—87155801
http：//www.c-textilep.com
E-mail：faxing@c-textilep.com
中国纺织出版社天猫旗舰店
官方微博http：//www.weibo.com/2119887771
佳兴达印刷（天津）有限公司印刷　各地新华书店经销
2010年4月第1版　2015年8月第2版　2022年3月第2次印刷
开本：710×1000　1/16　印张：18
字数：285千字　定价：54.00元

第1版前言

当我们还没有离开校园时，还可以为赋新词强说愁，但当我们步入社会之后，就应该变得实际一点，多学点做人的智慧，多懂些做事的道理，用最好最快的方式争取到自己想要的一切。

一个人在20几岁的时候，已经应该逐步完成由青涩少年到成熟人生的过渡，把握梦想，主宰自己的前程，是目前“活着”最重要的事。

20几岁的年轻人在现今竞争激烈的社会环境中，依靠什么才能从强手如云的竞争中脱颖而出，成就自我呢?纵观古今中外，但凡能成就伟业者，无不深谙做事之法。这些成功人士知道何时该进，何时该退，何时应该主动出击，何时应该深藏不露。他们懂得以不变应万变，懂得万事从细节入手，积累小的成功，问鼎大的成就。他们方圆通达，在关键时刻总能把做事的技巧运用得淋漓尽致。

年轻人闯荡社会，多个朋友多条路，多个敌人多个坑。善于结交朋友，建立丰富的人际关系，能让你在办事时如鱼得水。就如戴尔·卡耐基曾说的：“一个人的成功，只有15%是由于他的专业技术，85%则是要靠人际关系和他的做事技巧。”年轻人如果能早早地培植自己的人系关系网，结识更多比自己优秀的人物，除了自身会取得更加快速的进步之外，也能催化事业取得成功。

年轻人做事，态度重于能力。俗话说：“把每一件简单的事情做好就是不简单，把每一件平凡的事情做好就是不平凡。”做一件事情不难，难的是如何做好一件事，这当中需要用心、需要技巧、需要稳健，更需要坚持。就“敷衍的人最终会是个大输家”，你敷衍生活，生活反过来也会敷衍你；你敷衍手中的事，事情的结果也会敷衍你。有人把做事当做一种不得不应负的责任或苦役，因此心理上先拒绝做事。结果在不得不做的过程中，就会感到更加的辛苦与乏味。相反，如果你把做事当做一种学习与磨炼的机会，或想到它对人对己的帮助，甚至把它当成一种艺术，你就会觉得它充满着乐趣，而逐渐由被动的心情转为主动的力量了。这就是做事的心态。

年轻人做事，不要因为自己拥有大好年华就眼睁睁地浪费时间，人生有限，容不得我们蹉跎岁月，更容不得我们忽视年华。人生是由众多事情所组成的，如果你感觉时间不够用，很多事情没有认真去做或是没有好好去办理，那是因为你没能分出轻重缓急，安排和处理好应该做的事情，当你学会用最好的时间、最好的心情、最好的态度、最负责任的精神去完成你最想办理的事情时，你做事的效率会大大提升，成就感也会油然而生。

在瞬息万变的社会环境中，如果不懂得灵活变通，很容易四处碰壁，不仅大大地影响做事的效率，还会给自身的发展带来巨大的障碍。然而方法与技巧，并不是没有任何原则、任何立场，我们更不能因为年轻，处心积虑地去谋害他人，耍阴谋手段把自己的成功建立在别人的痛苦之上。做事的技巧更多的是智慧和谋略，是让我们在现今的环境中，更好地把握住机遇，少走一些弯路，更为轻松、顺利、便捷地把事情做好，实现自我人生的理想。

林肯曾经说过："智慧可以帮助我们，让我们不必用烫伤自己的方法去体验火的炙热；也可以让我们在陷阱面前适时止步，做出明智的选择。"成功者的伟业固然让世人顿生羡慕之情，他们的做事技巧充分体现了一个人的智慧和思想水平，他们为人处世的方法更是值得我们学习和借鉴。

本书所讲述的诸多做事的技巧，正是前人经过身体力行后总结出来的智慧的精华。书中以众多名人的具有说服性和趣味性的小故事加以例证，全面揭示年轻人做事要掌握的技巧，应该注意的重点，应该掌握的谋略。只要领会和运用了本书中的诀窍，你就能畅通无阻地实现自己一个又一个目标。

在这个依靠智慧生存的年代，20几岁的我们要变得更为灵活一些，更为机动一些，在做事时多讲一些方法，多用一些技巧，那么你的人生就会早点看到成就的曙光。

编著者

2009.10

第2版前言

生活中，我们每个人从学校离开以后，都成了社会的一份子，必须要掌握一定的生存本领，这就需要我们懂得如何做事。事实上，我们可以看到的是，无论是商界精英，还是政坛高官，那些能成就一番事业的人，都是掌握了做事技巧和法则的人。

生活中的年轻人，不知道你可曾有过这样的体会，你带着真诚与人交往，却不被重视？你每天将大部分的时间都花在了工作上，却总是效率低下？你也想通过创业来达到人生理想，但却总是屡战屡败？你想让朋友帮你忙，却不知道如何开口？你是否因为领导的一句批评就自信心全无？也许你感到很无奈……

其实，这都是因为你不懂如何做事。在每个人的一生中，必须要学会的两件事：一件是做人，一件是做事，有人说，做人难，做事也难。这也是我们经常听到的话。的确，人生不易，为了获得必要的生存条件和实现自己的人生价值，我们每个人都在努力，也同时面对着巨大的压力。事实上，一个人不管多能干，多聪明，条件多好，如果不懂做事的方法，那么只能是事倍功半，也不招人喜欢，最终的结局肯定是失败的。

也许我们周围的不少人把做事看得过于复杂，仿佛用尽全身力气，也无法达到完美。其实，做事是一门艺术，正如我们追逐成功一样，如果我们找不到其中的窍门，那么，无论你再努力，也是徒劳。

可见，年轻人想把事情做好，单单有积极向上的态度是不够的，你更需要掌握一些切实可用的方法。而本书是一本做事技巧大全，它涉及年轻人在做事过程中可能遇到的种种问题。本书从关注细节、善用信息、善用人力、借助外力、把握心态、讲求效率等多个方面，通过真实案例的分析，让年轻人都能了解最受欢迎的做事方式，并指导他们在人际交往中更易被人接纳、尊重，并获得帮助，让他们在工作和生活中更顺心，从而帮助其不断进步，最终实现自己的人生目标。

编著者

2015年1月

目录

第1章

人际交往要细“心”，大处着眼小处着手

有人说：“小事成就大事，细节成就完美。”也有人说：“一个不经意的细节。往往能够反映出一个人深层次的修养。”对于二十几岁的年轻人来说，关注细节才能掌握做事的技巧，才能在遇事时沉着冷静、应对自如。

细节中隐藏着机会，细节凝结着效率，做好细节，是做好每一件事情的基础。作为年轻人，一个灵感，一个微笑，一句问候，一个无意的眼神……种种细节都可能会对你做事的成败产生重要的影响。因此，无论做任何事情，都不能忽略细节之处，只有从细节入手，才能发现可乘之机，才能心想事成、事事如意。

把细节放在眼里，才不会吃哑巴亏

卡耐基说：“一个不注意细节的人，永远不会成就大事业。”

每个年轻人都是芸芸众生中的一员，大多数的日子里，我们很显然都在做一些小事，然而任何一件小事，都是由无数个细节组成的，每个小小的细节，都直接影响着我们做事的结果。“细节决定成败”这样的言语并不是凭空捏造出来的，要做好一件事应先做好细节，做有心人才能事半功倍。

一个相貌平平的女孩，是某大专学校即将毕业的学生，毕业前在某公司财务部门实习当出纳，只因为做事情负责任，得到全公司同仁的喜爱，在毕业后就留在这家企业上班，18年后，她成为这家公司的人事部门主管，公司也由原先不到十人变成现在四百多人的企业。她说，她没有很高的学历，她只是要求自己：只要主管交代录入的文件，一定不要有错字，她不只是把主管交代的事做完，更要把事情做好，不要主管操心。年轻时，在细节上的自我要求，让领导看到了她做事的细心和专注，也因此使她的人生变得精彩。

年轻人能否做成一件事，其差别体现在细节上。人与人在智力和体力上的差异并不是很大。很多小事，一个人能做，另外的人也能做，只是做出来的效果不一样，往往是一些细节上的功夫，决定着完成的质量。我们应该相信“成功是把许多细节做好所得到的报偿”，瞬间的成功很容易来得快、去得也快，但是不轻视任何小处，很负责任地把每一个细节做好，所获取的成功，才是真正的、长久的、鼓舞人心的成功。

“千里之行，始于足下，九层之台，起于垒土。”从古至今，细节的

完善都是成就大事的基础。著名的女词人李清照，若不是在一字一句的细节上反复斟酌，就不会有流芳千古的美词佳句；一代女皇武则天，若不是从低处着手，从细节做起，就不可能一步步坐上皇位，中国的历史上也不会出现这唯一一位女皇帝。小细节中往往包含着成就大事的机会。一个苹果落地，牛顿发现了万有引力，开水壶的盖子被蒸汽顶起，瓦特发明了蒸汽机。行之有效的创新，在一开始可能并不起眼，因为他们只是从小事细节处着手，却找到成大事的机会。

生活中，有许多细节中隐藏着机遇，只要我们用心去发现，成功就在拐角处等着我们。不重视细节，成功就有可能从你鼻尖下溜走。年轻人，就是在细节中学会做人、做事，然后再去成就大事。因为，关注每一个细节，就是抓住每一个机会。

有个年轻女孩独自乘火车旅行，火车行驶在一片荒无人烟的山野之中，人们一个个百无聊赖地望着窗外。

前面有一个拐弯处，火车减速，一座简陋的平房缓缓地进人她的视野。也就在这时，几乎所有乘客都睁大眼睛“欣赏”起寂寞旅途中这道特别的风景。有的乘客开始窃窃议论起这房子来。

女孩的心为之一动。返回时，她中途下了车，不辞辛苦地找到了那座房子。主人告诉她，每天火车都要从门前驶过，噪声实在使他们受不了啦，很想以低价卖掉房屋，但很多年来一直无人问津。

不久，女孩用 3 万元买下了那座平房，她觉得这座房子正好处在拐弯处，火车经过这里时都会减速，疲惫的乘客一看到这座房子都会精神一振，用来做广告是再好不过的了。

很快，她开始和一些大公司联系，推荐房屋正面这道极好的“广告墙”。后来，可口可乐公司看中了这个广告媒体，在 3 年租期内，支付给女孩 18 万元租金……

这个真实的故事，就发生在我们的身边，而更多时候，这些故事的主人公，不是我们。年轻人有着天生的敏感和细心，若是善加利用这些长处，每个年轻人都可以得到属于自己的成功。

细节，可以使你发现他人的脾气以及喜好、对人对事的看法等，从而使你找到应对他人的“妙方”。生活中有许多细节，你也许不经意，但就是这些不起眼的细节，可以折射出你的人品，影响你的人缘，决定你未来的发展。年轻人眼里要有细节，只有甘心从身边的每一个细节做起，踏踏实实地走自己的路，才能走出别样的人生。

在形象上多花点心思，会让你大放异彩

酒香也怕巷子深，快节奏的生活已经让人没有过多的精力去主动了解身边的人或事，这时候，我们更应该通过形象传达出自己的重要性。让别人快速感性地认识你。

形象对于刚入职场的年轻人的重要性不言而喻，每个青年都为了让自己变得更有魅力而在服装、化妆品、美容上花尽心思和金钱。的确，好的形象不仅可以让自己更加自信，还可以影响别人对你的评价，甚至可以定位你的社会地位。

在每个人都刻意美化着自己、高度重视个人形象的今天，形象细节的打造，就成为人们一较高低的重点，所谓“成也细节，败也细节”，形象细节的塑造是每个二十几岁的年轻人都不会忽视的。

苏珊在一次社交场合中认识了化妆品推销员鲁茜，经过一番交谈，鲁茜成功地约到苏珊第二天到她家里谈化妆品的具体事宜。第二天，鲁茜准时出现在苏珊家的大门口，她穿着一身整洁笔挺的女士套装，苏珊心里暗想，不愧是知名化妆品公司的推销员，连行头都这么讲究，她顿时对鲁茜充满好感。

但当鲁茜踏入客厅，坐在沙发上时，苏珊不经意瞥到了鲁茜的凉鞋，鞋子很漂亮，但是鲁茜的脚趾甲很长，里面似乎还藏着黑黑的污泥，要知道，苏珊是一个非常重视个人卫生的人，甚至有一点小小的洁癖。因此虽然鲁茜一坐下来，就开始了热情洋溢的推销讲说，可是她说了什么，苏珊一句也没听进去。

结果不言而喻，尽管鲁茜很努力地劝说苏珊购买她的化妆品，可苏珊对鲁茜的信任已经因为一双不雅观的脚而大打折扣了，她礼貌地拒绝了鲁茜，把她送出了家门。

华尔街曾经流行过这样一句俗语：“永远不要把钱交给穿着破皮鞋的人，永远不要相信一个穿着旧皮鞋和不擦皮鞋的人。”由此可见，一个人的形象，一个人的仪表特征，甚至可以通过一双小小的皮鞋传达给他人，传达你仪表的同时，也传达了你的处世态度、生活态度。面对一个仪表堂堂却穿着一双破皮鞋的人，我们怎么会说服自己相信他呢？

不要小看未经修饰的双脚所给你带来的威胁，它可以轻易地将你苦心经营的形象毁于一旦，任凭你穿着名牌衣服、佩戴着昂贵首饰，也掩盖不了它的丑。中国人总喜欢说“一条鱼腥了一锅汤”，不就是这个道理吗？

因此，无论你是否愿意承认，你都在留给别人一个关于你在他们心中的印象，这个印象在工作中影响着你的前途，在生活中影响着你的人际关系甚至爱情，在商业中影响着你对手对你的评价，可以说它无时无刻不在影响着你。甚至可以说，一个好的形象，可以影响到你的一生，形象价值百万的说法，一点都不为过。

萧彤是一家知名形象设计公司的老总，她靠着敏锐的观察力和对机遇的把握，年纪轻轻就为自己在事业上挖到了第一桶金。刚刚步入工作岗位时，聪明能干的她对自己的形象并不是很在乎，她认为，工作能力才是最重要的。但老板的一句话让她彻底改变了这种想法。老板提醒她说：“好的形象是一个人在职场上打拼的利器。它能使别人更加肯定你的能力，对你更加信服。”老板的提醒给了她很大的震撼。在日后的工作中，萧彤也慢慢发现：能力固然很重要，但也绝不能忽视了形象的重要性。这个发现让她把更多的精力投入对员工形象的培训上，并取得了很好的成效。这也成为萧彤日后从事形象培训工作的起点。终于在几年后，她成立了自己的形象顾问公司，开创了属于自己的事业。

有些二十几岁的年轻人追求个性，总以为形象是很虚无的东西，其实不然，形象是一件很实际的事情，就像萧彤注意形象作用而找到了商业契机一样，好的形象可以让人少走弯路，提早到达成功的彼岸。而恶劣的形象，也可以让一个能力卓越的人与成功失之交臂，悔恨不已。形象的目的已不再是对外在美的追求，更是为了辅助事业的发展。想要获得成功，请先从改变形象做起，因为，优秀的形象就如千里马光滑漂亮的鬃毛一样，可以引起伯乐的注意。是金子总会发光，同样，优秀的形象也会让你变得光彩照人。

现今社会，许多人都懂得用漂亮的衣服和精美的配饰来打扮自己；许多女人都在化妆品和化妆技巧上下功夫；甚至很多人为了让自己看起来更加高贵典雅有气质，不惜血本买下诸多世界名牌的服饰和包包；然而即使这样，和周围的人相比或许还是没有足够的吸引力，很可能看起来还不如一个善于淘地摊货的年轻人更有魅力，原因何在？当然是细节上的差别。

就像一个风情万种的女子，有着漂亮的脸蛋和姣好的身姿，远远看去如女神一般让人景仰，然而近距离接触之后，男人很可能因为她端着酒杯的粗糙的手而倍感失望；还有一些女子，她们衣着不会很华丽，妆容不会很厚重，虽然难免会看到脸上些许雀斑，但她们不会在意，谁没有缺点呢？当别人和她们接触之后，透过脸上的雀斑看到的是爽朗的笑容，透过素雅的服饰看到的是人的内涵，透过一个人的平凡，可以看到这个人的美，实在不是光用眼睛看看就可以的。

细节对于每个人都是这样，它可以悄无声息地透露出你的品位、你的内涵、你的气度和你的思想，一个懂得用细节装饰自己的人，才能在众多有个性的年轻人中散发出独特的光芒，赢得期望的结果，登上梦想的高峰！

事情的成败通常蕴藏在点滴中

这是一个细节取胜的年代，做任何事要想有所成效，对于细节的处理都要精益求精。

“求大事者不拘小节”曾是我们引以为豪的一句话。在我们身边，想做大事的人很多，但愿意把小事做细的人却相对较少。有人说20世纪80年代出生的人是没有经历过风雨的年轻一代，相对于我们的祖辈和父辈多了一分毛糙和浮躁。在步入社会之前，我们就一心只憧憬着成就大事，不愿意或者不屑于做小事。这种心态与实际工作之间有很大的矛盾。

在一次次跌倒之后，聪明的年轻人渐渐发觉，自己的失败不在于目标不对、方法不行，而是因为在做事时忽视了某些看似微小的细节，以致造成了千里之堤，溃于蚁穴的错误。

著名作家汪中求先生讲过这样一个案例：

在上海这个繁华的大都市，交通压力越来越大。在修建地铁时，一号线是由德国人设计的，二号线是我们自己设计的。上海地处华东，地势平均高出海平面就那么有限的一点点，一到夏天，雨水经常会使一些建筑物受困。德国的设计师就注意到了这一细节，所以地铁一号线的每一个室外出口都设计了三级台阶，要进入地铁口，必须踏上三级台阶，然后再往下进入地铁站。这简单的三级台阶，在下雨天可以阻挡雨水倒灌，从而减轻地铁的防洪压力。事实上，一号线内的那些防汛设施几乎从来没有动用过；而地铁二号线就因为缺了这几级台阶，曾在大雨天被淹，造成巨大的经济损失。

这并不是贬低中国设计师的才华，这个案例也不能说明中国的设计者没有德国人聪明。地铁二号线的失误关键在于设计师的工作精细程度不够，对细节的要求和把握较德国设计师还有差距。

必须承认中国人决不缺乏聪明才智，也许缺的是对细节的执著。相比意大利人、法国人的浪漫，美国人的随意，德国人显得严肃、认真，甚至刻板，但正是在严谨认真、一丝不苟的工作态度和工作方法的指导下，细节才会被重视。

细节是一种创造，细节是一种功力，细节表现修养，细节体现艺术，细节凝结效率，细节产生效益。看中细节，是做人应该追求的方向，能够看得见细节的人，他们更容易把事情做到位。

日本人的工作态度向来被人称赞，他们对于细节的挖掘和运用，给他们带来了诸多的商机和财富。

大庆油田是我国著名的大油田。最早在开采时，由于种种原因，除了中央领导和在工地上的工人，其他人都不知道关于大庆的任何资料。但是细心的日本人却从公开报道的蛛丝马迹之中“看”出了眉目，并从中获得了丰厚的收益。

最初，《人民画报》刊登了铁人王进喜在大庆工作时，身穿大棉袄、背景飘雪花的照片。日本人推断，大庆应该在中国寒冷的北方，可能在东北。因为那个月份，只有东北才会下雪。其后，日本人又根据运原油的列车上灰层的厚度，测出油田与北京的距离，认定油田应在哈尔滨与齐齐哈尔之间。

《人民日报》报道王进喜到了马家窑，大喊一声：“好大的油田啊！”日本人推断，马家窑是大庆的中心部位。《人民日报》又报道了大庆人发扬“一不怕苦，二不怕死”的革命精神，肩扛人抬各种设备。日本人由此推断，大庆附近有铁路、公路，否则，人怎么可能长距离扛得动几千斤重的设备。于是，他们推断，大庆在安达车站附近。1966年，王进喜作为人民代表参加了全国人民代表大会。日本人推断，大庆出油了。《人民日报》刊登的一幅石油钻塔的照片，日本人看了以后，测算出了油井的直径，并

据此测算出这台油井的产量。

随后，官方公布了一些大庆的资料，日本人又测算出大庆油田的生产规模与产量。紧接着，日本人就设计生产了完全符合大庆油田的石油设备。当中国刚一公布在国际上招标购买石油设备的时候，其他国家还没有来得及设计，日本人就把图纸给了中方。很快，他们就同中方签订了合同。这份合同让日本人受益匪浅。

关注细节，把握机遇，决定了事情的成败。能够超前发现细节、捕捉细节、掌控细节，让细节为你所用，这种睿智会让你很快出人头地。

世界上四位最伟大的建筑师之一，在被要求用一句最概括的话来描述他成功的原因时，他只说了五个字“魔鬼在细节”。年轻人做事就好似在雕刻着自己的生命石像。它是美是丑，是可爱是可憎，全操纵于自己的手。在行动时，每一个思想，每一个动作，都如凿子的一击：可以美化你的石像，亦可以损毁你的石像！关注细节、重视细节，每次敲击和打磨都力求尽善尽美，最后的结果才能尽如人意。

在小事上多留心会让你同趋完美要

想比别人更优秀，只有在每件小事上比功夫。

我们大多数都是普普通通的人，都在过一些平平淡淡的日子，总是在做一些毫不起眼的小事，但是有些时候这些小事我们也不能够完全做好，做到位。

有些人看不起小事，觉得一件小事，对自己不会造成什么影响，他们也正因为这种想法而吃了大亏。

参加招聘会的那天早上，小陈不慎碰翻了水杯，将放在桌上的简历浸湿了。

为了尽快赶到会场，小陈只得将简历简单地晾了一下，便和其他东西一起匆匆塞进背包。

在招聘现场，小陈看中了一家深圳房地产公司的广告策划主管岗位。按照这家企业的要求，招聘人员将先与应聘者简单交谈，再收简历，被收简历的人将得到面试的机会。

轮到小陈时，招聘人员问了小陈三个问题后，便向他要简历。小陈掏出简历时才发现，简历上不光有一大片水渍，而且放在包里一揉，再加上钥匙等东西的划痕，已经不成样子了。小陈努力将它弄平整，递了过去。看着这份伤痕累累的简历，招聘人员的眉头皱了皱，还是收下了。那份折皱的简历夹在一叠整洁的简历里，显得十分刺眼。

三天后，小陈参加了面试，表现非常活跃，无论是现场操作Photoshop，还是为虚拟的产品做口头推介，他都完成得不错。在校读书时曾身为学校戏剧社骨干社员的小陈，还即兴表演了一段小品，赢得面试负责人的啧啧称赞。当他结束面试走出办公室时，一位负责的小姐对他说:“你是今天面试者中最出色的一个。”

然而，面试过去一周后，小陈依然没有得到回复。他急了，忍不住打电话向那位小姐询问情况。小姐沉默了一会儿，告诉他：“其实招聘负责人对你是很满意的，但你败在了简历上。老总说，一个连简历都保管不好的人，是管理不好一个部门的。”

一个那么出色的人，败在弄脏的简历这件小事上，真是不值得。但是在公司领导的眼中，透过这份简历，就看到了一个人做人做事的态度。有时候，你或许可以把一件事做到99%的完美，但是最后可能恰恰会败在另外那1%上。

做事不贪大，就是积极做好每件小事，但这绝不等于刻意去做一些小事给别人看，关键是要养成这样一种习惯，端正做事的态度。

又到了毕业的时候，无锡市的数十家企事业单位组成一个招聘团，来

渝招聘应届大学毕业生。小王带着个人简历也去应聘。

招聘场面异常火暴，简直就是人山人海！他选中了一家幕墙装饰公司，准备投简历。然而，数十、上百人将招聘台挤在中间，求职心切的学生们都争先恐后地将自己的简历往前递，现场秩序一片混乱。小王实在看不下去了，于是扯着嗓门大声对学生们喊："大家不要再往前挤了，排队好吗？"一连喊了好几声，混乱的局面才有所改变，学生们开始按顺序往前递材料。

小王在排队等候的时候发现，这家公司的要求很高，不少来自名牌大学的优秀生，甚至一些硕士生都只能得到招聘者一句冷冰冰的话，不禁有些紧张，自己毕竟只是一所普通院校的本科生。然而，当小王将简历递上去时，招聘者却只问了一句，"你是学工程造价的吗？"然后便告诉小王，如果他愿意，马上就可以签约。

小王惊异不已，半晌才明白过来，一定是自己刚才主动维持秩序的举动打动了招聘者的心。

也许只是一个小小的、无意识的举动，便能改变你的命运。现在的用人单位最看重的并不是学生的分数，更看中的是专业能力，还有为人处世的态度，人际交往能力以及团队精神等。小王的经历说明，细节决定着事情的成败。

选择脚踏实地从小事、从细节做起的人，在完善每个步骤的同时，不断坚持，改变着自己的命运，实现着质的蜕变。

尽孝道也需要重视细节

感恩父母，不要忽略细节，这会让你感受到生活最可爱的一面。

生活中蕴含着无数细节：在父母生日的那天，记得说上一句："生日快乐！”

在过节时陪父母一起回忆回忆朝夕相处的那段悠悠岁月；向父母表达谢意时放一枝带露水的鲜花在他们的桌上；简简单单、不用怎样破费和费心的小小细节，就可以将千丝万缕的绵绵情谊表达得彻彻底底！

一朵小花、一封信、肩膀上的亲昵一拍或一句鼓励的话，这些看似简单的事情，并不像你想象的那样无足轻重。父母从细节中给予我们关怀，我们也应该从细节中给予父母关爱。父母不曾要求我们做出多大的贡献，只需要一点一滴的生活细节，就是我们对父母的最好报答。

爱，说起来好像感觉很抽象，可当它体现在细节之中时，我们就会觉得爱是那样生动；爱并非都要表现出轰轰烈烈，在点滴之间、细微之处，它都在告诉我们什么是真正的爱。真正的爱需要我们共同付出，需要我们关注身边的细节，从细节中传递爱与温暖。

现代社会充满了浓重的商业气氛，我们时常都像一架高速运转的机器，在不知不觉中，慢慢疏远了与父母之间那份最真挚的情感。你还记得母亲的牵挂和父亲的嘱咐吧，那么不要让子欲孝而亲不在的悲剧上演。请那些还幸福地拥有父母爱的子女们，从百忙的工作中抽出一点时间，回家看看。

一个女孩大学毕业后，不得不离开母亲到外地工作，考虑到年迈的母亲生活不便，自己又不能侍奉在母亲身边，内心很是愧疚。于是她给母亲请了个保姆，并每个月给母亲寄来保姆费。

一开始，她每个月寄一次，时常打电话问候母亲各方面的情况。后来也许是工作太忙和考虑到效率的问题，便一季度寄一次，再后来就半年寄一次，最后是一年寄一次，电话也越来越少了，母亲都一一接受了。

又一年，当她一次性地把全年的保姆费寄给母亲后，母亲却把这笔费用寄回来。女孩奇怪地打电话问：“妈妈，怎么了？”妈妈说：“每次收到你的汇款单，我和周围的邻居们都高兴好几天。我希望你在今后每个月能给我寄一次，这样也让我和邻居们都有好几天的欢乐和满足。”

女孩听了恍然大悟。虽然女孩寄给妈妈的钱是一样多的，一次性寄的

话给自己减少了麻烦，但是，给母亲的欢乐却大大减少了。

难以想象，就收到保姆费这么小的动作，都让父母如此的快乐，因为这细节背后蕴藏着难以用言语表达的爱。

生活中，父母总会关注着我们每一个细节，为让我们健康快乐地成长倾注心血。我们的每一声咳嗽都会换来父母内心的焦虑和亲切的关怀，每一个表情都会迎来父母的担忧、喜悦、悲伤……正是这看似微不足道的细节，温暖着我们，爱着我们。

都说：“慈母手中线，游子身上衣。临行密密缝，意恐迟迟归。谁言寸草心，报得三春晖。”小草用绿色回报太阳，羊羔跪乳，乌鸦反哺，植物动物的行为都那么让人感动。更何况我们是有血有肉、有思想、有感情的人类。父母把我们抚养成人，付出了一生的心血，对我们别无所求，只想经常看到我们，听到我们的声音。离得近的常回家看看，离得远的时常接父母同住一段时间，陪父母散散步，与父母聊聊天，就像一个公益广告中所说：“别让你的父母感到孤独……”

平日里和父母要多聊聊天，在聊天中要留意父母流露出对某些事情的向往和留恋，做儿女的应该懂得父母的心思，想方设法满足父母的愿望。同时要注意的是，老人的愿望都是比较容易满足的，因为他们经历的世事较多，对于身外之物都看得很淡，他们更希望得到的是心灵上的安慰。做人要学会用心，只有用心，才能尽孝心。

生命的含义对孩子和老人来说，感受上是不相同的。这既是一个自然规律问题，又是一个心理和感情问题。爱是相互的，只有共同付出才能维系亲情。你从中感受到父母的爱和劳累，可你曾经对父母付出过你的爱吗？你注意过父母额上的皱纹吗？你看到过父母黑发中夹着银丝吗？你感受过父母的脚步已经开始放慢了吗？不管怎样，如果还没发现，还没付诸行动，就从现在开始，为时未晚。

灿烂的阳光可以使人心境豁然开朗，温馨的亲情、愉快的团聚、悉心的照料、敞开心扉的开导，都可以为老人的生活营造出一片生机盎然的春色。从这些细节中关心父母，回报父母。哪怕只是几句问候，一杯热茶，拉拉手，聊聊家常，父母都会有种舒心的幸福感，而这，也是为人子女者对老人、对父母应尽的孝道。

用细节表现你的素质

年轻人素质的高低，言谈举止的优雅与粗俗，是别人是否青睐你的关键，因此，很多细微的地方．是作为年轻人所必须留意的。

我们不可避免地加入到上班族的行列中，在工作中，在每一件事上面，你如何表现出自己的高素质并且为自己的工作生涯添光加彩呢？细节，是你必须要留心的地方。

我们每个人都在社会中扮演着很多角色，有时是别人的朋友，有时是别人的员工，而时刻留意你的言谈举止的，远不止这些人。比起你的朋友或家人来，你的顾客更容易在实际的接触和你对他们的服务中，感受到你的素质。毫无疑问的是，顾客也更喜欢那些素质高，言谈举止都十分得体的员工。而得体的举止，并不一定需要很夸张的动作去表现你对顾客的尊重，有时候，一个微笑，就可以很好地传达出你的态度。

近年来，“海归”已经成为国内各种竞争中最有优势的一类人群。但是随着这种出国热的兴起，各个发达国家对签证的要求也越来越严格。但求大于供，申请签证的人多，而能够得到签证的人却比较少。

文文便是这种出国热潮中的一员，高中毕业后，父母希望她能够出去走一走，看一看，长长见识。于是，在准备了材料后，她像所有准备出国的留学生一样，开始了出国的最后一关：去大使馆面试。

面试时，主考官问了她几个常规的问题，比如对该国的印象，去该国

的原因，平时的休闲活动等。本来已经是驾轻就熟的问题，在之前的培训班已经演习过，但由于当天面试的人很多，其中不乏在气质和学历上都较为出色的，再加上已经准备了这么长时间，父母的期望很大，所以她的压力也很大，问题回答得磕磕绊绊，大失水准。从主考官的脸色可以看出，她的情况不是很理想，只叫她回去等消息。就这样，她沮丧地离开了大使馆。

没想到3个星期后，她居然收到了大使馆发来的信件，拆开一看，竟然是盖好印章的签证。尽管心里很疑惑，但她还是兴奋地踏上了出国的旅途。

一年后，在回国探亲的飞机上，她居然遇到了当时的主考官。在闲聊之中，她终于解开了心里的谜团。主考官向她透露，本来对她的印象分并不高，几乎没有考虑的余地。但是在主考官离开时，发现她正在楼下等车，最初有两次出租车经过，但因为同时在等的还有一位老人和一个孕妇，她都让给了对方。

后来有公车来，主考官站在远处看，发觉她是所有人中唯一没有插队的。主考官说：“你的举动让我感受到了你是一个素质很高的女生，而且你的素质都是无意中体现出来的，说明这是你一贯的修养，所以我应该给你一个机会。”

事实上，素质已经是我们日常生活中最常被提到的一个名词。而素质的体现就在于日常的言谈举止之中，穿着得体与否，谈吐文明与否，举止得体与否，等等，这些不经意的东西，却恰恰是别人所看重的。能力可以在学习和社会实践中得到提高，可一个人的素质，却不是在一段时间内就能得到提高的。所以素质的高低，个人的言谈举止，自然就成了别人是否青睐你的关键，文文之所以会获得主考官的青睐，也是这个原因。

年轻人在步入社会时，大多数人都在做简单的事，都在做重复的事，甚至做完全没有趣味的事，这就是生活，就是人生。很多人做的事情不一定是自己所喜爱的，社会有社会的分工，不可能完全按照你的爱好分工。所以你只有静下心来，把小事做细，把细事做透，让自己从细节中感受生活的可爱，慢慢地爱上生活、爱上工作，并最终成为一个有能力的人。

大事要做好，小事少不了

什么是不简单，把每一件简单的事情做好就是不简单。什么是不平凡。把每一件平凡的事情做好就是不平凡。

有些年轻人，刚刚步人社会就想着做大事，成就一番大事业，总觉得自己与众不同，很多小事不值得自己去做。这种眼高手低的心态就像我国古代流传的一个故事一样：

东汉的时候，有一个叫陈蕃的小孩儿，他独居一室日夜苦读，想干出一番大事业来。

有一天，他父亲的朋友薛勤到家里来拜访，看到屋子里纸屑满地，满目疮痍，便问他："你为什么不打扫屋子来接待客人啊？"陈蕃回答道："大丈夫处世，当扫除天下，安事一屋？"薛勤当即反驳道："一屋不扫，何以扫天下？"

我们身边有很多像"陈蕃"一样的人，总以为自己是做大事的人，要不拘小节，不用去在乎一些小事，殊不知，再大的事情也是由一件件小事串联起来的。不积跬步无以至千里，不积小流无以成江河。一个连屋子都不愿打扫的人，当他着手办一件大事时，也必然会忽视最基本的环节和步骤，因为这对于他来说也不过是像打扫屋子一样。如果把一生的事业比做一座百层高楼，那么那些钢筋水泥和砖瓦就是事业中的一些小事，若你连一块砖、一片瓦都不能砌好

或是不屑去做这种事，那么你的楼怎能盖得起来呢？

在社会中，大多数人都做着很平凡的工作，那种大事做不了，又不肯为小事付出心力的人，是最要不得的。其实，不管是个人，还是公司、

企业，成功都是源自平凡工作的积累。企业需要的是能够在平凡中求成长的人。能够认真对待每件事，把平凡的工作做到最好的人，才是能够发挥实力的人。

一天，克劳斯特·宾到德国科利银行去面试。

总经理问：“先生，你能从工作的实际经验出发，给我描述一下公司的未来吗？”克劳斯特·宾回答说：“先生，我认为公司的发展应当是秩序化的管理，而不是什么关于未来的夸夸其谈。”总经理问：“为什么这样说呢？”“因为我到您这里的时候，已经看到了公司的现状了。”

这时，外面突然传来警车鸣笛的声音，但是克劳斯特·宾似乎什么也没有听见，仍在认真阐述自己的观点……经理说：“你是到本公司面试的第一百零九人，其他一百零八人与你的观点相近。”

总经理的话意味着什么，明眼人一听就知道了。克劳斯特·宾心里感到很难受，真是“乘兴而来，败兴而归”。不过，他还是很有礼貌地起身告辞。当他走到门口的时候，突然发现有一枚钉子掉在那儿，他没有多想，习惯性地把钉子捡了起来装在自己的口袋里，慢慢地向外走去……

这时总经理突然在后面喊道：“先生，我能继续和您谈谈吗？”

克劳斯特·宾非常惊讶，礼貌地问：“先生，我不是没有希望了吗？”

总经理笑着说：“先生，在面试的一百零九人中，不是只有你一个人是那样回答问题的。但这不重要，重要的是你刚才捡钉子的动作，实在让我震惊。要知道，有多少面试的人都踢开了这颗钉子，唯有你看到了这颗钉子的存在，这证明你非常务实，我决定录用你！”

克劳斯特·宾到了公司之后，脚踏实地，做出了卓越成果，最终成为公司的总裁。

不要小看任何一项工作，没有人可以一步登天。当你认真对待每一件事时，你会发现自己的人生之路越来越宽广，成功的机遇也越来越多。

荀子说：“骐骥一跃，不能十步；驽马十驾，功在不舍；锲而舍之，朽木不折；锲而不舍，金石可镂。”这是一种做事兼做人的态度，也是一种成功的策略。在我们的实际工作中，没有一件小事小到不值得去做，如果你轻视小事，那么，随之一同被忽略的，肯定还有你的责任心。每项伟大的事业，都是由无数件小事组成。能够在小事上一丝不苟的人，才能有条不紊地成就一桩大事。

在你的身边，想做大事的年轻人很多，但愿意把小事做细的人很少，因此也造就了成功者是极少数。认真地对待每件小事，认真地做好每件小事，你将会有意想不到的收获。大的成功，是每次小成功的积累。一颗芽可以振奋一片荒原，一点希望可以燃烧一片蓝天。其实成功，只需要我们脚踏实地、扎扎实实地做好身边的每件小事。

专注细节，做事要追求完美

成功没有捷径，要说捷径，就是把每一个细节都做到尽善尽美。当无数个尽善尽美的细节得以完成时，就可以积累出巨大的成就。

如今，每一个求职的年轻人几乎都会体验到，人才市场供大于求，找一份理想的工作可谓难于上青天。而在职场摸爬滚打的人也发现，现在职场人士受教育程度普遍提高，同一职场环境中员工学历的差距也越来越小。每个人都在用双倍的努力争取从同事中脱颖而出，每个人都费尽心机打扮自己，期望比别人更能获得加薪和晋升的机会。但是这些绝非易事，在这样的背景下，要想在职场中出人头地，展现抱负，一定要秉承做事追求完美的理念，专注于细节，把自己的工作做到极致。

年轻的洛克菲勒最初在石油公司工作时，既没有学历，又没有技术，被分配去检查石油罐盖有没有自动焊接好。这是整个公司最简单、枯燥的工序，同事戏称连 3 岁的孩子都能做。洛克菲勒每天看着焊接剂自动滴下，

沿着罐盖转一圈，再看着焊接好的罐盖被传送带移走。半个月后，他终于忍无可忍地找到主管申请改换其他工种，但被回绝了。无奈的洛克菲勒只好重新回到焊接机旁，既然换不到更好的工作，那就先安下心来把这份工作干好算了。

接下来，洛克菲勒开始认真观察罐盖的焊接质量，并仔细研究焊接剂的滴速与滴量。他发现，当时每焊接好一个罐盖，焊接剂要滴落 39 滴，而经过周密计算，实际上只要 38 滴焊接剂就可以将罐盖完全焊接好。经过反复测试、实验，最后洛克菲勒终于研制出“38 滴型”焊接机，也就是说，用这种焊接机，每只罐盖比原先节约了一滴焊接剂。就这一滴焊接剂，一年下来却为公司节省出一大笔的开支。公司也没想到还有人能在这个岗位做出这么大的成就，年轻的洛克菲勒很快得到提拔，就此迈出日后走向成功的第一步，直到成为世界石油大王。

没有把这个岗位的任务完成到极致，洛克菲勒能有人生的这个惊人一跃吗？

对于“追求完美的工作表现”的人来说，他们的才华、激情和价值取向是一致的，而且他们时常有一种强烈的个人成就感。他们心存一个内在的灯塔，他们永远在追寻他们生活中的目标。

对于 20 几岁的年轻人来说，顺其自然是平庸无奇的。为什么在可以选择更好的时候我们总是选择平庸呢？为什么我们总是有理由纵容自己碌碌无为呢？为什么我们不可以超越平庸呢？

成功没有捷径，要说捷径，那就是把每一个细节都做到尽善尽美。当无数个尽善尽美的细节得以完成时，就可以积累出巨大的成就。雕塑家用自己的双手一刀一锉地刻出每一个完美的细节，即使是最细微、最不可能为人所注意的部位也没有丝毫马虎，他甚至不考虑自己精心雕刻的某些细节可能人们永远都不会看到。

1886 年，法国政府送给美国一座雕刻历时 10 年、高约 46 米的自由女神像，旨在纪念自由精神强烈的美利坚合众国成立。自由女神的外貌设计源于雕塑家的母亲，高举火炬的右手则以雕塑家妻子的手臂为蓝本。这座自由女神像象征着美国人民的自由精神。直至今日，这座雕像依然是美国最具代表性的景观之一，而且随着时代的发展，自由女神像历经沧桑，它几乎已经成为全球所有为自由而奋斗的人心目中神圣的向往。

人们怀着这种神圣的向往，从四面八方涌来，为的就是一睹自由女神的风采。在雕像耸立于美国自由广场的一百多年以后，有一位画家和朋友一起乘坐一架私人小飞机飞到了距离地面约三百英尺的高空，画家和他的朋友已经清楚地看到了自由女神像头部的所有细节：一缕缕飘逸而韧性十足的头发，丰富的脸部表情，额头、鼻翼两侧还有耳廓边的每一根线条，以及坚定地盯着前方、充满火热激情的眼睛……所有的一切都被雕塑家表现得栩栩如生。这位画家素以对作品无比挑剔和苛刻著称，但是看到眼前美轮美奂的自由女神像，他也不由得赞叹，简直是巧夺天工。

在一个多世纪以前，这位雕塑家始终没有放松对自己的要求，他在巨大的自由女神像上一刀一刀地刻着，在他眼中只有手中的刀锉和刀锉下的完美细节。也正是因为雕塑家鬼斧神工的雕刻技术，以及他对于完美细节的不懈追求，巨大的自由女神像才以近乎完美的形象展现在人们面前，同时展现在人们眼前的还有雕塑家的精巧技艺及其通过每一个细节向人们传递的自由精神。

这位自由女神像的雕塑者就是弗雷德里克·奥古斯塔·巴托尔迪。他的名字和自由女神像一样流传千古，他向人们传递的自由精神将会被千万代的人所铭记。

生命中完美的结果必然重要，但美丽的细节不仅仅是通向结果的抛物线，没有细致的过程，那么结果将永远只是彼岸花。如果可以珍惜生命中的所有细节，不管多少欢愉，多少眷念，多少忧患，多少泪痕，只要能坦然地面对胜利与失败，物喜与己悲，那么，你在雕刻细节的过程中就播种了辛勤的种子，必然会充实和练就自己。

对于我们来说，从早到晚，不管阴天还是晴天，也不管是不是受到胸

闷、头疼或心脏病的困扰——每天都必须到达指定的地方，开始工作。而只有在坚持工作数个小时后，休息才显得格外甜美惬意。无论在哪里，账本上的数字必须精确无误；无论在哪个仓库，货物的数量必须和清单一致；无论何时，对孩子、顾客和邻居的态度必须和蔼可亲。简而言之，无论做什么事情，我们都要付出百分之一百二的努力，正是这种品质才能铸就成功的基础。

列夫·托尔斯泰说过：“人类的信仰在于自强不息地追求完美。”不要老是觉得自己的工作很不错，要经常让别人来评判你的工作是否让人满意，如果在你所做的工作中找到失误，那么你就不是完美的，你也不需要去找一些理由，还是回去再把工作做得更完美一点吧。在现实的工作中，你要将自己最擅长的才智发挥出来，应用到你孜孜追求的事业上。

不要满足于尚可的工作表现，努力把事情做到完美，年轻的你才能成为不可或缺的人物。人类也许永远不能做到完美无缺，但是在我们不断激扬自己的精神、不断挖掘自己潜能的时候，我们对自己要求的标准会越来越高，我们的能力也就会越来越高。

第2章

培养友情不可少，平步青云有助力

在充满梦想的好莱坞，流行这样一句话：“一个人能否成功。不在于你知道什么，而是在于你认识谁。”观事业有成之人。有些固然是天赋异禀可恃才傲物之辈，但更多的还是朋友遍天下行走可借力的人。

20几岁的你也许认为自己有能力、有才华，但就如世界上到处都是有才华的穷人一样，你要让自己的能力被人肯定，有用武之地，就需要在朋友之间搭建起互助的桥梁。朋友和能力是相辅相成的，一个没有能力的人，是不会得到别人欣赏，受人重用的，而他也很难结交更多比自己优秀的人。年轻人要学会从你的朋友、亲人、同事、老乡、同学等关系中建立属于自己的交际网，在关键时候，他们一定会助你平步青云。

朋友是步步高升的电梯

常言说“一个篱笆三个桩。一个好汉三个帮”，“一人成木，二人成林，三人成森林”，说的都是一个人要想成功，要想拥有辉煌人生．必定要有做成大事的人脉网络和人际支持系统。

个人的成长、成才、成功，都是在人际交往中完成的，甚至连他的喜怒哀乐也都与他的人际关系息息相关，可见人脉在年轻人做事中的重要性。人脉是一笔不可忽视的潜在财富，没有丰富的人脉关系，20几岁的年轻人无论做什么事都将举步维艰。

如果说血脉是人的生理生命保障系统的话，那么朋友则是人的社会生命保障系统。常言说“一个篱笆三个桩，一个好汉三个帮”，“一人成木，二人成林，三人成森林”，都是说，要想做成大事，必定要有做成大事的人际网络和人际支持系统。三国时的孙权也曾说过：“能用众力，则无敌于天下矣；能用众智，则无畏于圣人矣。”懂得借助他人的力量帮助自己达到成功彼岸的人才是真正的强者。当今社会，如果你想仅仅凭着熟练的技能和勤恳的工作态度，就能在社会上游刃有余，混得风生水起，未免过于天真。虽然能力和勤奋很重要，但是拥有丰富朋友资源的你却可以比别人更轻松地获取机会。总的来说，就是你的朋友关系越丰富，你的力量也就越大，机遇也就越多。

林姗本是一个小小的推销员，不到六年的时间里，她却做到了公司的总经理。林姗常常向人们介绍自己的成功经验，她认为朋友是一个人成大事的主要因素，人脉在一切事业里都极其重要。

林姗和公司的其他推销员懂得一样多，口才也差不多好，但是她有一

样东西，其他人却没有。那就是，林姗不仅对推销这个职业怀有深厚的热情，而且对客户非常真诚。她曾说过："有些推销员把客户当成是一群傻子，一群笨蛋，认为只要把东西推销出去，随便怎么忽悠他们都行，但是我不一样。我每次面对客户，都心怀感激。正是因为这些人来购买我推销的东西，才能使我过上幸福的生活。我要把他们当做朋友，并怀着喜悦的心情，把我认为好用的产品介绍给他们使用。"每一次推销，林姗总是一再地对自己说："我爱我的客户，他们是我的朋友。"林姗总是抱着广交朋友的心态去推销东西，她的朋友才越来越广，来找她买东西的人也越来越多。

所谓有付出就会有回报，只要用心去浇灌你的朋友之树，它必将结出成功的硕果。人际关系专家曾从各个不同的角度做了大量研究，结果都证明：越是懂得朋友的重要性，人们在与人交往的过程中就越主动积极，其人际关系也越融洽，越能适应社会，其工作业绩也越大。

很多人有时在工作疲惫或者生活上遭遇挫折时都难免会做梦，希望有朝一日可以得到贵人提携，从此飞黄腾达，前程似锦。其实只要你能有意识地拓展人脉网，你就会发现，生活中从来不缺贵人，他们可能就是你的朋友、同事，甚至是萍水相逢的人。我们无法预测我们的贵人会在何时何地出现，也无法确定他将以什么样的方式降临到我们身边，我们现在唯一能做的就是通过扩展自己的人脉来给自己创造更多的可能。

有人说："朋友满天下，知心有几人？"如果你的一生之中，能有几个真正能和你患难与共的朋友，无论在顺境和逆境中都能相互支撑、相互依存、相互帮助，那可真要恭喜你，因为他们必定是你事业和生活中的中流砥柱。

"千里难寻是朋友，朋友多了路好走。"个人的力量是有限的，单打独斗的个人英雄主义的时代早已过去，而朋友的力量是无止境的，他们会从物质和精神上帮助你渡过一个又一个难关。无怪乎世界首富比尔·盖茨说："一个人永远不要靠自己一个人花100%，的力量，而要靠100个人花每个人1%的力量。"

2005年中国富豪榜的二号人物太平洋建设集团董事长严介和提出了

“360 度全方位交朋友”理论：永远没有敌人，也没有对手，只有朋友。360 度全方位交朋友，使严介和的朋友遍天下，他的朋友圈子没有身份档次之分，就连酒店的门童也能成为他的朋友。严介和本人也毫不掩饰，他说：“我 75％的效益都是从饭桌上谈出来的。”20 几岁的年轻人也应该学会用人格的魅力赢得对方的信任和尊重，广结朋友，使得自己的人生能够更顺利地走下去。

美国石油大亨洛克菲勒在总结自己的成功经验时曾经表示：“与太阳下所有能力相比，我更关注与人交往的能力。”当今是一个“酒香还怕巷子深”的时代，如果没有朋友作为依托，即使你是一块闪闪发光的金子，也难免被埋没在废铜烂铁中，不见天日。

因此，我们要充分发挥自己的交际能力，不断扩大自己的朋友网络，借助人脉的力量抓住机遇，最终拥抱成功，成就辉煌人生。

人情债靠“帮”出来

20 几岁的年轻人，如果心里想的只有自己，那么，他的世界也会变得越来越小。不愿意帮助他人必定也得不到他人的支持和帮助。

俗话说：“晴天留人情，雨天好借伞。”年轻人要想让别人在自己落难之际或是身处逆境之时，伸出援手来帮助自己，就要懂得在平时多储蓄一些“人情债”。古人云：“投之与桃李，报之与琼瑶。”在别人患难之际施以援手，救落难英雄于困顿，就等于在自己的人情信用卡上做储蓄。那么在以后你需要帮助的时候，接受过你帮助的人，必然也会尽其所能、真心实意地帮助你。

有这样一个小故事：

一头驴子和一匹马，各自背着一大包盐，沿着山路走去。太阳像一个火球，那头可怜的驴子背着盐包，整整走了一天，累得很。它对马说："我想把背上的盐分一些给你背，我实在走不动了，. 恐怕就要倒下来了。帮帮我的忙吧。"

"我不愿意。"马摇摇头回答，"我们的主人很明白，你我各有多少重量好背。"

那头可怜的驴子不再说什么，咬着牙继续走下去。可它还没有走到那座小山的顶上，就倒在地上死了。主人走上前去，把那个大盐包从它的背上卸下来，全都放在了马背上。

现在马背着两个大盐包，艰难地赶着没有走完的路程，它一步比一步吃力，后背好像要折断一般。它边走边想：刚才还不如帮助一下自己的好朋友驴子呢……

俗话说："帮人即是帮己"。故事中的马如果一开始就愿意帮助驴子，那么驴子也不会死，而马后来也不用背负双份重量，很多时候帮助他人，实际上也是在帮我们自己。然而，在生活中有很多人像故事中的马一样，被眼前的利益蒙蔽了双眼，总认为帮助他人是一件毫无利益可言的事，抱着"各人自扫门前雪，休管他人瓦上霜"的心态，笑看他人在困境中的种种窘态。更有甚者，甚至扮演起"痛打落水狗"、"落井下石"的角色，做事如此决绝和自私，又如何能让其他人在你陷入困境时，伸出援手呢？

明美大学毕业后，就职于一家小企业。由于靓丽的外形、出色的工作能力，颇得老板的赏识。明美的竞争意识很强，她认为同事之间都是"笑里藏刀"的，表面对你客气指不定哪一天就在背后捅你一刀，因此她对其他人的事都不太上心。同事拜托她的事也总是能推就推，久而久之，明美觉得她被孤立了。工作分组时，没有人愿意和明美一组；下班后，也没有同事愿意邀请明美参加活动；就连同事们结婚发喜帖时，也似乎有意无意地漏发了明美的一份。明美虽然对同事的所作所为有点不舒服，但是她也没有太在意。她本来就觉得自己做好自己的工作就够了，与同事相处得不好倒是免去了她许多不必要的应酬，可以多投一点时间在工作上。

一年后，主管升职，部门内将有一人被推选为主管。明美觉得自己的机会到了，无论是从工作业绩还是从工作能力来评估，自己无疑是最优秀的，主管的位置定是自己的囊中之物。出人意料的是，明美并没有当上主管，当上主管的是一个业绩与她相距甚远的人。明美不服气，找上级理论，她原来的主管语重心长地对明美说："我承认你的工作能力很强，也承认你在工作上的投人。但是你的人缘实在太差，很多人向我抱怨过你的冷漠和自私。你觉得一个不愿意帮助他人的人有可能当一个好主管吗？"

20 几岁的年轻人，如果心里想的只有自己，那么，他的世界也会变得越来越小。就像明美一样，不愿意帮助他人必定也得不到他人的支持和帮助。年轻人要把眼光放远，把心放宽。只有把整个世界装在心中的人，才会真正拥有这个世界。想要被人尊重，被人帮助，首先你要去帮助别人。

一百多年前的一个下午，在英国一个乡村的田野里，一位贫苦的乡下人正在田里耕作，忽然听见河边传来救命的呼叫声。他奔向河边，从河里救起那位险些丧命的少年。事后知道那是位贵族世家的儿子。几天后贵族登门道谢，问乡下人有什么需要。乡下人觉得救人是天经地义的事，根本不需要什么报答。在贵族的坚持下，乡下人的儿子被带到了伦敦去读书。后来，这个乡下人的儿子从伦敦圣玛丽医学院毕业了——他就是青霉素的发明人，1945 年诺贝尔医学奖的获得者亚历山大·弗莱明。

故事并没有到此结束，在第二次世界大战期间，那位帮助弗莱明完成学业的贵族的儿子，在伦敦患了严重的肺炎，正是用青霉素才治好了他的病，挽救了他的生命。这个人，就是当时英国的首相丘吉尔。

有因才有果。如果没有弗莱明父亲的善举，弗莱明就没有求学的机会。那位贵族如果不知恩图报，他的儿子许多年后也许会死于肺炎。世界上的事情总是如此奇妙，而又息息相关。很多时候，帮助别人的同时也是在帮助自己，年轻人应该牢记这句话。

俗语说："济人须济急时无。"当一个人口渴时，送给他一杯白开水，

胜于平时的一杯鲜果汁，所以雪中送炭远胜于锦上添花。我们应该明白，世事无常，谁都不知道将来会需要谁的帮助，与人方便，自己方便，何乐不为？

与人合作成大事

单靠年轻人一己之力，很难扫除成功路上的荆棘，要成功，必须借助外力。也就是说，你要善于在交际圈里发现贵人。

每个在拼搏的年轻人，在上升的每一个阶段都会有贵人相助，只不过自己没有觉察而已，师长、上司、前辈轻轻一点拨，你就有可能从此飞黄腾达。生活中是不缺贵人的，他们可能就是与你朝夕相处的朋友、同事甚至是萍水相逢的人。

有人说：“30岁以前的人靠专业赚钱，30岁以后则靠人脉赚钱。”可见人脉在一个人的成功道路上的重要性。国内一家著名的网站在关于哪些因素对职业生涯影响最大的调查问卷中发现，“个人能力”被大家公认为第一因素；其次有30. 77%的受访问者认为机遇起着决定性的作用；人脉关系的因素被排在了第三位，有17. 35%，的受访者感到了人脉的重要性。其实这三者并不矛盾反而具有积累加倍的效果。如果你有能力，而且在能力之外还有良好的交际关系，人脉优势，那么结果往往是一分耕耘，数倍的收获。调查还发现，女性比男性在事业成功的道路上，所遇到的坎坷要多一些，所以，需要有贵人相助扫除荆棘，创造机会。

一个人的力量是有限的，大众的力量是无穷的，成功需要个人的努力，也需要善于借助外物。

从前，有两个饥饿的人得到了一位长者的恩赐：一根鱼竿和一篓鲜活硕大的鱼。其中，一个人要了一篓鱼，另一个人要了一根鱼竿，于是他们分道扬镳了。得到鱼的人原地就用干柴搭起篝火煮了一条大鱼，他狼吞虎咽，还没有品出鲜鱼的肉香，转瞬间就连鱼带汤吃了个精光。没过几天，他就把鱼全部吃光了，不久，他便饿死在了鱼篓旁。另一个得到鱼竿的人，提着他的鱼竿朝海边走去，忍饥挨饿地走了几天，当他已经能看到远方蔚蓝的大海时，他用尽了浑身最后一点力气，再也走不动了。最后他也只能倒在他的鱼竿旁，带着无尽的遗憾离开了人间。

又有两个饥饿的人，他们同样得到了长者的恩赐：一根鱼竿和一篓鱼。但他们没像前两个人那样各奔东西，而是商定共同去寻找大海。他们带着鱼和鱼竿踏上旅程。在路上，他们每次只煮一条鱼，经过艰难的跋涉，终于来到大海边。从此，两人开始了捕鱼为生的日子，几年后，他们盖起了自己的房子，有了各自的家庭和子女，有了自己建造的渔船，过上了安定幸福的生活。

同样是面对着鱼竿和满篓的鱼，四个人却有不同的表现，前两个人只顾各自利益，得到的只是暂时的满足和长久的悔恨。后两个人却很有心机，懂得人生的智慧在于目标存高远但立足于现实，于是两个人合作，发挥了鱼竿和一篓鱼的双重功效，最后过上了自己所期望的幸福的生活。

这个故事告诉我们合作很重要。在现代社会，人与人之间的联系更加紧密，完全孤立的人是无法生存的。什么是合作？合作就是人与人之间的配合，共同完成一件事情。合作既是一种精神和态度，也是一种能力和修养。俗话说“一个篱笆三个桩，一个好汉三个帮”。一个人考人大学主要靠的是分数，而一个人步人社会站稳脚跟，并最终取得成功，靠的是能力。“与人合作”是人生存的最基本、最重要的能力。

中国有句俗语：“一根筷子易折断，十双筷子抱成团；一个巴掌拍不响，万人鼓掌声震天。”善于协商与合作能够克服个人力量的不足，壮大集体的力量，从而使每个人都从中获得进步。因此，加强团结合作是一个人成功的基石，也是一个集体成功的基石。

世界是由各种各样的人组成的，就像彩虹是由七种颜色组成的一样。

一个人只有学会与不同的人相处，才能适应社会。“孤芳自赏”的人常常会有“怀才不遇”的苦恼。纵观社会上的成功人士可以发现，真正取得竞争优势的人首先是一个善于合作并懂得借力的人，完全靠单枪匹马稳操胜券的人并不是经常出现的，因为我们处在一个专业分工精细而又合作共处的时代，因而我们需要培养自己与他人协商与合作的能力，为将来拓展自己的人生舞台打基础。

刘先生是某电子公司高薪聘用的一位信息管理员，一年过去了，刘先生在工作中表现突出，技术能力得到了大家的认可，每次均能够按计划、保证质量地完成项目任务。别人解决不了的问题，对他来说是小菜一碟。公司对刘先生的专业能力非常赞赏，有意提升他为项目主管。然而，在考察中发现，刘先生除了完成自己的项目任务外，从不关心其他事情，而且对自己的技术保密，很少为别人答疑，对分配的任务有时也是挑三拣四，若临时额外追加工作，便表露出非常不乐意的态度。另外，他从来都是以各种借口拒不参加公司举办的各种集体活动。如此不具备团队精神不懂得合作的员工，显然不适宜当主管。于是，刘先生失去了一次升迁的机会。

像刘先生这样“两耳不闻窗外事”的员工，说得好听一点是独立有个性，说得不好听一点就是过于自我，太自私。这样的员工显然是不受现代企业欢迎的。

一个企业最大的目标是利用有限的资源创造最大的价值，试想一下，一个员工在为企业创造价值的时候还留有余地，假如你是老板，你会喜欢这样的员工吗？企业要使自身处于最佳发展状态，合作精神是必不可少的。如今，越来越多的企业在招聘人才时把团队精神作为一项重要的考察指标。一位资深人力资源专家说，团队精神有两层含义，一是与别人沟通、交流的能力，二是与人合作的能力。合作是人与人之间很重要的一种相处方式。我们每天都要做许许多多的事，但是一个人的能力是有限的，这就需要不断地寻求帮助，提高自身的效率，达到事半功倍的效果。所以合作是成功的捷径，只有懂得合作的人，才是真正成功的人。俗话说得好，不合作不成功，小合作小成功，大合作大成功。一个“人”字，就是相互支撑的一生，与别人合作，既帮助了别人，又帮助了自己，何乐而不为呢？

所以对于年轻人，交际能力的重要性不言而喻，很多时候，单靠一己之力，很难扫除成功路上的荆棘，要成功，必须借助外力，也就是说，你要善于在交际圈里发现贵人。

老乡为我所用

生活在异地的人举目无亲。心理上常会缺乏安全感。由于地缘关系，彼此语言、习惯、风俗相近，与老乡生活工作在一起，彼此互帮互助，互相关心。将会使生活、工作更愉快。因此，利用老乡资源拓展你的人脉是非常有币利的。

随着时代的进步，经济的发展，越来越多的年轻人选择离开家乡，到异地去求职谋生。只身在异乡工作，脱离原来的关系网，想要在陌生的环境里拓展朋友资源是有一定的难度的。在错综复杂的人际关系里，“老乡”就像是异乡人的备用钥匙一样，总能在不同的时机场合，为我们的生活打开一片新天地。

当年项羽入咸阳后，有人劝他在关中称王。但是他坚持要回楚国老家，而且理由十足地说：“富贵不还乡，如衣绣夜行”，可见其乡土观念的浓厚。中国人对老乡有一种天生的热情，尤其是到外地上学或谋生之时，这种同乡感情就愈发强烈。

在大学即将毕业之前，当其他同学都在竭尽所能地动用自己的人脉去找工作时，秦娟却十分傲气地说要凭实力去赢得成功。因此，她对老乡、同学之类的聚会总是能免就免，怕别人说自己想走后门，攀亲带戚。然而

想凭自己的力量在异乡找到一份好工作又谈何容易呢？寻寻觅觅了半年，秦娟都没有找到合适的工作。眼看着自己的同学一个个都找到好工作，而自己却依然要靠家里的支持度日，秦娟急得就像热锅上的蚂蚁。

终于，她有机会参加了一家外资公司的面试。然而在面试的人群中，学历比她高的人比比皆是，而且还有好几个“海归”。秦娟明白她获得这个工作的机会微乎其微，心里几乎绝望。等到她面试的时候，她本打算随便聊上几句，没想到居然从那个招聘主管“蹩脚”的普通话中，听出了家乡话的尾音。秦娟灵机一动，迅速调整了说话的语速，有意地“泄露”出了几句家乡话。招聘主管听了，神情大悦。当用家乡话交流一番后两人得知，她们不仅是老乡，而且家还相距不远，主管对秦娟的印象很好，顺利地让她进入了复试。秦娟最后凭借自己出色的发挥，顺利地拿下了这份工作。

事后，秦娟十分感慨。要是没有老乡这层关系，她很可能无法通过初试，更别提拿下这份工作了。从那时起，秦娟学会主动联系同乡的同事或者朋友，积极地拓展自己的老乡人脉。而自己对同乡也时常伸出援助之手，给予一些特别的支持和帮助，秦娟的人际面越来越广。

据有关机构统计，在大城市外来流动人口的工作者中，有40%以上的人都是通过同乡关系相互介绍而获得工作机会的。因此，对于初来乍到的异乡人而言，老乡关系很可能就是你获得第一份工作的关键。

年轻人要善用“老乡”资源，让自己在异乡的生活更加顺利，就势必要注意以下两点。

1. 参加同乡会，定期聚会

大学时期，学校一般会有老乡会，年轻人最好加入其中，并且要善于利用前后几个年级的老乡资源。走出校门后，有一些地区也会在他乡建立老乡会，年轻人要积极寻找组织，拓展人脉。如果没有合适的组织，可在网络上寻找相关组织。网络中的大型社区一般都有按地区分类的BBS、聊天室，可适当地涉猎、参与其中。

另外，同乡会的聚会一定要记得参加，这是联络感情的最好时机，如

能以组只者身份出现最好。平时记得利用电话或是 E-mail、短信的方式持续保持联各，了解对方的近况和老乡们的最新资讯。如果能在节日、对方的生日等时刻合予祝福，那是最好不过了。

2. 切勿急功近利，要使老乡变朋友

年轻人要明白，老乡仅仅是交往的一个突破口，对待老乡的交往，不要抱以功利心态。和你同是老乡，可以拉近彼此的距离，使彼此产生亲切感，但是这并不意味着他就一定会帮你。如果你是为了特定的目的而进行交往，急功近利地拼命向他献殷勤，很可能使得对方产生厌烦感。与老乡的交往，重要的是与之建立长久的互惠关系，只有互利才是增进关系最重要的法门。年轻人如果能够在平时的交往中，多一点耐心和真诚，相信不用多久就可以从老乡这一简单的关系，转变为可交往的朋友。

在任何一个单位、任何一个场所，都可能有你的老乡。生活在异地的人举目无亲，心理上常会缺乏安全感。由于地缘关系，彼此语言、习惯、风俗相近，与老乡生活工作在一起，彼此互帮互助，互相关心，将会使生活、工作更愉快。因此，利用老乡资源拓展你的人脉是非常有利的。

年轻人请培养你的老乡亲和力，尝试着多和别人说话。要知道，即使是在街上碰到的陌生人，都有可能因为一句老乡的攀谈而成为你的贵人，从而使你获得通向成功大门的钥匙。

巧借亲情办事

随着独生子女越来越多，很多年轻人对亲戚之间的感情越来越淡，在钢筋水泥铸就的牢笼里蜗居，不愿意走动，与亲戚的交往也越少。

俗话说：不是一家人，不进一家门。亲戚之间大都有血缘或亲缘关系，

这种血缘上的牵绊和联系，决定了彼此之间的亲密性。在生活中遇到困难，年轻人首先想到的恐怕就是找亲戚帮助。作为亲戚，只要力所能及，也大都会不计较报酬地向你伸出援助之手。因此，可以说亲戚关系是每个人都具有的一笔宝贵资源，如果年轻人在办事过程中能够善加利用，亲戚关系也可以起很大的作用。

徐志摩年幼时就非常聪明，且对语言及文学表现出浓厚的兴趣。但直到 15 岁，他还觉得自己在这方面的学习长进不大，因此迫切需要一位精于此道的老师来指点。当听说有一位叫梁子恩的人在这方面很有造诣时，他很想投其门下学习，但苦于没有人从中引荐。巧的是，徐志摩的表舅与梁子恩是同窗好友，所以，他就让表舅替他引见，让其拜在梁子恩的门下。从此，在老师的辅导和自身的努力下，徐志摩在诗词上的造诣突飞猛进，终成一代诗人。

如果当年徐志摩没有表舅的引荐，恐怕还不知道要在诗人这条路上多走多少弯路。因此我们可以说，善用亲情是办事儿的一个重要方法。但是善用亲情并不是无限制地乱用，不顾一切去利用，而是以真诚的心，再加上亲戚这层关系去打动对方，这样才可能成功。如果是胡乱利用，不计后果地去伤害亲人的利益和感情，那不用说对方会加以拒绝，就是自己也会因此而受到道德的谴责，良心也难安。

同时，年轻人必须注意的是，亲戚关系是一种比较复杂的关系，为了更好地维护彼此的关系，亲戚之间在互相交往、互相帮助中应注意以下问题，才能使彼此关系更融洽、更牢固。

1. 亲戚之间的财物往来要明晰

在生活中，亲戚之间的财物往来是常有的事，而年轻人要是遇到急需用钱时，往往首先想到的也是向亲戚求助，亲戚们也往往会慷慨解囊。这些金钱上的往来有时是为了救急，有时是为了帮助，有时就是赠送。虽然情况不同，但都体现了亲戚之间的特殊关系，表达亲人之间的感情。

年轻人要记住，如果你是作为受益的一方，对亲戚的慷慨行为你应该给以由衷的感谢，千万不要把他们这种支持和帮助看得理所应该。如果亲戚们帮助了你，而你不作一点表示的话，很可能会使亲戚产生不满情绪而影响彼此的感情。如果是这样，那就得不偿失了。

另外，如果到了约定的时间还不能按时归还所借钱物，一定要记得和亲戚说明原因，并尽快归还。有的年轻人不注意这个问题，以为亲戚的钱迟一点归还，对方是不会介意和计较的，然而这种理所当然的观点很可能会引起对方的不满。如果处理不得当，很可能成为造成矛盾的祸根。

2. 一视同仁地对待亲戚

俗话说："穷在街市无人问，富在深山有远亲。"生活中，富有的亲戚一定是众人追捧、迎接的对象，相对而言，比较贫困的亲戚就往往不那么受欢迎了。很多时候，年轻人都会犯"势利眼"的错误，觉得帮助穷亲戚对自己也没什么好处，于是对他们的请求往往不予理睬。然而所谓"风水轮流转"、"三十年河东，三十年河西"，世间的一切都是在运动变化的，你又如何保证当年被你拒绝帮助的穷亲戚就一定没有飞黄腾达的一天？如果等他们出人头地后，当年拒绝提供帮助的你又如何与他们泰然处之呢？

凌晴出生于一个小山村，本来日子过得十分清贫，后来经人介绍认识了做木材生意的老公后，日子才慢慢过得好起来。凌晴一直为自己的出身感到自卑，觉得这是一个耻辱，于是婚后立刻和丈夫搬到县城去住，拒绝了和娘家的一切往来。

一次，凌晴的小妹到县城找到凌晴，说是想借一笔钱去城里打工。凌晴听完小妹的话，不但不解囊相助，反而数落了小妹一番，并且对小妹说："我自己日子都过得紧巴巴的，哪有什么闲钱借给你？你还是回家好好种地吧！"凌晴的小妹气冲冲地走了。三年后，凌晴听说小妹在城里和别人合做服装生意，赚了不少钱，还大吃一惊。恰巧在这个时候，凌晴丈夫的生意遇到了瓶颈需要一笔钱来周转。见丈夫天天愁眉苦脸，眉头紧锁，凌晴想起了小妹，便主动去找小妹借钱。凌晴找到小妹，对她述说了事情的原委后，小妹冷冷地说："我自己日子都过得紧巴巴的，哪有什么闲钱借

给你？你还是自求多福吧！”凌晴没料到她对当年凌晴不借给她钱的事耿耿于怀，尴尬得脸上红一阵白一阵。

亲人之间应当相互尊重，平等对待。特别是在彼此之间有地位、职务的差异的情况下，更应如此。如果年轻人目光短浅、唯利是图、嫌贫爱富等，在与亲人交往中是十分令人厌恶的，也很容易伤害对方的自尊。

因此，年轻人不妨大方一点、慷慨一点，面对有困难的亲戚的请求，只要在能力范围之内的就应该尽力帮助。只有这样，将来你需要请人帮助时，人家才会“投桃报李”地竭尽所能帮助你。

3. 切勿为所欲为

很多年轻人在与亲戚的交往中，往往忘记了分寸，时常越过亲戚的底线而惹恼亲戚，这是十分错误的。亲戚之间也是有远近关系的，也是有亲疏之分的，如果年轻人仗着亲戚的身份为所欲为，很可能会造成不必要的矛盾。因此在与亲戚的交往中要进退有度，掌握适当的分寸。

肖琴由于在异地求学，暂时住到了姨妈家。开始时姨妈待她十分热情，肖琴也表现得乖巧懂事，大家处得十分开心。然而日子久了，问题就暴露了。肖琴在家是独生女，难免有些坏习惯，例如睡懒觉。一开始肖琴还注意克制，日子久了肖琴就把姨妈家当成自己家，开始为所欲为。她每天要睡到上学快迟到才起来，姨妈既要照顾她，又要上班，时间长了就影响姨妈的工作和生活的正常秩序。另外，肖琴在家里任性惯了，与表妹的相处也不是很融洽。常常与表妹为了一点事情发生争执，让姨妈很是头疼，对肖琴也渐渐不满起来。

因此，我们在与亲戚的交往中，一定要记住适可而止和察言观色。不要得罪人而不自知。

亲戚都基本上越走越亲。亲戚关系是每个人都具有的一笔宝贵资源，如果在办事中懂得善加利用，可以说是一种极大的人脉资源。因此，年轻人一定要记得和亲戚们在日常交往中建立良好关系。

多个朋友多条路

俗话说：“在家靠父母，出门靠朋友。”“多一个朋友多一条路。”究其实质，说的其实也是朋友的重要111生。朋友多，路子就广，成功的可能性就大。在复杂的社会关系之中，如果有人在遭遇挫折或者圃难的时候能够适时地拉你一把，相信你的人生会少几分忧愁，多几分快乐！

在《论人生》中，英国哲学家培根对于人们之间的友谊作了十分精辟的论述：“如果把快乐告诉一个朋友，你将得到两个快乐；如果把忧愁向一个朋友倾吐，你将被分掉一半忧愁。”可见友谊对人的重要性。

现代社会，形势瞬息万变，下一秒钟你会遇到什么事谁都不清楚。年轻人想要光靠单枪匹马闯天下，不懂得或不善于利用朋友的力量，那么在今天这个社会中是难以闯出一片天地的。俗话说：“一个篱笆三个桩，一个好汉三个帮”。人生有许许多多的意外和未知，当疾病、挫折、失恋、失业等不幸的情况来临时，倘若在你的身边有能向你伸出援手、给予你温暖鼓励的朋友，相信你一定会顺利走出困境的。

以下就为年轻人介绍几种能够结交朋友的办法。

1. 扩大你的交友圈

只要你用心去体会，就会发现周围有不少人等着你去发现并与之交往。例如你的父母、兄妹都有自己的朋友圈，也许其中很多人和你毫不相关，但是这并不妨碍你融人他们的圈子，因为说不定里面会有你以后的挚友和贵人。他们也可以作为你广结人缘的桥梁，帮助你结识更多的朋友。此外，你的叔叔或伯伯，同辈的堂表兄弟们，也可以作为你交友的来源。甚至连你的姻亲，都是广结人缘的对象……就这样靠你血缘的关系，同样可以让

你的交友天地越来越大。

2. 有些朋友需要深交

法国作家罗曼。罗兰曾说过：“得一知己，把你整个的生命交托给他，他也把整个的生命交托给你。”纪伯伦也曾经这样描述患难朋友：“和你一同笑过的人，你可能把他忘掉；但是和你一同哭过的人，你却永远不忘。”可见朋友之间最难得的是风雨同舟，患难见真情。唯有能够与自己患难与共的朋友，才是真正的朋友。

每个人的人脉网中都需要有几个真心朋友。不管你穷困潦倒也好，还是飞黄腾达也好，只要这几个真心朋友存在，你就可能在晚上安然人眠。因为你知道即使是全世界都反对你，他们都会站在你身边支持你、保护你。

晓玲和明丽都喜欢登山。一天，她俩一起去郊外爬山，到达山顶后，她们四处眺望着山下的美丽风景。突然，晓玲不小心一脚踩空，随即要向山崖下跌去。在这一刹那，明丽立即明白发生了什么事情，可她来不及用手去抓晓玲，便下意识地一口咬住了晓玲的上衣，但同时她也被惯性快速地带向崖边。仓促之间，明丽抱住了一棵树，晓玲却悬在空中。半个小时之后，过往的游客发现了她们，而这时明丽的牙齿和嘴唇早被血水染得鲜红。事后，有人问明丽：“怎么会只用牙齿就能咬住一个人而且能挺那么长时间？”明丽回答：“当时，我头脑里只有一个念头：我一松口，晓玲肯定会死。”

在生活中，能够与你真心交往，与你同甘共苦的朋友与那些浅薄之徒有着本质的区别，他们有着丰富的精神世界，能帮助你不断地进取，成为你终生的骄傲。

现代社会里，年轻人常常陷入这样的困惑：我们的熟人一天比一天多了，而朋友却一天比一天少了！因为在交际场所人们所遇到的这些人，大部分都只是你的熟人，而不是你的朋友。因此，年轻人一定要擦亮眼睛看清楚哪些是你值得深交的朋友！

3. 不要忘了老朋友

有些人总会犯这样的错误：一旦关系好了，成了“闺中密友”或者“姐妹淘”后就不再觉得自己有必要去保护它了。总觉得我们关系那么铁了，何必那么计较细节？那不是显得见外吗？特别是在一些细节问题上，例如该通报的信息不通报，该解释的情况不解释，很多人对于与老朋友之间的友情，总是懒得花时间去维护。有些人对待亲密朋友口无遮拦，说话不分场合。有些人喜欢给朋友起小名或者外号，这些称呼私底下叫，相信朋友们都会谅解，一笑置之，但是在公共场合也公然这样称呼，很容易造成朋友的困扰，使得朋友下不了台，因此时间一长朋友就会有怨言。长此以往，很容易形成恶性循环，影响朋友之间的感情。

因此，我们在对待老朋友的问题上，更应该细心知趣，用心维护。唯有如此，友谊之树才会长青。

生活中，我们不能缺少朋友，要记住：多结交一个朋友就多一条路，在你最困难的时候，朋友往往会提供给你帮助；离开了朋友，你往往就会陷人无助之中。朋友，是你人生中一笔巨大的财富。

善于利用同学之间的情意

有的人认为：“同学之情只有几年，一旦缘尽则情尽，没有什么值得留恋的。”其实这是一种错误的看法。无论从实用主义。或从情感价值角度去看，同学的友谊都值得我们保持和维系。

在学生时代，大部分同学都是年轻单纯，热情奔放，对人生对未来充满浪漫的理想。习惯在别人面前全部袒露每个人的内心世界，加之同学之间朝夕相处彼此间对对方的性格、脾气、爱好、兴趣等能够深入了解。因此，同学之间的纯洁关系，最有可能发展为长久、牢固的友谊。

很多人常常感慨：“学生时代交的朋友才是真朋友！”许多人进入社

会后，往往会回忆那段天真烂漫的岁月，同时十分怀念那份纯纯的友谊。因此，即使在毕业以后也要与同学们时常保持联系。

有的人认为："同学之情只有几年，一旦缘尽则情尽，没有什么值得留恋的。"其实这是一种错误的看法。无论从实用主义，或从情感价值角度去看，同学的友谊都值得我们保持和维系。

三国时，蜀国的刘备还在读私塾时，由于经常帮助其他同学，与他们的关系处得非常好。当时有一个叫石全的同学，是刘备读书时最合得来的朋友，由于家境贫寒，石泉常常需要靠卖画为生。当时刘备没有嫌弃他的清贫，经常邀请石全到他家做客，情同手足。后来，刘备为了实现自己心中宏伟的目标，就带了一支队伍参加了东汉末年的大混战。初时，刘备军事实力很小，不得不依附其他人，在一次交战中，刘备所带的军队被全部歼灭，他也处于危险境地之中。就在这紧要关头，刘备被石全给隐藏了起来，逃过了一劫，幸免于难。

很多时候同学在我们的人生道路上都起着不可估量的作用。在与同学分开之后要经常与他们相聚，真诚地维系同学感情，那你的人际面就会更加广泛，路子也会比别人多几条。

在同学中寻找和建立朋友关系的做法，一般有以下几种。

1. 时常与同学聚会

这个社会，有些人很现实，并且鼠目寸光，在学校的时候觉得同学有利用价值，与同学往来、聚会时不甚热情，分开后就老死不相往来。如果是这种人遇到事情时再来找老同学，谁会给他帮助呢？

茫茫人海，能够成为同学，同窗数载，可谓缘分不浅。其中的情意，恐怕对彼此来说都是弥足珍贵的。在与同学分开后，如果还能与对方保持一种相互联系、历久弥坚的关系的话，那对你的一生，或者说对你将来要达到的目的与理想都是很有好处的。

因此，许多同学在分开后常常会借这样那样的活动联系彼此。你只有时常参加这样的活动，加深同学之间的感情，在托同学办事时，才会说得自然，同学也会答应得爽快，积极努力地去办。如果长时间地与同学失去联系，彼此就会变得生疏，甚至形同路人。

2. 不必拘泥于过去的自己

有些人在学生时期不太引人注目，就像一棵默默无闻的小草，那时的交友圈十分有限，交友范围也十分小，因此觉得没有必要和以前不熟或者合不来的同学交往过密。然而这种想法是十分错误的。

所谓："士别三日，定当刮目相看"，你和你的同学在几年时间内相信都有巨大的变化。你实在没必要拘泥于过去的自己或者是受限于昔日的经验，而使想法变得消极。

只要用心，相信就算是一个陌生人你也可以和他相处得很好，更何况是昔日的同窗？你可以完全重新塑造人际关系。换言之，年轻人不必拘泥于学生时期的自己，而要以目前的身份来展开交往。

3. 如果有求于同学时，可拉上其他同学做掩护

作为同学，一般都有数年的交情，彼此同甘共苦的日子必然会冲破地位或身份的隔阂，即便只有一面之交，只要知道彼此是同学，肯定会马上涌起一股亲切之情，这是同学的巨大魅力。倘若我们不加以利用，那绝对是一大浪费。

但是如果我们是要求助于学生时代那些关系不够亲近的同学，怕说出求助的话，对方拒绝自己，丢了面子无法下台的话你不妨试着邀上与那位同学关系比较近的同学帮忙。所谓"不看僧面看佛面"。同学也许不会给你面子，但他应考虑给自己最亲近的那位同学面子，也许会非常顺利地对你慷慨相助。

人是有情之灵物，人人都难逃脱一个"情"字。借同学之情办事，相信我们会有意想不到的收获。同学之间的关系，是社会中人们最为亲近的人际关系之一。只要你用心去与同学交往，同学就会成为你成就事业的最为重要的人脉资源之一。

第3章

埋头做事求踏实，巧借外力更睿智

中国的功夫闻名世界，其中最讲究的就是“以柔克刚”。“四两拨千斤”的招式，这两种功夫不需要你有多么魁梧的身材，不需要你有多么大的力气，却可以让你很轻松地达到制敌的效果。

对于闯荡社会的功力不深的年轻人来说，要想照顾好生活，发展好事业，光靠一己之力是很难达到的，年轻人学会用力，学会借力。特别是在拥有一定的人脉资源的基础上，更要懂得如何用巧妙的方式达到自己的目的，才能让自己尽快在平凡的人群中脱颖而出。

成大事需要借助外力

不要梦想一个人打天下，善于借助外部力量亲达到目的，才是走向成功的捷径。

每个人都渴望幸福，希望自己不仅有和睦的家庭，也能够拥有属于自己的事业，然而一个人的力量终究是有限的，大多数年轻人终其一生都过着极其普通的生活。无论家庭的美满还是事业的成功，都不是凭借一己之力就可以完成的，成功的确需要个人的努力，但是也需要善于借助外力的帮助。

有一个童话，叫“鹰背上的小鸟”，说的是鸟类举行飞行比赛，看谁飞得最高。鹰认为自己飞得最高，便努力向高空飞去。当它再也没有力量飞得更高时，它背上的一只小鸟一下子飞起来，飞得又高又远。见此，鹰感叹道：“再强大的个人也不如软弱的个人加上坚实的后盾。”小鸟的力量是微小的，甚至是微不足道的，但是，它能比矫健的鹰飞得更高，因为它学会了借助于外力，来增强自己的能力。

小鸟不及老鹰强壮，更没有老鹰飞得高远，但是它巧妙地借用了老鹰的身体，使自己的起点高于老鹰，也成功地超越了老鹰飞翔的高度。一个人的力量再大也有力所不及之时，从古至今“借力”做事的事例不胜枚举：孙悟空借芭蕉扇，使唐僧顺利通过火焰山；诸葛亮草船借箭，挫败了周瑜的暗算。

借，在当今社会，已成为一种巧妙的生存技能。年轻人在生活中，需要借力的情况也很多：比如培养孩子，要借好的学校来提高孩子的学习水平；选衣服，要借鉴时尚杂志的品味；去旅游，要借鉴驴友们的经验；生

活中一些不懂的小知识，还要靠电脑来检索一番。大家都喜欢借力，因为这种做事方式可以给人节省很多时间、精力，并事半功倍。

一个小男孩试图把岩石从泥沙中弄出去，从而把自己的沙箱推出来。然而他的力气很小，而岩石却很大，他无法把岩石向上滚动，推出沙箱。

小男孩下定决心，用尽了各种方法，一次又一次地向岩石发起进攻，可是，每当他刚刚取得了一些进展的时候，岩石便滑落了，又重新掉进了沙箱。

小男孩气得大叫，使出浑身的力气猛推石头。但是，岩石再一次滑落了下来，弄伤了他的手指。

最后，他伤心地哭了起来。这整个过程，男孩的父亲从起居室的窗户里看得清清楚楚。当泪珠滚过孩子的面颊时，父亲来到了他跟前。

“儿子，你为什么不用上所有的力量呢？”父亲的话温和而坚定。

“但是我已经用尽全力了，爸爸，我已经尽力了！我用尽了我所有的力量！”垂头丧气的小男孩抽泣道。

“不对，儿子，你并没有用尽你所有的力量。你没有请求别人的帮助。”父亲纠正了他的说法。

父亲弯下腰，抱起岩石，将岩石搬出了沙箱。

有时候年轻人就像那个小男孩一样，无论多大的压力、多大的困难都是一个人顶着，不是因为不想求助别人，而是好强得不愿放下那颗高傲的心。年轻人要想在职场中谋得自己的位置，并且不断地向上迈进，不仅需要自身良好的素质和吃苦耐劳的精神，更需要善于利用周围的一切。学会正确利用“借力”这种技巧，改善自身的不足，你才能继续进步。

面对困难，抱着顽强的态度与执著的精神固然不错。但一个人的力量毕竟是有限的，有时借用你周围人的力量，可能会使你更快更好地完成任务。就像一场球赛单靠主力队员秀球技是不行的，必须借助队友的配合才能取得成功。学会适时地依靠他人的力量，是一种谦卑，更是一种智慧。这不是承认自己不如别人，才向别人寻求帮助，而是在自己力量无法达到目的的时候，巧妙而又智慧地借助他人的力量。懂得借助他人的力量帮助自己达到目标，此乃智者。

借力而行，并不只是狭隘的体力或脑力的定义那么简单，“力”的定义可以有很多种，借助别人的能力、财力，甚至亲和力，只要是你需要扩大而自己又不具备的，都可以成为你借的目标，用自己的短借来别人的长，才能在事业中一帆风顺，勇往直前。’

古人云：“君子善假于物也。”面对困难，抱着顽强的态度与执著的精神固然不错，但是现实社会中有很多热心的人，善良的人，如果你是一个有心的人，是一个胸怀大志的人，是一个不屈不挠的人，你何不找一些出色的人，让他们助你一臂之力。

“巧借”他人之言

“巧借”是一种情趣，它能让原南波涛汹涌的大海变得平静，让原市平淡无昧的生活变得甜蜜。它，是一种生活的技巧。

每个人在工作和生活当中都会陷入两难境地，这时用什么方法能使自己的损失降到最低，又能把问题解决得圆满，成为让人头痛的问题。

有一家销售代理公司，初期厂家对其支持很大，业务发展非常迅速，于是老板大规模地扩张。不久公司的资金出现了问题，运作费用太大，厂家看到了这种情况，也采取观望的态度。于是老板决定降低运作费用，变粗放管理为精细管理，争取厂家的支持和长远的发展。老板的目标是打算降低50%的费用，但是这50%从哪儿降成为一个棘手问题。费用降低不下来，自己的公司势必会出大问题，但是盲目地降低费用，可能会引起员工的不满，并影响到自己的威信，该怎么办呢？

不久从秘书那里传来了一个小道消息：由于公司的运营成本过高，老板考虑要裁员 50%，以渡过难关，裁员的名单正在草拟中。消息传出，人人自危，都在想会不会是我？我最近表现怎么样？还有什么方面做得不好？很多人开始在老总面前表现自己，更有人找老板谈心、表白忠诚。又过了几天，有传闻，老板考虑裁员影响太大，将严重影响公司的形象和正常的业务，不裁员 50%了，决定减薪 50%。于是每个人都在算计自己的薪水，控制自己的开支，公司的士气一片低落，甚至有人开始找工作。

突然有一天老总召开了全体员工的大会，会上老板严肃地讲："最近公司有两种很离谱的传闻，一种说我们公司要裁员 50%，另外一种说我们公司要减薪 50%，也不知道这种消息是从哪里传出来的，我们是一家正规的公司，我们有正常的信息渠道，怎么能允许小道消息传播？我们一定要严厉查处相关人员，我们公司决不允许这种风气存在！我们是以人为本的公司，员工是我们生存和发展的基础。企业发展了，员工才能发展。员工满意了，企业才能满意。对我们来讲，员工是我们最大的财富。我现在郑重宣布，我们既不裁员也不减薪。"

大家集体起立鼓掌，非常庆幸能摆脱这种厄运。"但是大家不要高兴得太早，我们的费用确实很大，如果我们不控制自己的费用，我们只有死路一条。一方面厂家对我们的信心将大打折扣，另一方面我们没有了利润，怎么生存？我们唯一的办法就是严格控制费用。所以从明天开始，我宣布减少公司费用 50%，具体计划财务部已经做出来了，大家要严格执行。"全体员工集体起立，再次鼓掌，甚至有些员工流露出感激的泪水。

其实不难看出，所谓的谣言都是老板自己放出去的，为的就是给员工打个预防针，顺便了解一下民意，事实证明这样做是明智的，该公司的老板既得到了自己想要的情报，又为自己增加了反复思考的时间，并且通过最后的大会，进一步拉近了与员工的距离，树立了自己大公无私、关爱员工的形象。试想，如果这位老板当初没有借用秘书之口，散播那些谣言，他就不可能透彻地了解员工的真实想法，也不会亲身感受到员工的危机感，当然更不可能在最后的大会上发表那番慷慨激昂的讲话了。俗话说“智者借力而行”，这位老板无疑就是一位智者，他懂得“借”字的力量，他初期借助厂家的支持，大力发展自己的公司，之后虽遇到了苦难，而借助秘书之口，巧妙地达到了自己的目的，真是不花一分一毫，就赢得了事业的如意，收获了全体员工的忠心。

作为在这个世界上苦苦打拼的年轻人，作为一个承受着生活、工作上巨大压力的年轻人，你是否想过可以“借”他人的言语来为自己解困，“借”他人的手来成就自己的幸福呢？事实上，“借”字，在很多人身上都有很好的体现，比如好姐妹的衣服、首饰，大家可以相互借着穿，借着戴，每个人都免费多了一倍甚至几倍的衣服，无形中也为自己节省了一大笔开支。

这种“借”就是巧借，是一种既能减少生活成本，又能提高生活质量的好办法。当然，这个“巧借”不能仅仅局限在表面和物质上，有时候，借别人的嘴说出自己的意见，或者借别人的言语来表达自己的想法，能够为你的生活减少很多的麻烦和不快。

例如在婆媳相处中，作为儿媳的你对婆婆教育孩子的方法颇有微词，然而碍于婆婆的长辈地位又不好直说，这时你就可以借丈夫的嘴来表达自己的意见，毕竟丈夫是婆婆的亲儿子，不管他说出什么来，婆婆都会认为是对的。如果丈夫不肯出面，那你在和婆婆交流的时候就可以说：“您儿子说了，您老这么惯着孩子不行，孩子吃太多零食不好，他上班太忙也不能经常照顾您，您不如多给自己买点儿好吃的。”这样一来，既能表达出自己不想让婆婆给孩子吃太多零食的意思，又传递给她一种儿子对她的关心，相信再难缠的婆婆也会欣然接受你的意见。

又例如在夫妻相处过程中，你可以巧妙地“借”用他人曾经说过的话或者句型来还击他；通过好友对自己老公的称赞语言，来提醒自己丈夫要改掉一些坏毛病；当然，在各种节日当中，“借”用一些经典的话来表达自己的爱意也是不错的。

“巧借”是一种智慧，它在人们的生活中有着举足轻重的地位，能够

掌握这门技术的年轻人，一定是工作顺心、夫妻恩爱、家庭和睦、生活幸福的人。“巧借”是一种情趣，它能让原本波涛汹涌的大海变得平静，让原本平淡无味的生活变得甜蜜，它是一种生活的技巧，年轻人习之，必受益匪浅。

让别人的手为自己服务

有才能的人，并非生来与常人有什么不同，只不过善于变通罢了。年轻人要学会“变通”，只有“善变通”的年轻人才能用最快的速度实现自己的理想。

很多故事并非只有一个结局，很多人生并非只是一种命运，不同的人用不同的方式诠释自己独特的人生，才有了这个多姿多彩的世界。很多时候，向别人学习更好的经验，把精华的东西融会贯通，用最巧妙的方式处理问题，才是最大的智慧。

曾经听到过这样一个故事：

一个聪明的男孩，跟妈妈一起到杂货店买东西。老板很喜欢这个可爱的男孩，就打开一罐糖果，要小男孩自己拿着吃，但是这个小男孩却没有任何动作。几次邀请之后，老板亲自抓了一大把糖果放进他的口袋里。回家以后，妈妈很好奇地问小男孩：“你为什么没有自己去抓糖果，而是要等着老板给你抓呢？”

小男孩的回答很巧妙：“因为我的手很小啊！而老板的手比较大，所以他拿得一定比我拿得多啊！”

这小孩子的聪明不禁让人感叹，很多大人尚且没有这样的智慧。他不仅知道自己能力有限，更重要的是，他明白别人比自己强的时候就需要借用别人的力量。学会适时地依靠他人的力量，是一种谦卑，更是一种智慧。这不是承认自己不如别人，才向别人寻求帮助，而是在自己的力量无法达到目的的时候，巧妙而又智慧地借助他人的力量。这样的智慧是每个年轻人都应该学会的。

很多年轻人整天埋怨这，埋怨那，想改变又觉得自己力所不能及，实际上任何人的能力都是有限的，任何人都不可能光靠自己就做出一番轰轰烈烈的事业来，学会变通是非常必要的。

在一次艺术品拍卖当场，世界各地的艺术品令人目不暇接，当拍卖师拿出一把看起来很普通的古筝宣布“拍卖起价是1元”时，并没有引起多少人的注意，因为后面还有唐宋时期的画作，明清的蓝瓷花瓶，那些才是绝世珍宝。可就在拍卖师还等待正式叫价的时候，一位女士突然径直走上台去，她二话没说，就开始拨弄起古筝来。这个突如其来的事件让所有在座的人都集中了精神，没有人知道发生了什么事，但随即，人们的好奇心被另一种东西所取代：着迷。只听那女士把古筝演奏得出神人化，那优美的音色和高超的演奏技巧令全场人都听得入了迷。

半晌，曲终人去，只见演奏完了，这位女士把古筝恭恭敬敬地放好，还是一言不发地走下台。这时拍卖师马上宣布这个古筝的起拍价为1000元。等正式拍卖开始后，这把古筝的价格不断上扬，从2000元、4000元，到8000元、9000元，最后这把古筝竟以一万元的天价被拍卖出去。

一把原本起拍价是1元的古筝，在演奏出美妙的音乐之后，身价立刻提升1000倍，最后以原起拍价的一万倍被拍走，看起来这简直是个奇迹，然而它实实在在地发生了。任何事的结果都不是唯一的，关键在于事情的过程怎样处理，一味地叫卖只是徒劳，适当的变通或者借助外力就可以扭转事态的局面。所以不要小看了变通的作用，人类的历史长河中，无时无处不在显示着“变通”的重要性。多少仁人志士、名人权贵都是靠着变通两个字做出闻名于世的壮举，多少平凡百姓都是靠着变通两个字创造出生活的智慧，形成了中华五千年的文明。

有才能的人，并非生来与常人有什么不同，只不过善于变通罢了。年轻人要学会“变通”，只有“善变通”的年轻人才能用最快的速度实现自己的理想。变，不仅仅是一种行为，更是一种巧妙的生活方式，站在这块踏板上，你能达到任何你想要达到的高度。在漫漫人生路上，你不妨插上“变通”的翅膀，让自己飞得更高、更远。

年轻人创业，不妨“借鸡生蛋”

要成功，必须借助外力；能够把最普通的东西变成财富的人，是有大智慧、有大前途的人，是最懂得借力的人。

古时宋国有一族人善于制造一种药，这种药冬天擦在皮肤上可使皮肤不干裂，不生冻疮。这一族人靠这个秘方，世世代代做漂染布絮的生意，日子倒也过得充足殷实。后来有个来买布的商人知道了此事，就用重金买下了这个秘方。当时吴越两国是世仇，不断交兵打仗。这个商人便将这个秘方献给了吴王，并说明在军事上的用途。吴王得此秘方大喜，便在冬天发动水战。吴军士兵涂了药粉，不生冻疮，战斗力极强，而越国士兵仓促应战，加上大部分都患了冻疮，苦不堪言，大败而归。吴王重赏进献秘方的商人一块土地，这商人从此大富大贵，再也不用去贩卖布匹了。

生活中处处有商机，只是看你有没有发现商机的慧眼。同样的冻疮药用在普通人身上就是普通的药，而用在战斗中却可以成为极好的战斗装备。善于借用普通的事物为已用的人，能够把最普通的东西变成财富的人，是有大智慧、有大前途的人。中国人发明了火药去做爆竹，西方人却用它去造枪造炮，也是这个道理。

对于普通人来说，生活中虽不会遇到战争这样的大场面，而这种“借鸡生蛋”的思想却是值得借鉴的。

今天的耐克虽然在高档运动鞋市场占据绝对统治地位，然而它自己却没有直接生产过一双鞋，而且“耐克”的“出身”也并不“高贵”，它的创始人菲尔·耐克原来只不过是一个“织鞋贩履”的小商贩，早期因为只经营日本运动鞋而使生意惨淡，甚至三餐堪忧，衣食不保，惶惶不可终日。然而菲尔·耐克善于思考，善于“借力”。他将公司人力、财力、物力等所有资源集中起来，全部投入到产品设计和市场营销两大部门，商界从此开始盛传耐克那充满传奇色彩的“借力”佳话。

当耐克得悉有人利用凹凸铁板压烤橡胶，再利用这种橡胶制作鞋底，这样造出的运动鞋既防滑又有弹性，极受市场欢迎时，他断然花大价钱买人这种运动鞋的专利，耐克运动鞋从此一炮打响。占领了本土市场后，他又开始琢磨如何向国外出口耐克鞋。由于耐克鞋的高价位和进口国的高关税，打入国际市场在当时简直就像天方夜谭，可耐克通过“生产外包”的“借力”方式又一次成功地攀越了这道障碍。首先，耐克在爱尔兰物色到了合适的公司，于是通过“外包”的方式把耐克鞋的生产委托给他们，从而得以打入欧洲市场并巧妙避过高关税；然后又以同样的方式将耐克鞋打人了日本市场……

到了现在，耐克公司的员工就是坐着飞机在空中飞来飞去，不断把设计好的样品和图纸送到劳动力成本低廉的外国企业生产制造，最后他们再验收产品并贴上“耐克”商标，巨大的利润就滚滚而来。耐克的成功就是充分发挥了“借”的艺术。

20世纪最伟大的心灵导师，最伟大的成功学大师戴尔·卡耐基有这样的一个观点：一个人的成功，20%取决于专业的本领，80%取决于人际关系与处世技巧。无数成功的例子也证明了这一点：你的专业本领往往只能给你带来一种机会，而交际本领则能给你带来千百个机会；专业本领只能利用自身的能量，而交际本领则可以使你利用外界的能量。

三国中的刘备，文不如诸葛亮，武不如关羽、张飞、赵云，但是他有

一种巨大的协调能力，他能够吸引这些优秀的人才为他效命。相对而言，这更是一种做人的大智慧。一个人的能力总归是有限的，想自己一个人做好所有的事情，那简直是不可能的。能够集合你周遭人士的才智，使他们能够为你所用，这才是在职场上能够有一番作为的聪明之举。

因势而起，借力使力

年轻人要想在职场中谋得自己的位置，并且不断地向上迈进。不但需要自身良好的素质和吃苦耐劳的精神，更需要善于利用周围的一切。

能够充分利用周围环境而取得成功的人，才是值得我们学习的。因为每个人都不能脱离环境而存在，每个人都应该以不断提升自己的能力和才干为前提，充分利用环境优势，克服职场中的各种压力，改善自身的不足，进而取得一个满意的成绩。

打太极是很多老年人喜欢的运动，它动作柔软轻缓，看似无力却是柔中带刚，太极文化也是我国很值得骄傲的文化，太极是一门“借”的哲学。这种你中有我，我中有你，借力打力的奥妙引得无数人去钻研。怎么引导别人的力量来加强自己的力量，怎么引导有害的力量向着有利于自己的方向发展，变有害为有利，变被动为主动。太极告诉我们借力的重要性，人和周围的环境彼此依存又彼此斗争，如何转动这个圈子，使之大大裨益于自己，是一门深奥的学问。

索额图、明珠同是康熙皇帝的左膀右臂，他们都在协助康熙皇帝巩固清朝政权的过程中立下了汗马功劳。但其所属两派之间展开了无穷无尽的争斗，消耗了国家的政治资源，引起了康熙皇帝的警觉。

刚开始康熙对这种情况暂时不予理睬，对两党的争斗采取观望和引导的态度，让他们彼此牵制，互为掣肘，为己所用，他在明珠和索额图之间打起了太极拳。可惜，明珠和索额图都不能及时悔悟，导致积重难返，覆水难收。

索额图很早就是康熙皇帝的亲信，因他在策划擒拿鳌拜、清除鳌拜势力时立下了战功，康熙皇帝把他由一等侍卫擢升大学士，后改任领侍卫内大臣，成为当朝大臣中最重要的实力派，直至发展成了“太子党”的头目。

明珠系皇长子胤禔的亲舅舅，是个很有才能的人，后来也成为一品大臣，与索额图同秉朝政。明珠在讨论“撤藩”一事时，力排众议，主张“撤藩”，与康熙皇帝的本意相吻合，深受康熙皇帝的欣赏。

明珠跨人政坛的中枢位置后，出于自身利益的需要，帮助皇长子胤禔拉拢大学士余国柱等重臣，积极发展“长子党”的势力，成为“长子党”的核心人物。

很快，长子党与太子党的冲突就发展到了水火不容的地步。康熙皇帝察觉到此时的事态如果不加以控制，后果将不堪设想。遂下令拘禁了索额图，宣布“索额图成本朝第一罪人”。不久又因明珠卖官纳贿的罪行，革去了明珠的“大学士”职务。

明珠和索额图都锒铛入狱。

在索额图和明珠的党争中，康熙是最大的赢家，这段历史表现了康熙皇帝高明的斗争哲学。对于索额图和明珠的党争，初始时睁一只眼闭一只眼，后来渐渐察觉到党派之争愈演愈烈，便加以引导，让其彼此掣肘，以达到一个平衡的状态，最后康熙感到他们之间的党争再这样下去，会危害自身的统治和国家的利益，便出手制止，平息这场内耗。如果不这样，任党争愈演愈烈，恐怕就会损害康熙的统治利益，于国于民都不好交代。

借势而行，乘势而上，借力打力，因势利导，并不容易做到，关键要有敏锐的思维。无论是借势还是乘势，最终的目的无外乎就是胜利。把劣势转化为优势，变被动为主动，使事情朝着有利于自己的方向发展。

有一个小男孩，在一次车祸中失去了左臂，但是他很想学习武术。后

来，小男孩拜了少林寺一个武僧，开始学习武术。他聪明好学，学得很不错，但是半年过去了，武僧翻来覆去只教给他一招。小男孩不明白为什么这样。

小男孩终于忍不住发问："师傅，为什么只教给我这一招啊？要不要教些新的招数？"

武僧说："用不着，这一招足够你用。"

小男孩还是很迷惑，但是他很相信武僧的话，就把武僧教的这招狠下工夫勤学苦练起来.

又过了半年，武僧带小男孩去参加武术大赛，小男孩没想到自己轻轻松松就赢了前两个回合。第三回合稍有些困难，但对手很快就变得焦躁起来，犯了练武人的大忌，小男孩看出了对方的破绽，施展武僧教他的那招，又取得了胜利。小男孩也因此进入了决赛。

决赛时的对手比小男孩要高大得多，也强壮得多。小男孩因为经验方面的欠缺，曾一度显得有点招架无力，裁判担一心小男孩会受伤害，就叫了暂停并打算终止比赛。然而武僧却不答应，要求坚持下去。比赛重新开始后，对手放松了戒备，小男孩立刻使出武僧教给他的那一招，制服了对手，取得了武术大赛的冠军。

回家的路上，小男孩回忆比赛中的每一个细节，鼓起勇气问武僧："师傅，为什么我会凭借这一招赢得比赛呢？"

武僧答道："有两个原因：一是你基本掌握了初涉武学的第一招；二是对付这一招的唯一的方法就是抓住你的左臂，而你的左臂却因车祸失掉了。孩子，有的时候人的劣势未必就是劣势，可能反而成了优势。"

武僧使小男孩在武术比赛中取得冠军的诀窍就是借势而行，把小男孩的劣势转化为优势。在成功的路上，没有所谓的优势和劣势，只有如何把握自身的条件和机遇。如果学会了"借"的艺术，把自身的不足之处转化为别人难以击破的独特优势，成功就不会远了。有的人会失败的原因就在于泥足于自己的劣势，而不是设法借势而行，把劣势转化为自己的优势。

"借"字的含义很深奥，不是简单地借来还去，那只是表面的意思。"借"

字的深意在于借力而行，乘势而上，把一切不利的因素转化为有利的因素，引导事情的发展朝着自己所意愿的方向进行。

众人拾柴火焰高

单个的人是软弱无力的，就像漂流的鲁滨逊一样．只有同别人在一起，他才能完成许多事业。

孔子说：“三人行，必有我师焉。择其善者而从之，其不善者而改之。”叔本华曾说：“单个的人是软弱无力的，就像漂流的鲁滨逊一样，只有同别人在一起，他才能完成许多事业。”

要想获得事业上的成功，关键有两点。首先，在工作中，同事之间要相互学习，取长补短。其次，在工作中，我们要讲求配合。

有一个老汉，他有两个儿子。一天，老汉带他们出去帮助别人装运瓷器。这天遭遇顶头风，逆水行船。“今天光摇橹是不行了，你们上岸拉纤，我在船上掌舵，这样可以快些。”老汉对两个儿子说。

两个儿子上了岸，一前一后拉纤，船果然快多了。没过多久，老大想，平时父亲疼爱老二，我干吗要这么卖力？反正有老二出力，我少用点劲儿也没什么关系。他装出用力的样子，却没有使多大力。

老二想，老大吃得多，力气也大，应该多出力，反正有老大出力，我少用点劲儿也不要紧。他也装出用力的样子，却一点没有用劲儿。

这时，风急浪高，货船非但不向前，反而急速向后退。老汉在船上大声呼喊，让儿子用力拉纤，两个儿子这时才意识到问题的严重性，拼命地拉纤，可已来不及了。船一个劲向后退，他们被纤绳倒拉，“扑通”一声拉人了河中。失去控制的船撞在石岸上，一船瓷器震得粉碎，船也撞坏了，

老汉连连叹气。

像落汤鸡一样的兄弟俩你看看我，我看看你，狼狈极了。

拉封丹说："若不团结，任何力量都是弱小的。"

众心齐才能泰山移，在快节奏的今天，尤其要注重团队合作精神。在团队中玩个性，搞一枝独秀，标榜了自己，却损害了团队的利益；在合作中偷懒，舒服了一人，却导致整个工作失衡。这样的作为，人人反感。

现代社会，年轻人已经成为推动中国经济发展和社会进步的重要力量。究竟什么样的青年才能在传统文化与现代文明交融的大背景下，更好地实现人生价值呢？除了使自己不断地提升能力外，在工作中应该具有团队意识，那才是最重要的。

我们知道，不管一个人有多么优秀，单打独斗所能发挥的空间总是有限的，而来自团队的力量是伟大的。不要孤军奋战，要最大限度地与人合作，释迦牟尼曾问他的弟子："一滴水怎样才能不干涸？"弟子们面面相觑，无法回答。释迦牟尼说："把它放人大海里。"个人再完美，也就是一滴水；一个团队、一个优秀的团队就是大海，所以迫近成功的路上也需要伙伴，在融合、协作中共同迈往一致的方向。

21世纪是一个讲究团队协作的时代，所有的竞争都是以团队合作的方式进行的，你作为其中的一分子，一定要充分开发个人潜力，就像那句话"有一分光发一分光，有一分热发一分热"，以最好的开放式心态融合于团队，因为，团队的成功也就是个人的成功。

在中国经济加速发展的今天，年轻人将面临更多的机遇和挑战，同时也在经济、社会的发展中起到越来越重要的作用。具有团队意识，才能帮助年轻人树立自尊、自立、自强的精神，加强年轻人之间的相互交流与对话，促进青年群体和谐发展，让年轻人获得真正而充分的自由。正是年轻人以自己的骄人魅力，展现亮丽的生命风采，张扬独特的生命个性，以他们阳光的外表、智慧的头脑和杰出的成就，使我们的这个时代变得更加多彩，使社会也越来越和谐。

假借他人之名巧办事

取人之长，补己之短，是一种智慧的借力行为，打着别人的旗号做起事来事半功倍。这是每个人都熟知的借力技巧. 这也就是所谓的关系学。

很多人都会有这样的感慨："我要是有个有钱的爸爸多好呀；我妈妈要是也和同学妈妈那样是个大领导多好呀；唉，比尔・盖茨的孩子得多幸福呀"……可见，好的家世和好的环境给人的帮助有多大，至少这些生长在富贵人家的孩子，起点是比普通人高的。他们创业不用发愁资本问题，他们毕业不用发愁工作问题，即使他们再丑再难看也不用发愁自己娶不到老婆或者嫁不出去，这是社会的现状，也说明了一个人借助于亲人的财富、权利和名气等的支持，往往是更容易成功的。

然而这样的人毕竟是少数，大多数人都不是含着金汤匙出生的。但是作为一个没有可依靠的强大背景的普通人，也并非完全没有依靠名人的机会，俗话说得好"机会是要自己去创造的。"

一位优秀的商人杰克，有一天告诉他的儿子："我已经选定了一个好女孩，我要你娶她。"

儿子说："我自己要娶的新娘，我自己会决定。"

杰克："但是我说的女孩可是比尔・盖茨的女儿喔！"

儿子："那样的话……"

在一个聚会中，杰克走向比尔・盖茨："我来帮你的女儿介绍个好丈夫。"

比尔："我女儿还没想嫁人呢。"

杰克："可我说的这个年轻人可是世界银行的副总裁喔！"

比尔："哇！那样的话……".

接着，杰克去见世界银行的总裁："我想介绍一位年轻人来当贵行的副总裁。"总裁："但我们已经有很多位副总裁了，够多了。"

杰克："但我说的这年轻人可是比尔·盖茨的女婿喔！"

总裁："哇！那样的话……"

最后，杰克的儿子娶了比尔·盖茨的女儿，又当上了世界银行的副总裁。

很多生意通常都是这么谈成的。智慧创造财富，聪明的杰克只是借用了比尔。盖茨和世界银行副总裁的名气，就成功地让自己的儿子娶到了比尔。盖茨的女儿，又坐上了很多人梦寐以求的位置。"空手套白狼"这句话被杰克演绎得淋漓尽致。

单独看杰克，他只是一位普通的商人，儿子也不比其他人的儿子优秀很多，但是他的思想并不局限于此，他巧妙地借用了未来亲家比尔·盖茨的名声，就创造了一个奇迹。他不仅为自己赢得了更多的财富，也使自己的地位从一个小小的商人一跃成为世界银行副总裁的父亲和世界首富的亲家。

在一次创业者经验分享大会上，有人讲述了这样一个故事：1996年仲夏，广东某联实业有限公司的两个股东要分家。这两个股东分别是叔侄俩。由于当时"联塑"是一家产值数十亿元的企业，在分家时，作为法人和董事长的叔叔不想把太多现金给侄儿，经过艰难地谈判，双方最终达成如下协议：将"联塑"厂房的三分之一折价若干划归给侄儿，以极优惠的价格提供一定数量的产品给侄儿折算成钱。

很快，紧挨着"联塑"的隔壁新开了一间"雄塑"，由于侄儿以前是"联塑"的总经理，主管产品销售，所以他与各地的经销商关系非常密切。两人分家后，这些原先经销"联塑"产品的经销商也顺理成章地经销"雄塑"的产品。经过一年多的经营，"雄塑"成了"联塑"强劲的对手。由于彼此太熟悉对方，所以他们的竞争可以用惨烈的价格战来形容。

一次，一个记者在采访侄子时这样问道："近一年多来你叔叔投入大量的资金于广告宣传，而你似乎没有什么动作，何因？"老板答："他们做广告就等于也帮我做广告。”记者问他，何以见得？他说：“通常，看了广告而来的客人绝大多数是陌生的客户，他们从‘联塑’出来后自然会来隔壁的‘雄塑’比较一下价格，只要他能走进我们的大门，我们就有办法让他们成为我们的新客户。因为在同等质量下，只要我们的价钱降低一些，售前售后服务做好一些，这些客户肯定是我的。”记者不得不连声称妙。

在这个案例中，“雄塑”先借地建新厂房生财；然后借叔叔提供产品这只鸡生蛋，筹集资金；再借原来“联塑”经销商的人脉资源这只船出海；最后还借叔叔大做广告之机借题发挥、借机行事。你不能不佩服“雄塑”借得出神人化。现实生活中不乏一些借得巧妙的事例。比如现在为数众多的选秀活动，在短短的时间内就可以使一些本来名不见经传的普通人成为小有名气的明星，更有的女生借这样的机会成为了受人瞩目的新星，并借机登上了各种世界名人杂志。

“借”无时无处不渗透在现实生活中，只不过大多数人没有意识到这一点罢了。从有形的借物、借财、借人、借地到无形的借势、借机、借力、借智以及借心，深深烙印在人们的意识里。在我们的一生中，要成就大事，不借助于别人的思想、能力、经验、智慧、资金、资源、人才等各种可借之物，是很难会成功的。

利用他人的“权威”光环

一个人想要在社会中开创一片属于自己的天地，光靠力搏恐怕是不行的。唯有“智取”才能战胜强于自己的敌人。

很小的时候我们就知道“狐假虎威”的故事，很多人用这个词来形容那些借着权威的势力欺压别人，或借着职务上的权力作威作福”的人，然而当我们在批判狐狸仗势欺人的时候，也不禁要为狐狸的聪明拍手叫好。

狐狸在危难之时，不仅巧妙地化解了自己的困境，也树立了自己在森林中的地位，虽然这种手段有些让人不齿，但现实生活中，这些“借”用他人权威来提升自己的小技巧还是很值得众多二十几岁的年轻人学习。

年轻人在社会上的角色就好像狐狸和兔子，虽然有自己聪明和可爱的地方，却很难像狮子、老虎一样成为领导者，并且时时有被强大的动物消灭的可能。年轻人想要在社会中开创一片属于自己的天地，光靠力搏恐怕是不行的，唯有“智取”才能战胜强于自己的敌人。

有这样一个笑话：一个虎背熊腰的大汉在街上大喊：“谁敢惹我？”人们看到大汉如此强壮，都默不作声纷纷闪开了。但有一个更壮的大汉路经此地，看到这番景象，走过去说：“我敢惹你！”原先的大汉看了看来人，想了一会说：“好吧，那谁敢惹咱俩！”

围观的群众本以为两个大汉会较量一番，没想到他们竟然联合起来，让大家哄然大笑。这则笑话的结局着实让人忍俊不禁，当然更多的是可以看出第一个大汉的聪慧：借助别人的力量，可以让自己更强大，力借得合理借得恰当，不但可以增加你的力量，还可以像笑话中的壮汉一样，扭转局面，使自己成为受益者而非受害者。

作为年轻人也该如此，借助比自己强大的人的力量，让自己变得更加强大，你才可以在这个竞争激烈的社会上立足，才能不被各种苦难所阻滞，不被发展的浪潮所吞没。

一次，某单位主管跟员工一起吃饭，是一个集合午餐的场合，佳琪边吃边犹豫，不知道是该吸引主管注意比较好，还是低头猛吃、什么都不说比较好。于是开头她不动声色，当有同事讲笑话时，她也跟着微笑，但是随着时间过去，眼看大伙吃得差不多了，佳琪觉得浪费了这次交流的机会，以后又不知何年何月才能被大家，尤其是被上司所注意。正在这时候，她看见主管随手拿来的一份报纸，瞥了一眼是足球报。她忽然知道该怎么做了，虽然她是一名女性，但是上学时她也是个铁杆球迷，对于各种体育赛事颇为关注。于是她一开口就把话题引上英超联赛，上司果然兴致勃勃地同她探讨起来，一桌人也都随之参与话题，佳琪一下了变成了“中心人物”。她知道展示自己的时机已经来到。于是发挥自己的专长，各个球队、球员如数家珍，同事都露出佩服的神色，不断跟她讨论着，也向她请教许多足球专业术语和规则。这餐结束时，主管还打趣地跟她说，下回欧洲冠军杯约她一起看球。

佳琪的表现没有白费，两周后省里举行各企业联谊运动会，主管第一时间就想到了她，佳琪也终于有了机会第一次单独采访一条大新闻，正式开始了她的记者生涯。

作为一个年轻人，不仅要有过硬的专业素养，兴趣爱好的提升也是不可或缺的。当然，无论你有多大的本事，没有机会表现，也等同于无，所以借助一顿饭、一张报纸、一个话题、一种兴趣来引起上司的关注，不失为一个让自己突显出来的好机会。既然有能力，就不要怕出众，只有让老板认识你、记住你，你才有在工作中进一步表现的机会，这种直接和老板打交道的机会要比你苦苦打拼，用业绩说话的方式快得多，并且除非你的工作业绩非常突出，否则想要引起老板的注意恐怕不易。

当你的名字在老板心中有了烙印，有了事情老板自然会想到你，这样你的机会就比别人多得多，你成功的机会也就大得多。每个人都知道要为自己创造机会，而机会摆在面前的时候却总又犹疑，这样的年轻人注定要在犹疑中失败。只有果断抓住机会，能够聪明地借用老板的权威来提升自己的年轻人，才能在自己的工作中向优秀跨进一大步。

世界上没有两片相同的树叶，同样，世界上也没有两个完全相同的人。个体的不同，使人有了各自的优势和弱点。取人之长，借助比自己优秀的人的权威和优势，来弥补自己的缺点，这未尝不是一种智慧的借力行为。作为年轻人，既要了解自己的短处，又要善于借用别人的长处，只有如此，你才能发展得更快、更好、更强。

第4章

不要半瓶子醋晃荡，自谦一点更容易成事

年轻人有什么别有狂妄之心，缺什么别缺脚踏实地。一位企业老总在给新员工培训时说：“态度好的员工有机会，能力强的员工有平台。”态度先于能力是20几岁的年轻人为人处世需谨记的箴言。

老人总是拿“一瓶子不满，半瓶子晃荡！”来形容那些恃才自傲。对事情一知半解，对被人的告诫和教诲毫不放在心上的年轻人。20几岁的我们有自信是一回事，什么事没干成，就盲目乐观、傲慢浮躁就是另一回事了。俗话说“满招损，谦受益”，自谦的人不仅能装下更多的知识、经验和成就，而且不会遭人白眼和排挤，对于建立人脉。踏实行事都具有良好的催化作用。

死要面子只会活受罪

该放下的时候没必要一昧执著。无论我们选择何雨中方式亲解决问题，我们的目的只有一个，那就是使自己更好。

如果有一件丢面子的事要你去做，结果却可以换来你的衣食无忧和富有生活，你愿意吗？我想很多人都是愿意的，为什么呢？因为切实的利益摆在眼前。如果做事之前你愿意好好想一想，在自己的心中有个人利益的取舍，或许放下面子就不再是一件困难的事了。

20 世纪 70 年代初，美国麦当劳总公司看好台湾市场，准备正式进军台湾岛。他们需要在当地先培训一批高级干部，于是公开招考甄选。因为要求的标准颇高，很多有志的青年企业家都未通过。

终于，经过一再挑选，一位叫韩定国的公司经理脱颖而出。轮到最后一轮面试，麦当劳总裁与韩定国夫妇谈了三次，而且问了他一个出人意料的问题："如果我们要你去洗厕所，你会愿意吗？"

当时，韩定国在企业界已经小有名气，要他洗厕所，岂不太侮辱人了吗？他还在深思时，一旁的韩太太幽默地回答："我们家的厕所一向都是他洗的！"

麦当劳总裁一听非常高兴，当场拍板录取了韩定国。麦当劳总裁认为一个成功的企业家不仅要能干大事，而且小事也应干得很利索。

韩定国后来才知道，麦当劳训练员工的第一课题就是从洗厕所开始，因为眼务业的基本理念是"非以役人，乃役于人"，只有先从卑微的工作开始做起，才有可能了解"以客为尊"的道理。

很多人想赚钱，又放不下自己的面子，或者刚刚赚了一点点钱就迫不及待地想显示一下，证明自己不是穷人，事实上这都是人的虚荣心在作怪。从

上小学开始，老师就教导我们“职业不分贵贱”，可是在一些大城市生活的人，在思想深处还是会把自己和小城市或者乡下、山区的人区分开来，观察一下我们周围的人，脏活累活是谁在做？肯定不是那些把面子看得比命还重要的人。专注于面子并不是什么好事，何不放下它，让我们活得轻松一些。

在中国流传着一句古话，叫做“死要面子，活受罪”。大概意思是说，有些人往往为了自己的面子宁可吃大亏，多受罪，即使吃了哑巴亏也要保全面子。在中国的传统中，很多人似乎觉得面子就是尊严，丢了面子就是没了尊严。如果别人给自己面子，就说明自己面子大，人缘广，那是很自豪的，如果你让他面子上有一点挂不住，即使是亲戚朋友也有可能翻脸，从中可以看出中国人好面子的程度还真不是一般得深。

事实上，适当的时候我们的确可以维护一下自己的面子，但是不顾场合不顾后果的计较面子问题，不仅可能会得罪朋友，也可能会失掉一些我们做人的基本原则。在你不顾一切仅仅为了寻回一点点面子的时候，或许你已经丢失了自己的尊严，这种行为的普遍存在，会让人觉得人性中“虚伪”的成分太多，人与人之间很难产生信任感，对社会的发展和进步也是一种负面的影响。因此，我们应该时刻提醒自己，该放下的时候没必要一味执著，无论我们选择何种方式来解决问题，我们的目的只有一个，那就是使自己更好。

有一只老海龟已经一百岁了，是大海中的老寿星，大家都很尊敬它。老海龟喜欢和小海龟们海阔天空地谈他的遇险记，说自己遇到危险时是如何斗智斗勇安然脱险的。

小海龟们听了老海龟的话，个个佩服得五体投地，尊称他是“智勇双全的老爷爷。”

老海龟平时也很注意自己的形象，一举一动都很小心谨慎，处处表现出长者的风度。一天，老海龟来到沙滩上，他见几只小海龟在不远处的一块大石头上玩，就爬了过去。老海龟想爬到大石头上去，给小海龟们再讲讲他的历险记。大石头并不高，以前老海龟经常爬上去玩，这一次，他却每次爬上去就滑了下来，怎么也爬不上去。小海龟们对老海龟说：“你年纪大了，动作不灵活了，让我们拉你一把吧！”

老海龟想，自己是大名鼎鼎的百岁老海龟，如果让小海龟帮忙，岂不大失面子，他故意笑着说：“谁说我爬不上去，再高的石头我都爬过，刚才我只不过是先活动活动四肢，等会儿再爬上去。”老海龟在沙滩上稍稍休息了一会儿，深吸一口气，使出浑身的劲向大石头上猛冲。哪知他用力过猛，身体失去重心，四脚朝天跌倒在沙滩上。小海龟们见了，都大吃一惊，关心地问老海龟是否受伤，要去帮他把身体翻转过来。

老海龟摆摆手，故作轻松地对小海龟们说：“你们别大惊小怪，我是故意仰面朝天躺着的，这样我的胸部就可以晒到温暖的阳光，多么舒服啊！”

过了一会儿，小海龟们一齐跳人大海，游到别处去了。老海龟这才舞动四肢并且伸长脖子，想把身体翻转过来，可是无论他怎么努力，都翻不过来。几个渔民正好经过海滩，轻而易举就抓住了这只百岁老海龟，高高兴兴把他抬了回去。

老海龟想，如果刚才不是为了顾及面子，让小海龟们帮助把身体翻转过来的话，自己也不会落得如此下场。他叹了口气，自我安慰道：“还好，自己被抓时的狼狈相没有让小海龟们看到，总算没有在他们面前失面子。”

很多人像这只老海龟一样，宁肯活受罪也不愿意放下面子，接受别人的一点点帮助。没有永远的赢家，也没有永远的英雄，谁都有遇到困难的时刻，面对别人的好心，我们为什么不能心存感激地接受呢？如果是我们看到别人需要帮助，也会很乐意地伸出援助之手吧，这无关乎面子，没人会笑话你丢了面子，放不下的只有你自己而已。

为了那可怜的面子而失去爬上石头的机会，为了那可怜的面子而失去翻身的机会，为了那可怜的面子而将要命丧人手，可怜的老海龟，纵使活得再久，经历再多，又有什么用呢？作为人，社会中的一员，我们更是应该时刻审视自己，如果你想成就一番事业，如果你不想将来在一些无关紧要的小事上摔大跟斗，那么就放下自己那别人根本不会在乎的面子吧！

年轻人要担起责任

无论是老师还是同学甚至以后走上社会面对的上级领导、同事，他们都愿意把重要的事情托付给有强烈责任心的人。只有我们的能力获得他们的肯定。我们的才华也会更好地展示。

有一个油漆工，他有一个十分懂事的儿子，他的名字叫沃尔顿。他不仅读书非常努力，而且十分孝顺父母，闲暇的时间也常常跟着父亲去给人打油漆。不久，沃尔顿考上了美国著名的耶鲁大学，但家里拿不出足够的学费。他决定去打工挣钱上学。凭着他精湛的油漆技术，他领到了一个工程，负责油漆一栋房子的门窗。

可就在他支起刚刷好最后一次油漆的一扇门时，一不小心，门倒在一面墙上，雪白的墙上划出了一道漆痕。沃尔顿觉得这是自己的责任，所以他把墙上的漆痕刮掉，再拿涂料补上。可是，补上的涂料之处，与整面墙又有轻微的不协调。于是，他再买来涂料，将整面墙重新粉刷了一遍。

可这样一来，这面墙又与整间房子的其他墙有些不协调。虽然不细心看不出来，但为了墙面颜色一致，他将全部内墙全部粉刷了一遍。他向主人说明了情况，请主人预支钱给他买涂料，并表示，这涂料钱从工钱里扣。主人很欣赏沃尔顿的认真负责精神，问道："这样，你就没剩多少工钱了。"他回答说："这是我的作品，不能留下让人指点的瑕疵。"这房子主人是个老板，叫迈克尔，他后来不但资助沃尔顿读完大学，还将女儿嫁给沃尔顿。

十年后，他将公司交给沃尔顿经营。沃尔顿接手公司以后，不断扩张，使这个从美国中部阿肯色州的本顿维尔小城崛起的企业，发展到连锁店达4000多家，不仅布满全美，而且布满世界各地。这就是名列世界500强的沃尔玛零售公司。

在很多细小的事中往往可以看出一个人是否具有很强的责任心。责任心的强弱对我们的人生发展至关重要。

无论是老师还是同学甚至以后走上社会面对的上级领导、同事，他们都愿意把重要的事情托付给有强烈责任心的人。只有我们的能力获得他们的肯定，我们的才华也会更好地展示。

记得你小时候弄坏过邻居家孩子的玩具吗？那时你的头脑中的想法是什么？“赶紧走吧，别让他们发现是我弄坏的”。可是最终还是会被邻居家孩子发现，会知道是你弄坏的，最终的结果很可能是你被父母责骂一顿。现在再想起小时候在父母的呵护下，那些逃避责任的想法，是不是很幼稚呢？如是我们已经慢慢长大，虽然父母还是那样无微不至地关心着我们，在我们闯祸之后仍然站出来负责，但我们是不是更应该像个大人似的，自己来担起责任呢？只有敢于负责，敢于承担责任，才能成为强者。

英国20世纪著名的政治家福克斯受到很多人的敬仰，他以敢于对自己说过的话负责获得了政界较高的赞誉。

当福克斯还是一个孩子时，有一次，福克斯的父亲打算把花园里的小亭子拆掉，再另行建造一座大一点的亭子。小福克斯对拆亭子这件事情非常好奇，想亲眼看看工人们是怎样将亭子拆掉的，他要求父亲拆亭子的时候一定要叫他。小福克斯刚巧要离家几天，他再三央求父亲等他回来后再拆亭子，福克斯父亲敷衍地说了一句：“好吧！等你回来再拆亭子。”

过了几天，等小福克斯回到家中，却发现旧亭子早已被拆掉了，小福克斯心里很难过。吃早饭的时候，小福克斯小声地对父亲说：“你说话不算数！”父亲听了觉得很奇怪，说：“不算数？什么不算数？”原来父亲早已把自己几天前说过的话忘得一干二净。老福克斯听到儿子的话后，前思后想，决定向儿子认错。他认真地对小福克斯说：“爸爸错了！我应该对自己说过的话负责！”

于是，老福克斯再次找来工人，让工人们在旧亭子的位置上，重新盖

起一座和旧亭子一模一样的亭子，然后当着小福克斯的面，把“旧亭子”拆掉，让小福克斯看看工人们是怎样拆亭子的。

后来，老福克斯总是说：“对自己的言语负责，这一点比万贯家财来得更为珍贵！”

在平常生活中，我们有时会说出些有损他人人生尊严的话来，对他人造成很大的打击。如果换位思考，那个受打击的人是自己，我们会不会难过伤心？所以我们在对一个人进行评论或者给予他人承诺时，应该认真严肃，要对自己曾经说过的话，许过的诺言负责，不要给双方造成麻烦。

年轻的我们，要尽早扛起属于自己的责任，俗话说，“人”只有担起担子才会长大。

不要同时追两只兔子

简单地、单纯地追求。才会有专注的心力从事自己所选择的生活和事业，没有多少纷纷扰扰。古语说：“静而后能定，定而后能安，安而后能虑，虑而后能得。”就是这个道理。

谚语说，不要同时追两只兔子。围棋大师吴清源曾经手书条幅“不搏二兔”给聂卫平，委婉地批评他精力分散了。

人往往有多种价值观：有人止于形，以售其貌；有人止于勇，而售其力；有人止于心，而用其技；有人达于理，而用其智。专注于自己的选择的人才能获得最终的成功。专注的精神要求人们必须对外界的事物要有选择地放弃，因为只有懂得放弃才能有所得到。

一个果园主人种了一百棵苹果树，果树开花结出许许多多的果子。倘若主人认为多即是好，不去整理、修剪，不把不好的果子剔除，待果子成熟时，每个果子小得不能看，苹果也长不香甜。

一位朋友拜访居里夫人时，看到她的小女儿正在玩一枚金质奖章，它正是大名鼎鼎的英国皇家学会刚刚颁发给居里夫人的，朋友非常不解。居里夫人微微一笑说："我想让孩子从小就知道，荣誉就像玩具，只能玩玩而已，绝不能永远守着它，否则将一事无成。"

佛家有种说法，叫"舍得"，不舍不得，先舍后得，难舍难得，大舍大得。意思就是说不舍弃一些东西，是永远得不到另一些东西的，放弃的东西越多，那么得到的也会更多。

居里夫人外表美丽，但是她为了避免外表的干扰，从中学开始就把一头金发剪得很短，因为她明白自己的目标。

那些如同居里夫人一般生活的人，他们淡淡生活，静静思考，执著进取，一直登上智慧高地，自由驾驭规律，而永葆理性的美丽。只有放下了那些庞杂的琐事与俗事，才能真正地专注于自己的具体生活，收获快乐和幸福。

有一位美国大企业的美籍华人常务副总裁，出国前的专业是企业管理，可到美国的第一份工作，只是一个仓库保管员。就是这份别人看来难有作为的工作，却被他做得有声有色，因为他坚持认为，即使是看仓库，自己也要做出企业管理的水准来。他以货物的流通为切人口，通过各种货物的流通速度评判公司各项业务，找出周转缓慢需要调整的业务，并不断上交分析报告。这么做完全出于主动，他把公司的问题当成了自己的问题。十年间，从管理员做到副总裁，掌握着 100 亿美元的资金。他虽然没有读过 MBA，但时常被大学请去做 MBA 讲座。

正是这些简单的、单纯的追求，才会让他有如此专注的心力从事自己所选择的生活和事业，没有多少纷纷扰扰。古语说，静而后能定，定而后能安，安而后能虑，虑而后能得。

在我们的生活中，大家都是在自己的岗位上辛勤劳动而有所得。一个人如果能够经常清醒地思考自己真正的需求，便不容易陷入盲目追求的沼泽，不容易被空洞、无价值的事物所累。先放下无谓争斗、攀比的人，便

已经先走一步了。运动员后退一步，是为了发力起跑，人生后退一步，是为了跑得更快。

道尔顿是英国著名的化学家和物理学家。1801 年，他发表了“气体分压定律”；1808 年，他又发表了“道尔顿原子学说”。对人类的科学事业作出了不朽的贡献。

他还有一段有趣的恋爱经历。有一年他结识了曼彻斯特市一位最漂亮的年轻姑娘，他不知不觉地堕入了情网，道尔顿曾经表示说：“一个年轻人仅仅有了美貌，是打不动我的心的。”那么这位美丽的姑娘为什么能让他爱慕呢？

道尔顿曾经对他的哥哥作了坦率的说明：“她不是一个平常的年轻人，她正在开始评价约翰逊和谢利丹两本字典的优劣，能谈论在漂白过程中脱去燃素的盐酸的作用；还能讨论鸦片对于动物身体的影响，等等。我无法抗拒，只好无条件投降……”

道尔顿和这位姑娘约会了几次，他发现各自的兴趣完全两样。大约一个星期以后，道尔顿终于改弦更张，再不愿接触这位姑娘了，他一生唯一的一次恋爱也就此结束了。

道尔顿在以后的接触中发觉，这位姑娘并无真才实学，只会夸夸其谈。于是，他那火热的心，顿时冷却了，他决不愿再做她的“俘虏”，把宝贵的时间白白地浪费在湖边小溪之旁。就这样，科学成了道尔顿忠实的伴侣，这位伟大的科学家终身是一个单身汉。

虽然在现实生活中，我们不一定会如道尔顿辨析得那么明确，但是舍得放下曾经一厢情愿或者说是只看表面而未能辨清实质的东西，我们再来看看这个世界的时候，我们就变得可爱了。因为我们实现了自己最大的超越，那就是得到。

我们是在自己实实在在的生活中实现自己的理想和未来。每个人或许不同，但是都存有自己的内心世界，在通向成功的道路上，我们没有太多的时间和精力去做偏离理想轨道太远的事情。我们需要在各自的岗位上，认真思考自己的选择。真正的选择是我们舍弃旧我而走向新我的必经之路。而一旦选择了，我们就要始终如一地去做、去想、去思考，那种专注的思考是最难得的体验。因为专注，因为选择，因为放下，我们获得了快乐。

给自己最严格的要求

律己就是把握住生命中的每个细节，做正确的事。做合乎道德的事，同时排除那些看似不大却有背于正道的事情。

很多年轻人经常把严于律己挂在嘴边，可是往往坚持不了两三天就又回到了原来的老样子，而有的人却能够时时刻刻绷紧律己这根弦并坚持一生。做到持之以恒的律己，不仅仅是思想上的问题，更多的，是意志与惰性的较量，品德与私利的斗争。能把这种斗争坚持到最后的人，他所拥有的就不仅仅是律己的品德，而是更多。

徐溥是明朝一位有名的宰相，他年轻的时候，曾在宜兴求学。有一天，老师对他说："徐溥啊，你读书的确是很用功，但是你要知道，光读书好是不够的，你身上还有不少的缺点，你以后要努力改正，这样才有好的出路。"徐溥听了感觉很有道理，可是应该怎么发现自己的缺点，又怎么督促自己改正呢？徐溥一时很苦恼。

终于，有一天，他想出了一个好办法。徐溥从外面找来两个瓶子，把他们放到了书桌上，心想：今后，每当自己做了一件不好的事，说了一句坏话，想了一个坏念头时，就在一个瓶子里投进一粒黑豆，做了好事呢，就往另一个瓶子里投进一粒黄豆。刚一开始，徐溥的瓶子里黑豆总是比黄豆多，徐溥很沮丧，心想：哎，想不到我的缺点这么多，怎么改得了。便想放弃。老师知道了这件事以后，找到徐溥，对他说："律己这种品质的

养成需要勇气与坚持，你既然决定做了，为什么不坚持下来呢？”

徐溥听了很惭愧，便认真地反省了自己的所作所为，对自己的要求更为严格。在徐溥的不断坚持下，瓶中的黑豆越来越少。久而久之，黄豆几乎半满而黑豆屈指可数。徐溥就凭着这种持久自律的精神，不断修炼自我，完善品德，终于成为百姓交口称赞的一代名臣。

人们常说细微之处见精神，律己更是如此，因为，我们所要远离的正是生活中的一些不经意。律己作为一种品格，更作为一种习惯，就是从小事开始的。

回想我们犯过的错误，有多少是由一些不经意的小事造成的，我们忽略了它们，于是它们就找上门来。对于一个普通人来说，律己就是把握住生命中的每个细节，做正确的事，做合乎道德的事，同时排除那些看似不大却有背于正道的事情。从小事律己，更重要的是养成一种习惯，让我们再度面对的时候，可以毫不犹豫地关上防止侵蚀的大门。

于谦是明朝的一个大官，曾经当过明朝“一人之下，万人之上”的宰相。“当官不为民做主，不如回家卖红薯”就是说的他这种为百姓做好事的好官，用现在的话说他是一个“执政为民”的大清官，人们都很喜欢他。在于谦还没当上宰相之前，他在一个地方当老百姓的父母官，当时的制度规定，地方官员每年都要到京城去，由比他们更大的专门考核他们的官员来决定他们的官运。于是很多官员都在地方上拼命搜刮老百姓的钱财，然后送给考核他们的官员，很少有人例外。

有一年，轮到于谦进京，他很认真地把他治理当地的想法和老百姓的要求写成了奏折，可是他一点钱财都没有带，他的下属很奇怪，就问他原因。于谦回答他说：“我的工资本来就不多，我还要养家糊口，哪里有多余的钱啊？”下属对他说：“哪怕带点土特产也好啊，不然你不好办事情啊。”于谦哈哈一笑，举起两个袖子说：“这就是我要带的东西，两袖清风！”

父母对我们这种品质的培养是从我们幼年开始的，这是一个起点。几乎我们每个人都站在相同的起跑线上。然而，在前进的过程中，有些人落后了，掉队了。父母的监督与照顾不可能跟随我们一生。这就告诉我们，在我们成长的道路上，持久的自律是最重要的，父母所做的，是给予我们这种意识，而我们要做的，是通过不断的自我磨炼来完善这种意识。持之以恒的律己是最可贵的，这种可贵需要我们一辈子去完成。

在这一点上，父母对我们教育的应该是最多的。要诚实，要听话，要守纪律，要乐于助人等，这是对培养我们其他品格的教育和熏陶。试想，如果我们没有律己的意识，那么在面对诚实与谎言时，我们如何选择；如果没有律己的意识，那么在面对守纪与放任时我们该如何选择。也许我们曾经因为损坏了某个东西害怕批评而向父母撒谎，父母会原谅我们，毕竟我们的年纪还小，明白的事理还不多。但是，随着年龄的增长，我们的自律意识也相应地增强了吗？我们总是把种种品格当成说教而排斥，对自己犯下的小过错不加反思而放过，可是当你走上社会就会发现，能够律己而不逾越是多么的重要。多理解父母教育子女的良苦用心，总有一天，你会明白，父母当年在那些小事上的“斤斤计较”是为了培养出一个能够律己的孩子。

自律性往往容易被人遗忘或者忽视。有人曾采访过艾伦·休格先生，并对他的思想动力、进取心和缺乏魅力的粗陋行为做过一些评论。问及他为什么一直那么成功，他曾经说过这样一句话：“当你为自己工作的时候，星期一早上不必向其他人汇报工作，你就必须严格要求你自己，这取决于你的自律性。”

严格要求自己在数小时内来做这笔交易，执行计划过程中，不计薪水多寡，情绪高涨地去做事，决不能一看到成功的曙光就松懈，更不能逃避放弃。

尊重那些你觉得“不起眼”的人

一个普通农民并不比一个基因专家笨，也并不比一个将军卑微，只是他们从事的行业和研究的领域不同而已。

如果说每个人身上都笼罩一定的光芒，最亮的像明星，一般亮的像灯火，那么所谓“不起眼的人”通常都会是在你光芒之下的人，比如职位不如你高，比如生活状况不如你优，再比如样子长得不如你好，等等。在今天，在这个到处充斥着无数机会，无数变化，雨后春笋般出现商业奇迹、职场英雄、成名神话的时代，一个人的今天不好，不代表他的明天也不好，我们每个人的命运都在分分秒秒酝酿着转机，看低别人，最后只会令自己大跌眼镜。

尊重那些你觉得不起眼的人，其实也就是要有一个端正的品格，不要嫌贫爱富，或是眼睛只往上面看，很多不起眼的人就生活在你周围，说不准哪一天就忽然大放异彩。而即使一个人只是最平凡的人，你看不出他有成功、成名的可能或潜力，你也应该尊重他，因为有一句人们讲过十万八千遍的话就是，尊重别人就是尊重自己。再说，一个普通农民并不比一个基因专家笨，也并不比一个将军卑微，只是他们从事的行业和研究的领域不同而已。

除了巨富、将军的儿子，或是王孙后裔，其实我们每个人出生时都是一个普通人，当我们最初走出学校，步入社会都只是芸芸众生，茫茫人海中的一个，甚至在我们刚刚步入学校时，那么多的孩子，你我也只是其中之一而已。

之后，我们通过自己的努力，不断打拼，终于有了一点成绩，在社会、生活、工作中找到了一点自己的位置，这时候，再遇见不如我们的人，不起眼的人，其实我们应该明白，我们都曾扮演过这样的角色，只要稍稍换位思考一下，就找不出不尊重他们的理由。并且，即使是现在，你可能已经有了一些成绩，可是在比你更有成绩、更成功的人眼中，不仍然属于不起眼的一类？那么你会不会渴望他们也能尊重你，答案是一定的。所以，尊重不起眼的人，也就是尊重我们自己，不起眼的人也很可能不过是还没有成功的人。

而当你在注意到，并尊重一些小人物时，事实上也体现了你高贵的品格，你本身也会赢得更多的尊重，并且这些小人物说不定有朝一日就变成大人物，记得，不起眼的人不过是尚未成功的人，不要将人一碗水看到底，不要看低人，这样你不仅会变得更被大家爱戴，也保不准会成为一个看得见埋在土里的金子的目光远见者。

以前人说："人不可貌相，海水不可斗量。"那些你觉得不起眼可能有着丰富的内涵和才华，只是没有机会显现出来而已，这个时候，如果你不尊重他，今后就很有可能变成有眼不识泰山了。当然，这些还都是次要，重要的是你要有一颗包容、平等、开放的心，不能忽视任何人，因为每个人都有他的优点、长处，也都有成功的可能。并且，往往在一个粗糙的外表下，可能藏着一个敏感精致的灵魂。

很多成功者，尤其是那些某一方面天赋异常的天才，他们往往可能在生活中很不起眼，可一旦有了发光发热的机会，就会一发不可收拾。同样地，尊重过他们的人，他们不会忘记，而尊重别人是一种美德，不把人以任何肤浅的方式——比如外观感觉，财富分类更是一种美德。

由此可见，人与人之间，彼此尊重，尤其是给予那些正处在人生低谷、或看似平凡、不突出、不起眼的人尊重，不仅对于他们而言是一种施予，一份善举，而对于自己也是一种幸福。

年轻也要懂得中庸之道

中庸之道讲究和谐。和气。不伤人. 不伤己。一个人太过正直，不懂人情世故，不顾和谐之道，很容易四面树敌，给自己的发展埋下祸患。

儒家之道中，中庸之法是其中的精髓，是年轻人为人处世的重要准则。中庸的“中”，即中正、适当、合宜、正确；中庸的“庸”，有用、常、平常三义。“中”“庸”合称，即中道之实用、中道为常道、中道可常行之义。

中庸的主旨是和谐，强调为人处世的方法。如何在不同的群体和各种各样的人中求同存异，和气交往，即让众人都觉得恰到好处，关键在于把握技巧。例如，用尊重别人的方式挑战他的观点，既陈述了自己的意见，又不使他丢失面子，也使众人易于接受。

陈元方在小时候就很有才华，能言善辩。他的父亲是一位廉洁正直的大官，和他交往的朋友也是志趣相投者。在这种潜移默化的影响下，小元方对很多事情都有自己独到的见解。

在他11岁时，和他父亲交好的袁公邀请他们一家人到府邸做客。袁公非常喜欢这个举止大方、机敏灵活的孩子，一看见他就拉住他的手温和地问:“听说你读了很多书,很聪明。今天我要问你一个问题,你可要好好回答!”

小元方恭恭敬敬地回答说：“您尽管问，只要是我知道的，一定言无不尽。”

“你父亲在太丘做官,那里的百姓特别爱戴他,你知道其中的原因吗?”

陈元方不无自豪地说：“我最佩服的人就是家父。他在太丘为官数年，一心想着造福百姓。他除暴安良，严格按照法制惩处那些奸恶之徒；对那些贫穷人家他乐善好施，想方设法改善他们的生活。对于这样恩威并重、正直廉洁的父母官，老百姓们自然是看在眼里，喜在心上。”

袁公夸奖陈元方说：“你小小年纪就能看到事情的本质，实在是不简单啊！”

袁公有心要见识一下这个孩子的乖巧，还想试他一试，沉吟片刻，笑着说：“我对你父亲也很敬重。以前，我在邺县担任县令，在那里也深得民心，并且治理的方法和你父亲相差无几，都想让百姓安居乐业，衣食无忧！”

小元方不失时机地赞叹说：“家父经常在我们面前提起您，对您的政绩我也早有耳闻。您和家父是‘英雄所见略同’，正应了那句话‘物以类聚，人以群分’。”

听了小元方的一番话，袁公发出一阵爽朗的笑声，抚摸着他的头说：“你真是能说会道！我还有一个问题，你要如实回答！”

“我一定按照您的要求回答，只怕我年幼无知，说话有失轻重和分寸，其中有失礼的地方，请您不要放在心上！”小元方一板一眼地说。

“我和你父亲的为官之道相差无几，在你看来，是谁学谁呢？”袁公说完，就看着元方如何回答。

只见小元方略加思索，说道：“以前的周公和孔子，尽管出生在不同的年代，但是他们在政治上的观点不谋而合。他们都施行仁政，为百姓着想，受到了人民的爱戴，流芳百世。但是到现在为止，也没有谁能说清楚这两个大圣人哪个是老师，哪个是学生。就我看来，这也没有必要。您和家父也是如此。”

袁公见这一番话说得滴水不漏，小元方既没有看轻自己，也没有故意贬低他的父亲，而且还把自己和古代圣贤作比，感到欣喜不已。他对小元方赞不绝口，慨叹道：“后生可畏！家门大幸啊！”

小元方的一席话不偏不倚、不左不右，使得两个大人都很满意，这就是中庸处事的作用。

明代时，胸襟坦荡、一身正气的于谦因为对人太苛刻而最后被人陷害，

他至死都没弄明白何谓中庸。

于谦的命运与明朝的两次重大事件——土木之变和夺门之变紧密联系在一起。土木事变之后，他成为英雄，举国拥戴；而夺门事变则使他身败名裂，命丧刑场。于谦一身正气，可同僚们为何最终倒戈相向？

土木之变使明英宗沦为瓦剌军队的阶下囚，整座京城岌岌可危。危难当头，掌管兵部的于谦挺身而出，排除各种干扰，率领各方力量，顽强战斗，击退了入侵的瓦剌军。与此同时，他还同文武大臣一起拥立朱祁钰称帝，重新建立明朝政治核心。本想要挟明朝的瓦剌部族首领见到这种情景，被迫放归英宗。

文臣徐有贞，因在瓦剌军队进逼京师之时，率先提出“南迁”主张遭到于谦的严正驳斥，为此徐有贞经常遭到同事们的讥笑，一直得不到升迁。他多次请求于谦举荐，希望谋取国子监祭酒一职。于谦也曾在景帝面前提及此事，但景帝认为徐有贞在危急关头大唱“南迁”调子，造成极坏影响，不同意提升他。未能遂愿的徐有贞非常懊恼，他责怪于谦从中作梗，影响了自己的前程，因而对于谦恨之入骨。

武将石亨掌管着京师驻军的兵权，一开始虽因与瓦剌军战遭败而被谪，但不久在于谦的保荐下，又官复原职，并在于谦的领导下，扭转败局，立下大功，被封为世侯。如此优厚的封赐使石亨受宠若惊，为了表达对于谦的知遇之恩，他向皇帝请求封赏于谦的儿子于冕。未曾想到的是，于谦在朝廷上义正词严地拒绝了，还指责他徇私。于是，石亨于谦二人的关系破裂，积怨日深。

由于处理事情不善婉转，说话直，不给人留面子，于谦得罪了本可以不得罪的人。就这样，文臣武将、内宫外廷结合在一起，形成了一股“倒谦”势力。一番密谋之后，不久付诸行动。徐有贞等是行动的策划者，石亨、曹吉祥等则是行动的执行者，他们趁景帝病重之际，猝然发动宫廷政变，夺门成功，把老皇帝英宗又送上了皇帝的位子。而于谦的性命却丢在了这帮人之手。

中庸之道讲究和谐，和气，不伤人，不伤己。一个人太过正直，不懂人情世故，不顾和谐之道，很容易四面树敌，给自己的发展埋下祸患。中庸之道是人际关系的减震器和润滑油，它可以在出现误会、产生分歧、发生矛盾时，充当调停人，化一切既恼人又难堪又剑拔弩张的干戈为玉帛。

在社会上打拼，能够真正理解中庸哲学所倡导的做事方略，凡事顺着“中庸”的方向思考的人，最终都将到达“智慧人生”的境界，拥有所期待的和谐美满的理想生活。

停止了学习就停止了进步

学习是一辈子的事情，我们必须紧限时代脚步. 保持永久的学习精神，不断给自己充电。

社会发展到今天，变化越来越快，已经到了日新月异的程度，稍一停顿，我们就会被远远地甩在后面。任何事物都是发展的，没有一成不变的东西，只有在发展中完善，我们才会前进。

在发展中变化，在变化中发展，这是永恒的真理。我们所学的知识也是一样，今天觉得很有用的东西，到了明天可能就一点用处都没有了，不仅没有用，可能还会阻碍我们的前进。那么在新鲜事物层出不穷、知识日益老化的今天，我们应该如何应对这样的挑战呢？中国有句俗语，“活到老，学到老”，或许是最好的答案。学习是一辈子的事情，特别是对 20 几岁的年轻人来说，必须紧跟时代脚步，不断给自己充电。

经过 5 年的努力，通过十多门课程和论文答辩，年近花甲的沈老拿到了大学毕业证书。假如一个年轻人拿到这个证书，确实没有什么值得夸耀与称奇的。但是对于一个年过花甲的人来说，没有坚定的信心和顽强的意

志是很难坚持下来的。很多人不解地问沈老学习的动力是什么。沈老的回答是：学习是一辈子的事情。

沈老的父亲是个与铁路打了一辈子交道的老工人，12岁就上班扳道岔，肚里没有几滴墨水。父亲一辈子没有多少文化，留下终身遗憾，于是就把大学梦寄托在沈老的身上。但由于"文化大革命"，沈老的大学梦破灭了。沈老不得不下乡插队。等到从农村返登上中学讲台时，沈老已经是胡子拉碴一把年纪了。

登上讲台，沈老才知道自己的知识严重不足，于是沈老盲目地读起"刊大"、"培大"……文凭是拿了好几个，可是一个都不顶用。后来，他终于狠下心来，费尽周折报名参加成人高考，被某大学的成人教育学院录取时已是47岁，等拿到专科文凭时，已年过半百了。

随着时间的推移，沈老发觉自己所学的专科知识又不够用了。怎么办？别无他路，只有参加自学考试。很多人不理解，认为沈老"脑子有毛病""自找苦吃"，七老八十的，还考什么大学，在家里享清福多好啊。尽管这样，沈老并没有动摇。

可一进考场，沈老就傻眼了，几乎是清一色的年轻人。走进考场，他们还以为沈老是监考人员呢。当这个满头白发、一脸络腮胡子的老人找到自己的座位时，其他考生都投来惊异的目光。在答卷时，两位监考的女孩子都窃窃私语："这老汉可有点岁数了，受这罪，不知图啥？""这老汉肯定当爷爷了！"……

沈老并没有气馁，继续坚持自己的梦想。后来他吸取这次考试的教训，每次参加考试前都要把头发染黑，把胡子刮掉，尽量使自己年轻些，缩小与其他考生的差距，减少考场上的干扰，保证全神贯注地答题。十四门课，沈老就这么一门一门地拿下来了。尽管有挫折和失败，但都被沈老战胜了。通过对知识的不懈追求，诠释了自己的人生价值。当完成本科学业时，沈老获得无法言说的自我满足感，他没有想到，自己这么老了还拿到了大学毕业证书。当沈老再一次站到讲台上时，他更加有信心了。

活到老，学到老。学习是一辈子的事情。沈老是这么想的，也是这么做的。沈老对新知识的追求让我们感动。学习是一辈子的事情，这个道理大家都懂，但真正实施的人却很少。很多人都认为参加工作了就稳定了，人也逐渐变懒了，不愿意看书学习了，其实很多知识都在更新，如果我们一味地吃老本，那么很快就会落后。俗话说“落后就要挨打”，很有道理，所以在工作之余，学习很重要，特别是我们年轻的时候。

被誉为民歌四花旦之首的祖海，涉足歌坛以来成就斐然，但她依旧定期找自己的老师进行“充电”。她表示：“对于歌手来说，学习是一辈子的事情，我很庆幸遇到了金铁林老师，跟他学习，就像是海绵吸收海水一样，越学习越觉得自己有很多欠缺。因此，毕业之后尽管演出繁忙，我总要定期找金老师上课，这个习惯一直坚持到现在。”

在我们这个时代，随着科学技术的迅猛发展，世界知识的总量在成倍地增加。知识更新的过程也空前加快，曾经在学校掌握的科学文化知识和技能远远不能适应时代的要求，更不能适应将来工作的需要。所以我们不能满足于已有的知识，要为将来的长远发展做准备，独立地、主动地学习新知识，不断更新自己头脑中的知识体系，以适应新情况，解决新问题。

清华大学的教授钱伟长对自己的学生说过这么一段话，他说：“我出生在农村，家里很穷，因此中小学没有很好地念过。但是有一点我是可以肯定的，就是大学毕业后，我没有停止过学习，我相信并且可以打个赌，我现在每天学习的时间比你们还多。每天晚上八点开始，就是我的学习时间，不到凌晨两点我是不停止学习的。我那个时候，没有计算机，没有火箭，没有原子弹，按道理我对这些应该一窍不通；不过你们在学，我也在学，我全把它们学来了。我虽然不是这方面的专家，但我全懂，我是靠自学，靠不断地自学，所以学习是一辈子的事情。”

看开利益，谦让一点得到更多

懂得谦让便是懂得放下自己的利益去成全别人，要相信上天是公平的，你今天放下的任何成果和机会，在未来的幕一天会以另外的形式返还给你。

年轻人与人交往，除了感情外，利益是一条割舍不断的纽带。一个利字，能让知己朋友反目成仇，能让兄弟姐妹视同生人，能让结盟之国分崩离析，其中的原因，多是放不下利的好处和诱惑，以至于如紧握手中的沙子一样，你越用力，反而失去越多。

为人处世，我们要争，要勇于表现自己，谋取该得的利益，开阔自己的一片天地。但在这个过程中，智者更要看开利益二字。谦让一点，反而会得来良机。

在中国古代有个皇帝叫做汉文帝，汉文帝是个有作为的皇帝，他敬重老臣陈平、周勃，得到了他们的有力辅佐。

一天，汉文帝上殿，各大臣叩见之后，汉文帝发现丞相陈平没上朝，他问道："丞相陈平为何不来？"

站在下面的太尉周勃站出来说道："丞相陈平正在生病，体力不支，不能叩见皇上，请皇上原谅。"汉文帝心里纳闷，昨日还见他身体好好的，怎么今天就病了？不过他不动声色，只是说："好，知道了，退下。"

退朝后，汉文帝换上平日穿的家常便服，到陈平家去探视。

陈平在家躺着正在看书，见汉文帝如此关怀，非常感动。他觉得不能再隐瞒下去了，对汉文帝讲了心里话。原来高祖刘邦在位时，为了保证汉朝宗室的传承，规定"非刘氏者不得为王"。高祖死后，惠帝懦弱，吕后不顾高祖遗训，又立吕氏家族子弟为王。使得诸吕势力越来越大，刘家的势力却日益衰微。吕后死后，诸吕结党，欲谋叛乱，丞相陈平认为时机已到，与太尉周勃，共商大计，灭掉诸吕夺取政权。陈平认为新帝继位，应记功晋爵。周勃消灭吕氏集团，功劳比自己大，自己应该把丞相的位子让给周勃，但是周勃不肯接受，认为消灭吕氏集团，功臣是陈平。陈平便假装有病不能上朝，使文帝有理由任命周勃为丞相，也使周勃义不容辞担起丞相职务。

陈平把这一切都对文帝说清之后，又诚恳地说："高祖在时，周勃的功劳不如我。诛灭诸吕时，我的功劳不如太尉。所以我愿意把相位让给他，请皇上恩准。"

文帝本来不知消灭诸吕的细节。他是在诸吕倒台后，才被陈平和周勃接到长安的。听了陈平的解释，才知周勃立下了大功，便同意陈平的请求，任命周勃为右丞相，位居第一，任陈平为左丞相，位居第二。

文帝想做个有作为的皇帝，他要亲自过问国家大事。一天上朝时，他问右丞相周勃："现在一天的时间里，全国被判刑的有多少人？"周勃说不知道。文帝又问："全国一年的钱粮有多少，收人有多少？支出有多少？"周勃还是回答不上来，感到惭愧至极，无地自容。

文帝看周勃答不出来，就问左丞相陈平："陈丞相，那你说呢？"陈平不慌不忙地回答说："您要想了解这些情况，我可以给您找来掌管这些事的人。"

文帝问："那么谁负责管理这些事呢？"

陈平回答："陛下要问被判刑的人数，我可以去找廷尉，要问钱粮的出入，我可以找治粟内史，他们会告诉您详细的数字。"

文帝有些不高兴，脸色沉下来说道："既然什么事都各有主管，那么丞相应该管什么呢？"

陈平毫不犹豫地回答：'每个人的能力是有限的，不能事无巨细，每事躬亲。丞相的职责上能辅佐皇帝，下能调理万事，对外能镇抚四夷、诸侯，对内能安定百姓。丞相还要管理大臣，使每个大臣能尽到自己的责任。"陈平回答得有条不紊，文帝听了觉得有道理，连连点头，露出满意的笑容。

站在一边的周勃如释重负，十分佩服陈平能言善辩，辅政有方，深感自己是个武夫，才干在陈平之下。他回到家里，心情久久不能平静。他想，自己虽说平定诸吕有功，但是辅佐皇帝、处理国政方面的才能比起陈平差远了，为了国家百姓着想，还是应该让陈平做丞相。于是周勃也假称有病，向文帝提出辞呈。

汉文帝非常理解周勃的心情，批准周勃的辞呈，任命陈平为丞相（不再设左丞相）。陈平辅佐文帝，励精图治，促成了汉朝中兴。陈平和周勃两位老臣，都是汉朝开国元老，却虚己盈人，互让相位，光彩照人。

陈平和周勃二人，一个能为对方着想，愿意放下自己的官职来维护对方的利益，一个能为了国家、为大局而放下自己荣耀无比的位置，两人互谦互敬，感人甚深。

陈平和周勃是两位老臣，在官场上的相互谦让，不仅使双方都得到了更好的发展，而且留下千古美名。作为普通人，懂得谦让，同样能为自己赢得更好的发展机会。

这一年，王强大专毕业后来北京，工作一时没有着落。他每天奔忙于各个招聘单位之间，为了能获得一份糊口的工作，费尽了心力。但每每都是因为自己学历低、缺经验而吃到闭门羹。

几天过后，他眼看带来的钱就要花光了，还依旧天天坐着公共汽车，在人才市场和招聘单位之间穿梭，不免心急如焚。

那天，他又一次希望破灭，从人才市场沮丧而归。兜里只剩买一张回家的火车票的钱了，坐在拥挤不堪的公共汽车上，不禁黯然神伤。车到中途，上来一个衣冠楚楚的中年人，捂着肚子，脸色很不好，多半是胃病发作。但没有人注意他，更没有人给他让座位。

王强离这位中年人站的地方较远，隔了好几个人。他还是决定把自己的位置让给他。中年人听到他的招呼，感激地笑笑，犹豫了片刻，还是坐下了。

车又过了几站，王强下车了。中年人也下了车，笑着递给王强一张名片："小伙子，这是我的名片，有空来我公司聊聊。"王强有些纳闷，不知道中年人的用意是什么。只见中年人接着说："如果我没记错的话，今天你给我们公司投过材料。祝贺你，你被录用了，明天你来上班吧。我是公司的人事主管，直接来找我就可以了。"

王强因为一次让座位而获得了难得的工作机会，从此，他在这家公司勤勤恳恳地工作，深得老板的信任，一路平步青云。

谦让，不单单是放下自己的利益，也可能会给自己让出机会来，那些只看到眼前利益、鼠目寸光的人决不会从容地谦让，放弃自己既得的利益。

我们从小就听过"孔融让梨"的故事，它之所以为人称道，是因为其道出了谦让的美德和意义。谦让，让出的不仅仅是一份既得的利益，不仅仅是大梨和小梨的区别，更是一个人从思想上重视别人、尊敬别人、爱护别人的表现。同时更体现了他放得下、看得开的胸襟。谦让，其实也是一种放下，放下了选择大梨的机会，得到了别人的称赞；放下了自己的座位，放下了休息的机会，帮助了他人也得到了他人的赞赏，这便是让的根本，也是放下的意义。

只有那些心胸开阔的人，才懂得谦让，才会做出谦让的举动。懂得谦让便是懂得放下自己的利益去成全别人，要相信上天是公平的，你今天放下的任何成果和机会，在未来的某一天会以另外的形式返还给你，在赢得别人尊重的同时，为自己的未来争得一次机会，这也是一种深谋远虑。拥有一颗谦让的心，我们的路才会越走越宽，敢于放下，我们才能得到更多。

谦恭有度，敬己敬人

唯有谦让能化解矛盾消除仇恨，只有懂得谦让才算得上人间君子。

谦恭有度，讲的是君子的情操和待人接物的态度。君子待人要谦，对

待长辈更要恭谦有礼，但也不可谦虚过度，过谦则使人感觉到虚伪狡诈。只有虚怀若谷的态度，才能给人尊敬的印象，敬人者人恒敬之，人们也会对谦虚者抱以尊敬。谦虚是高尚者的情操，是修养深厚的表现，是圣人君子的操守。

自古以来，我国就有谦虚的美德，这方面有许多格言警句。如“谦受益，满招损”，“谦虚使人进步，骄傲使人落后”，“虚心竹有低头叶，傲骨梅无仰面花”，“百尺竿头，还要更进一步！”这些格言一直浇灌着人们的心灵，谦虚的美德深入人心，谦虚成了衡量君子小人、德操高卑的标准。

《菜根谭》中有语云：“建功立业者，多虚圆之士。”古来建立功业成就功勋的全都是谦虚圆融的人士，那些执拗固执、骄傲自满的人往往与成功无缘。文王谦虚，渭河之滨访太公，最终成就了周朝八百年的基业；刘备谦虚，三顾茅庐请卧龙，最终成就大业。

现实生活中也有很多这样的例子，在公司老板一般喜欢谦虚好学的下属，而不喜欢一瓶子不满半瓶子晃荡的半吊子；在机关，上级往往器重谦恭有礼、温文尔雅的后生，而讨厌那种傲气凌人自我满足的所谓“后起之秀”。

谦虚的人懂得怎样尊敬别人，包容别人。比如山谷，山谷因为胸怀空阔而罗纳万物。万物生长其间，不受排斥，不受拘禁，自由生长，得到了长久的来自于山谷的给养和尊重，同时山谷间的万物也装饰和点缀了山谷，使山谷变得郁郁葱葱，生机勃发。所谓谦虚礼让，敬人敬己就是这个道理。如果不这样，请看下面这个故事。

森林中有一条河流，河水湍急，不停地打着漩涡，奔向远方。河上有一座独木桥，窄得每次只能容一人经过。

某日，东山羊想到西山上去采草莓，而西山羊想到东山上去采橡果，结果两只羊同时上了桥，到了桥中心，彼此挡住了，谁也走不过去。

东山羊见僵持的时间已很长了，而西山羊照样没有退让的意思，便冷冷地说道：“喂，你的眼睛是不是长在屁股上了，没见我要去西山吗？”

“我看你是干脆连眼睛都没长吧，要不，怎么会挡我的道？”西山羊反唇相讥。

“你让还是不让？不让开，我就闯。”东山羊摇了一下头，晃了晃犄角，那意思是：看到没有，我的犄角就像两把利剑，它正想尝尝你的一身肥肉是否鲜美呢。

“哼，跟我斗，没门儿！”西山羊仰天长咩一声，便低头用犄角去顶东山羊。“好小子，我看你是不想活了。”东山羊边骂边低头迎上西山羊。

“咔”，这是两只羊的犄角相互碰撞的声音。

“扑通”，这是两只羊失足同时落入河水中的声音。

森林里安静下来，两只羊跌人河心以后淹死了，尸体很快就被河水冲走了。

互不谦让的结果就是两败俱伤，谁也得不到好处。况且争得面红耳赤，大打出手，弄个鼻青脸肿，给人留下笑柄。谦让是君子的风格，互相礼让，你让一尺，我敬一丈，双方都是谦虚的心怀，什么事情不好解决？

万事万物盈虚有数，就像夜空中的月亮一样，阴晴圆缺自有规律可循，做人也是一样。如果太骄傲、太自满，物极必反，盛极而衰，最终灾祸临头悔之晚矣。反之，如果太谦虚、太礼让，矫揉造作，虚伪狡诈，就会给人留下华而不实的印象，这就是过犹不及的道理。因此谦让要有度，要恰当。

得意时切忌不要忘形

有时候人们冲破了艰难险阻，经历了千辛万苦，终于把黑暗踩在脚下，迎来了曙光，却因为校度得意忘形，又重新跌入黑暗的境地。

20 几岁做人的大忌，就是得意忘形。纵观历史，凡得意忘形者，必没

有好下场。想想三国中曹操败走华容道，虽然是败军之将，却对诸葛亮的军事才能百般嘲笑，结果全都落入孔明套中，这时才羞惭万分，要不是关羽为报答恩情放他一马，恐怕曹操就要死于赤壁的硝烟中。汉武帝刚刚即位的时候，舅父田蚡掌握大权，不把朝臣放在眼中，忘乎所以，最后连汉武帝也难以容忍，最终落了一个疯癫的下场。

有一个神话故事是这样的，父子俩被囚禁在一座山峰上的高塔中，为了逃走他们把鸟儿停驻高塔时所脱落的羽毛用蜡黏合在一起，做了两对巨大的翅膀，想借此飞出高塔。当他们飞出高塔的时候，儿子觉得在天空遨游的感觉太美了，十分得意，便不顾父亲的劝告，越飞越高，结果由于太接近太阳了，蜡开始融化，儿子因此跌入深渊。

有时候人们冲破了艰难险阻，经历了千辛万苦，终于把黑暗踩在脚下，迎来了曙光，却因为极度得意忘形，又重新跌入黑暗的境地。得意忘形，使人丧失了最起码的谦虚。头脑发热，做事情往往没有逻辑，只凭一时的感觉。

晏子乘车外出，马车正好从车夫的家门前经过，车夫的妻子从门缝里偷偷地往外看，只见自己的丈夫替相国驾车，坐在车上的大伞盖下，挥鞭赶着高头大马，神气活现，十分得意。

车夫回到家里，妻子就要跟他离婚。车夫大吃一惊，忙问什么原因。

他妻子说：晏子身为齐国宰相，在诸侯各国中很有名望。可我看他坐在车上，思想是那样深沉，态度是那样谦逊。而你呢，只不过是给相国赶赶车罢了，却趾高气扬，表现出一副很了不起的样子。像你这样的人还会有什么出息呢？这就是我要跟你离婚的原因。

车夫仔细捉摸妻子的这番话，既受教育又感惭愧，便向妻子认错。自此以后，车夫变得谦逊谨慎起来。

车夫的这一变化，使晏子感到奇怪，就问车夫原因，车夫把妻子的话如实地告诉了晏子。晏子认为车夫的妻子很有见解，也对车夫勇于改过的态度感到满、意，便推荐车夫做了大夫。

有本事、有志向的人，大都谦虚谨慎。而那些骄傲自满、趾高气扬的人，大都目光短浅、志向不高。而且，一个人的成功除了靠自己的勤奋刻苦、努力奋斗以外，还要具有谦虚谨慎的品质，自以为是、得意忘形的人永远也找不到成功的途径。

得意忘形是招灾惹祸的根苗。一旦得意忘形就会丧失警惕，飘飘然忘乎所以，忽视对手的存在。这时竞争对手虎视眈眈，伺机攻击你的弱点，而你的弱点早就随着你的得意忘形显露在外，因此你的下场就是惨败，甚至搭上性命。看看下面这个故事，你就会知道得意忘形实在是害人不浅。

一只猫头鹰每到晚上才出来吃东西，白天就睡觉。

有一天，正当它睡得很香时，被一只蚱蜢的声音吵醒了，它没法入睡，便急切地请求蚱蜢停止叫声。蚱蜢却根本不理它，仍然叫个不停。猫头鹰越是不断地请求，蚱蜢反而叫得越响。猫头鹰被弄得无可奈何，烦躁不安。

突然它想到一个好计策，便对蚱蜢说："听到你动听的歌声，我已经睡不着了。你的歌声如同阿波罗神的七弦琴一样动听。我将把青春女神赫柏刚送给我的仙酒拿出来，痛痛快快地畅饮一场。你若不反对，就请上来一起喝吧。"

蚱蜢这时正很渴，又被这赞美之辞弄得高兴得忘乎所以，什么也没想就急忙地飞了上去。结果，猫头鹰从洞中冲出来，把蚱蜢弄死了。

有些人有一点点本事就飘飘然，忘乎所以，忘记了自己的地位和处境，结果自找苦吃。故事中的蚱蜢就是这样子，喝下了猫头鹰的迷魂汤，结果白送了性命。红楼梦中贾瑞垂涎王熙凤的美色，王熙凤欲加害于他，便甜言蜜语地给贾瑞灌迷汤，贾瑞一听，心中便想原来贾府的凤辣子竟然有意于我，十分得意。谁知贾瑞上了王熙凤的当，白白在贾府挨冷受冻，还淋了一头尿溺，最后照见风月宝鉴竟一命呜呼。

得意忘形是摧毁心智的利器。纵使是叱咤风云的人物要是得意忘形，

也会落下不好的下场，得意者终必失意，越是得意越是失意。人生在世无论什么时候都要收敛，学会谦虚，谦虚使人敦实，有海纳百川的吞吐之势，得意忘形就好比海上扬波，纵使风波滔天裂岸，风平浪静之后，也要复归大海的沉静。故而，人不能得意，更不能忘乎所以。

第5章

年轻气盛吃大亏，沉住气往往成大器

年轻是我们最大的资本，但有时也会成为冲动、狂妄、不羁的根源。20几岁的年轻人要对自己有信心，不要妄自菲薄，但也不能以一种俯视的眼光看待别人、以急躁的态度做事。俗话说：天外有天，人外有人。年轻人心盛气傲在所难免，但处世不深当然就会做些不记后果的事情。不知道天高地厚，得罪别人，伤了感情，伤了自己刚刚建立起来的人脉网。

常言道“小马乍行闲路窄，大鹏展翅恨天低。”你也许认为这叫初生牛犊不怕虎，但年轻人做事稳当一点，沉住气总不会吃亏。天下有大勇者，卒然临之而不惊，无故加之而不怒。沉住气，才能成大器。辛姆洛克告诫年轻人：“忍耐之草是苦的，但最终会结出甘甜而柔软的果实。”

情绪化的人只会坏事

要么控制自己的情绪，要么被自己的情绪控制，但后者被称为失控。

年轻人做事，大多风风火火，大汗淋漓是一种痛快，立竿见影的成效是一种成就感。但不可忽视的一点，我们也容易受到情绪的干扰。

即使某个年轻人口称自己很理性，其实当他很有“理性”地思考问题的时候，也是受到当时隋绪状态的影响，“理性地思考”本身也是一种情绪状态。

有人这么解释年轻人情绪化的表现：要么控制自己的情绪，要么被自己的情绪控制，但后者被称为失控。

闯荡社会，不如意之事十有八九，偶尔遇到种种不如意的事情，有的人会因此大动肝火，结果把事情搞得越来越糟。而有的人则能很好地控制住自己的情绪，泰然自若地面对各种刁难和困境，让自己立于不败之地。

心理学家说，年轻人往往被情绪左右思考能力，在情绪的干扰下，思考容易偏激或受到限制，不利于原本就感性的自己做出正确的判断。

这一年，新的一届竞选又开始了，莫妮卡准备参加参议员竞选，她向自己的参谋讨教如何获得多数人的选票。

参谋说：“我可以教你些方法。但是我们要先定一个规则，如果你违反我教给你的方法，要罚款10元。”

莫妮卡说：“行，没问题。”

“那我们从现在就开始。”

“行，就现在开始。”

“我教你的第一条方法是：无论人家说你什么坏话，你都得忍受。无

论人家怎么损你、骂你、指责你、批评你，你都不许发怒。”

“这个容易，人家批评我，说我坏话，正好给我敲个警钟，我不会记在心上。”候选人轻松地答应道。

“你能这么认为最好。我希望你能记住这个戒条，要知道，这是我教给你规则当中最重要的一条。不过，像你这种愚蠢的人，不知道什么时候才能记住。”

“什么！你居然说我……”候选人气急败坏地说。

“拿来，10块钱！”

虽然脸上的愤怒还没褪去，但是莫妮卡明白，自己确实是违反规则了。她无奈地把钱递给参谋，说：“好吧，这次是我错了，你继续说其他的方法。”

“这条规则最重要，其余的规则也差不多。”

“你这个骗子……”

“对不起，又是10块钱。”参谋摊手道。

“你赚这20块钱也太方便了。”

“就是啊，你赶快拿出来，你自己答应的，你如果不给我，我就让你臭名远扬。”

“你真是只狡猾的狐狸。”

“又10块钱，对不起，拿来。”

“呀，又是一次，好了，我以后不再发脾气了！”

“算了吧，我并不是真要你的钱，你出身那么贫寒，父亲也因不还人家钱而声誉不佳！”

“你这个讨厌的恶棍。怎么可以侮辱我家人！”

“看到了吧，又是10块钱，这回可不让你抵赖了。”

看到莫妮卡垂头丧气的样子，参谋说：“现在你总该知道了吧，克制自己的愤怒，控制情绪并不容易，你要随时留心，时时在意。10块钱倒是小事，要是你每发一次脾气就丢掉一张选票，那损失可就大了。”

从上面的故事中，我们看到了情绪失控后的结果。在现实生活中，我们很可能因为自己一时隋绪失控而失去应有的机会。即使你是一个优秀的人，可就因为你的暴脾气而在无形中得罪了很多人，这使得你在通向成功的道路上不再一帆风顺，甚至触礁沉没。而这一切正是你自己造成的，因为你做不了情绪的主人，无法驾驭自己的情绪，甚至被它所左右。

心理学家提醒那些容易情绪化的年轻人，要想更好地适应社会，获得经济上的独立和保障尊严，就必须学会调动自己的情绪，理智客观地处理所有问题。能调动情绪的年轻人生活更有滋味，更易获得满足，更能运用自己的智能获取丰硕的成果。反之，不能驾驭自己情感的年轻人，内心激烈的冲突，削弱了她们本应集中于工作的实际能力和思考能力。

心理学家劝诫那些情绪容易受外界干扰的年轻人，应先处理好心情，再投入精力，处理事情。人的每一个决定和行为，都或多或少地受到情绪的影响。无论是对学习还是对社会适应能力来说，情绪都扮演着非常重要的角色。能够稳定情绪、沉着处事的年轻人，更容易取得想要的结果。

在法庭上，律师拿出一封信问洛克菲勒："先生，你收到我寄给你的信了吗？

你回信了吗？"

"收到了！"洛克菲勒回答他，"没有回信！"

律师又拿出二十几封信，一一地询问洛克菲勒，而洛克菲勒都以相同的表情，一一给予相同的回答。

律师控制不住自己的情绪，暴跳如雷并不断咒骂。

最后，庭上宣布洛克菲勒胜诉！因为律师情绪的失控让自己乱了章法。

由此可见，学会控制自己的情绪对于每个年轻人而言都是相当重要的，它是我们在社会打拼的前提，也能体现年轻人的端庄、静雅的特质，更是自己身心健康的保证。

我们每个人，都有属于自己的情绪体验，不同的事情不同的情况会产生完全不同的心情。然而面对繁重的工作和生活压力，负面情绪总是很轻易地占据我们的脑海，一旦情绪失控，我们的工作和生活都会受到影响。

所以身在职场的年轻人，更要学会控制和梳理自己情绪的方法，对待各种不同的情绪每个人都有自己的方式，但是无论何种方式都要遵循一个原则：就是通过正当的方式进行发泄和疏导，一定不能为了发泄情绪而做出伤害他人和伤害自己的事情。

根据心理学家研究，人的每一个决定和行为，都或多或少地受到情绪的影响。无论是对学习还是对社会适应能力来说，情绪都扮演着非常重要的角色。二十几岁的年轻人，如果做不了情绪的主人，就要被情绪左右。为了更好地适应社会，我们应该学会调动自己的情绪，理智客观地处理所有问题。

忍住怒气才有机会出人头地

圣经上说：不轻易发怒的．胜过勇士；治服己心的。强如取城。又说：不轻易发怒的，大有聪明；性情暴躁的，大显愚妄。

罗丹曾说："只有把抱怨别人和环境的心情，化为上进的力量才是成功的保证。"经受别人的考验、提升自身的张力，你才会在人头攒动的人海中脱颖而出。忍耐往往是痛苦的，然而正是因为你有了能够忍受痛苦的气质，你才得以从人群中脱颖而出，若想做个成功的人，就要学会忍耐，就像这句话说的："你能把忍的功夫做到多大，你将来的事业就能成就多大。"

年轻人初人社会，总避免不了误解和争吵，哪个人能够事事如意，时时顺心？人与人之间可能常常因为一些彼此无法释怀的坚持，而造成永远的伤害。如果我们都能从自己做起，用平和的心态待人处世，你会发现不平之事越来越少。学会忍耐怒气，以宽广的胸怀和度量，去面对别人的轻蔑和侮辱。时刻告诫自己“退一步海阔天空”；学会忍耐冲动，以心平气和的态度去面对流言飞语，得饶人处且饶人；学会忍耐，可以获得无穷的益处，会使我们的生活更加美好。

在我们生活中经常会发生这样的一些小事，本来对方表达的没有什么特殊的意思，而且或许是好意，但是就有那么一些人在潜意识里就有与人对立的情绪，火气很大，别人刚一开口，他就出言不逊，搞得自己和对方都下不来台。过生活心态是很重要的，心态实际上是一种观念的东西，是一种心理上的感觉。人快乐与否，全在于心态。拥有一颗平和的心，遇事多思考，多忍让，不仅能够赢得好人缘，也是为自己走向成功铺平道路。

穆罕默德是有名的先知。有一次，穆罕默德和阿里正在街上走着，迎面走过来一个人，这个人认为阿里是曾欺骗过他的某个人，就对着阿里大骂起来。阿里觉得自己根本不认识他，不想跟他理论，一言不发。可这个人并不罢休，阿里忍耐了很长时间，终于克制不住，与之对骂起来。按照常理，应该出来劝架的先知穆罕默德却转身离去。等阿里再追上穆罕默德时，便问道：“你为什么扔下我一个，任由那个无赖侮辱我？”

“当这个人对你破口大骂而你一言不发的时候，我看到你身边有十个天使，这些天使都在回击这个人。但是当你开口与他对骂的时候，天使们都弃你而去，那么我也只好走了。”穆罕默德答道。

天下之事，没有完全尽如人意的，一定要用平和的心态去对待。俗话说“怒伤肝”，可见发怒是一件不好的事。不仅伤害家人、朋友或者同事之间的感情，对自己的身体也是不利的。每个人都有梦想，每个人都在不停地追梦，梦想到底有多远，我们并不知道，只好一直向前。在刻意的追求中，我们往往会迷失自己，总是在苛求自己，也在苛求别人，结果走人了一个怪圈，发现自己失去了平和的心态，也渐渐远离了梦想。

或许我们走累了，应该停下来休息一下。给自己一个调整的机会和时间，毕竟快乐的生活才是人们追求的。过程是充实的，结果总是平淡的，

所以，何必难为自己，难为他人，笑对自己，笑对他人，用一种最最平和的心态、耐心地对待生活中的每件事，在快乐中去追逐自己的梦想。

平和是处事待人的一种态度，宽容是平和的表现，平和的人，厚德载物，雅量容人，能屈能伸。冷静是平和的内涵，也是一种修养，一种工作方法，苛刻是做人的大禁忌，可是，要达到平和心态，却是要慢慢修炼的，遇见烦恼的事情，静下心来，仔细分析一下，遇见自己不喜欢的人，说话可以稍微放缓一下，大可不必语出伤人，保持平和的心态，你会发现，你的快乐越来越多。

遇事沉住气，分析利与弊

沉稳并非是老于世故、老谋深算。而是对任何普通人、尤其是身处要职的领导者都适用的生存哲学，是现代人必须学会的生存法则。

圣人老子曾经说过这样的话："大的洁白，是知白守黑，和光同尘，故而若似垢污；大的方正，是方而不割，廉而不刿，故谓没有棱角；博大之器，是经久历远，厚积薄发，故而积久乃成；浩大之声，过于听之量，故而不易听闻；庞大之象，超乎视之域，故而具体无形。"这句话的意思是说，一个人要想打破枷锁，有所突破，就不能只计较眼前一时的得失利弊，真正重要的是如何经受长久的磨炼，通过这种有意识的磨炼来淡化锋芒、祛除骄躁。

但是，时至今日，还是有很多的年轻人一旦面对问题就失去理智，变得毫无头绪，结果多行不义、自食恶果。

曾经有一个牧童，在一次放牧时偶然间发现了森林深处的一间废弃木屋，由于牧童年龄小不知道害怕，好奇心促使他进入木屋。他发现原来木屋中堆满了煤矿。牧童很是好奇，不知道这就是可以卖钱的煤矿石，小心地拿起了一块，他自言自语道："拿回去给牧场主看看，他肯定知道是什么。"他将牛赶回了牧场，又如实地把一天的经历告诉了牧场主，并把煤矿石拿出来给牧场主看。牧场主见多识广，一眼就看出来是煤矿石，欣喜若狂，一把将牧童拉到身边，问储藏煤矿石的木屋在哪里。牧童把木屋的大体位置告诉了他，牧场主马上命令管家与手下直奔木屋，让牧童为他们带路。

牧场主很快就到了木屋，见到了一屋子的煤矿石。他眼冒金光，欣喜若狂，赶忙把煤矿石装进带来的麻袋中。牧场主让手下不停地搬运，非要把所有煤矿石带走才能满足。忽然，一阵轰隆隆的雷声响过后，木屋被闪电击中着火了，牧场主为了贪图眼前利益，连自己的命也丢在了煤矿石点燃的大火中。

老练的牧场主阅历丰富，并且拥有一整个农场，但是在不义之财面前也被冲昏了头脑，失去了理智，最终丢掉了性命。可见，"沉住气"看似简单，但是真正能够做到的却是寥寥无几，即便是活了半辈子的人，也不一定能弄明白这个道理。

小陈是一家物流公司的主管，他做事可谓清清楚楚，明明白白，从来没干过一件糊涂事，有什么大事一般小陈自己觉得可以解决的，也不会跟家人商量。

一天，小陈下班回来，在小区门口看见围了几个人，就上前看看怎么回事。原来是一个小伙子在做宣传，主要意思是内蒙古现在有个"万里大造林"的项目，通过老百姓集资买树种，在沙漠上种树，以后长大了成了树林以后，大伙都能分到钱。现场有好几个年轻人当场就掏出上万块钱"入股"，小陈觉得植树造林是好事情，而且还能在以后赚钱，是一举两得的好事。于是赶紧回家把家里的三万块钱拿出来，二话没说就入股了。晚上他把这件事和父母一说，家人马上表示反对，妈妈说电视上关于万里大造林是个大骗局的传闻已经传得满天飞了。小陈一听傻眼了，第二天去社区门口一看，昨天热火朝天的摊子如今已经是人去楼空，小陈赶紧打合同上

的电话，也是空号，小陈这下慌神了，赶紧打电话报了警。

过了一个月，警察给小陈送来了追回的三万元钱，并且告诉小陈这个犯罪团伙已经流动作案很久了，而像他这样上当受骗的年轻人也不在少数。他们都是跟小陈的想法一样，觉得首先植树造林是有益于国家的事情，应该给予支持，主要还是因为一听可以赚钱，还是成倍赚钱，于是就被利益冲昏了头脑，失去了理智，沉不住气，最终导致上当受骗。

有句老话叫做“沉住气，成大器”，这句话体现了我们为人处世所应该具备的一项重要素质——沉住气，保持冷静的头脑。这种沉稳并非是老于世故、老谋深算，而是对任何普通人、尤其是身处要职的领导者都适用的生存哲学，是现代人必须学会的生存法则。如果能够真正领悟并运用好这一处世良方，那么不论多么难处理的事情、多么复杂的利益纠葛都可以迎刃而解。

其实，不要把一时的利益得失看得太重，很多时候心浮气躁，急功近利，往往会让事情变得糟糕。沉住气，把眼光放长远，这是一种通向成功的境界，更是我们为人处世的重要技能。

年轻人该妥协的时候不要固执

妥协是一门艺术，是一币中必学的生存市领和技能，妥协更是一币中高超的忍耐力和涵养。

对于年轻人来说，人际交往是一门很深的学问，人与人相处也非常复杂，即使是深谙人际交往规则的行家也时常要借助妥协的帮助，因为妥协，有时候是一种策略，可以既不伤人也不害己，是一种两全其美的方法。善于妥协的人往往能够赢得他人更多的尊重，妥协是一种智慧，它使我们可以自由地穿梭在人群中。

学会妥协是走向成熟的一种标志。当你和你的上级共同探讨问题时，出现了明显的分歧，你可以选择暂时的妥协，一是可以缓解紧张的气氛，二是可以给你的上司留有足够的面子。即使你的方案再好再正确，也要等私下里交流，不要在人多的场合让上司下不来台，如若这样，逞了一时之能却可能因此丢了饭碗。

善于妥协不仅证明你能够理性地思考，更是一种美德。有些人说话尖酸刻薄，总是以自我为中心，说话办事一点不给人留情面，看上去这样的人是占上风的，其实不然，这种行为一定会招致别人的不满和反感。如果你是这样的人，就要自我反省一下，看看周围人对你的真实态度和看法。一个人没有必要事事拔尖，处处出彩，在适当的时候妥协一次，做出一些让步，能够让人感到你的宽容和大度。不要一味盯着眼前的利益，要懂得尊重对方的利益，将对方的利益看得和自身利益同样重要。在适当的时候运用妥协，你会发现朋友越来越多，人缘越来越好，前进的路也越来越畅通。

妥协是邻里之间和谐相处的法宝，妥协也是一种忍耐，只是它换了一件外套。懂得什么时候忍耐，什么时候妥协，有选择地对待每一件事，才能达到最终的目标。

清朝的张廷玉是安徽桐城人，他素来注重修身养性，颇得他人尊重。同时他也非常孝敬父母，在朝廷任宰相时，他把母亲安顿在家乡，并经常回家探望。

一次，张廷玉回家看望母亲时，觉得家中的房屋呈现出破败之象，就命令下人起屋造房。安排好一切后，他又回到了京城。

他家的邻居是一位姓叶的侍郎，也打算扩建房屋，并想利用两家中间的一块地方。张家也想利用那块地方做回廊，于是两家争执起来。张家开始挖地基时，叶家就派人在后面用土填上；叶家打算动工，拿尺子去量那块地，张家就一哄而上把工具夺走。两家争吵多次，几次险些动武，双方互不相让。

张母一怒之下，给张廷玉写信，让他赶快回来处理此事。张廷玉看罢来信，不急不躁，提笔写下一首短诗：“千里家书只为墙，再让三尺又何妨？万里长城今犹在，不见当年秦始皇。”封好后派人迅速送回家。

张母满以为儿子会回来为自己撑腰，没想到只盼回一封家书。张母看完信后，顿时恍然大悟：为了三尺地既伤了两家的和气，又气坏了自己的身体，实在是不值。张母立即主动把墙退后三尺。邻居见状，深感惭愧，也把墙让后三尺，并且登门道歉。这样一来，以前两家争夺的三尺地反而成了一条六尺宽的巷子。

当地人纷纷传颂这件事，引为美谈，并且给这条巷子取了一个特别的名字——六尺巷。有人还据此作了一首打油诗：“争一争，行不通；让一让，六尺巷。”

的确，生活中难免会有磕磕碰碰，难免会有矛盾纷争，耳鬓厮磨的夫妇都有意见不合的时候，何况是邻里和朋友。我们需要学会妥协，妥协不是软弱，不是退却也不是放弃，妥协是以退为进的策略，是缓兵之计。妥协，是对眼前人的尊重，是化干戈为玉帛的和解之意。一个懂得妥协的人才是真正成熟的人。

很多时候我们在路上，会遇到堵车的情况，而有些人又很喜欢加塞儿，如果不巧加到我们的前面，我们势必要生气的，有些人还可能和前面的人较起真儿来，非要超过他不可。如果大家都能够礼让一些，妥协一下，每个人都按照交通规则行驶，可能堵车的情况也就不会那么容易出现了。其实妥协是一门很深的学问。

但是，妥协并不意味着一味地退让，妥协也需要原则，适当的妥协才能够给予我们帮助，一味的妥协只能证明自己的软弱。妥协是一门艺术，是一种必学的生存本领和技能，妥协更是一种高超的忍耐力和涵养。把握好妥协的尺度，一切问题都会迎刃而解，生活将会变得美好而简单。

临危不乱，处变不惊

人的才华智慧如果无法运用在最需要的时候，便和庸碌平凡没有差别。造物者是一个精于计算的女神，它给予世人的每一分才智．都要受赐的人善加利用。

清朝大才子纪晓岚临危不乱，处变不惊。有一年夏天，宫廷里新进了不少扇子。按照当时的习俗，儒雅的人会在自己的扇面上题一些字画。于是，乾隆把自己最喜欢的一把扇子交给纪晓岚，让他把唐代诗人王之涣的《凉州词》题上去。

不知道什么原因，纪晓岚在题字的时候不小心把“黄河远上白云间”的“间”字给漏掉了。乾隆皇帝看了，大为不快，把扇子丢给纪晓岚，说他有欺君之罪。纪晓岚拾起乾隆皇帝丢回的扇子，一看，才知漏写了一个字。但他并没有像其他人那样马上惊慌失措，跪地求饶，而是脑筋一转，不动声色地对乾隆皇帝说：“启禀殿下，这不是诗，而是一首词。”

“明明是一首诗怎么是一首词？”乾隆稍带怒气，不解地问道。

纪晓岚不慌不忙地说：“皇上息怒，且让微臣念给皇上听。”

接着纪晓岚念出来的句子是：“黄河远上，白云一片，孤城万仞山。羌笛何须怨，杨柳春风不度玉门关。”经过纪晓岚这么一断句，一首《凉州词》果然由诗变成了词，而且意思完全未变。乾隆皇帝听后哈哈大笑，连连夸赞纪晓岚机敏过人，临危不乱，没有治他欺君之罪。

在上面的故事中，纪晓岚临危不乱，从容面对，最终化尴尬为诙谐，变窘迫为笑话。

莎士比亚曾说：“人的才华智慧如果无法运用在最需要的时候，便和

庸碌平凡没有差别，造物者是一个精于计算的女神，它给予世人的每一分才智，都要受赐的人善加利用。”当你遇到突发事件时，是以情绪反应来解决问题，还是先冷静下来，把问题弄清楚后，再一一解决呢？

20几岁的年轻人，社会阅历不深，不可避免地会遇到一些突发事件，当你遇到紧急的事情时，是否也能像故事中的纪晓岚一样，保持临危不乱的态度，随机应变呢？我们大多数人都做不到这一点，即使是芝麻大的小事，也慌慌张张、冒冒失失，就像天要塌下来似的。其实完全没有必要这样，任何时候都不能够乱了阵脚，你越紧张就越想不出办法，反而会让问题变得更加复杂，甚至偏离了问题的核心，衍生出更多不必要的麻烦来。面对突如其来的事情，我们要做的第一件事，便是将情绪稳定下来，如此，才能镇定地想出解决的方法。

一名飞行员试飞新出厂的飞机，驾机滑向跑道，当飞机加速至每小时280公里，在跑道上快速滑行到1800米时，他收起飞机的前轮，正打算飞离地面，突然发现一只大鸟朝机头迎面飞来，只听“轰”的一声响，飞机开始摆动，发动机发出异常声音。

直觉告诉飞行员，飞机和大鸟撞上了，在这万分紧急时刻，他没有手忙脚乱，而是迅速地投放减速伞、握住刹车，通过采取一连串的应急措施，飞机终于停在跑道北端约100米处。事后，经机务人员检查，飞机进气口黏附大量鸟毛和血迹，发动机压气机叶片已被严重打坏。专家断言，当时如果处置不当，强行起飞，可能造成机毁人亡的严重后果。飞行员的临危不乱避免了一场严重的飞行事故。

临危不乱，处变不惊，是一种能力的表现，是一种智慧与博学的体现，是一种儒雅的大将风度。在任何时候，我们都应该以一种平和的心态来面对各种紧急情况，只有这样，我们才能够找出解决问题的办法，把事情处理得妥当圆满。

一个临危不乱、处变不惊的人会有一个好的心态，在遇到打击时也会勇敢地面对现实，从容不迫地接受一切，而不是要死要活，丧失理智，哭天喊地。

学会临危不乱，处变不惊。要学会镇定，要学会控制自己的情绪，要相信没有什么大不了的事情，任何问题都会得到解决。一旦你抱着这样的心态去处理事情时，你就会发现天大的事也不过如此，你就会把事情处理得更加圆满。

看清楚形势，别做无用功

要想安身立命甚至有朝一日出人头地、飞黄腾达。真才实学和寒窗苦读是必不可少的，但是光靠这些是远远不够的，我们还需要静下心亲思考什么时候做什么事情能够发挥最大的效用。

年轻人都对物理有较多的了解，在物理学当中，功是一个量化的概念，通过功的计算公式，得出功的大小，但是功还分成有用功和无用功，如果做的是无用功，那不管你克服了多少阻力，也是白费事。有人说，人生就是一个不断做功的过程，无论你是处于顺境还是逆境，都要不断做功。在面对具体的问题时，如果你沉下心来，冷静思考和观察，看清楚了形势，那你做的各种努力就会是有用功；可是如果你没有通过仔细观察，事情已经进人一个死胡同了，那你不管做多大的努力，对解决问题也是于事无补的。

一次，某著名数学教授去当地的一所中学调研讲学工作，忙了一上午以后在休息期间，学校领导特意叫来一名学生，说这个学生在学校很出名，有自己的特长，想要请这个数学教授来指点指点。教授一听很高兴，因为数学方面有特长很不容易，教授以为这个学生可能是一个数学奇才，于是赶忙让这个学生给自己展示他的特长，只听那个学生口若悬河、滔滔不绝——原来竟然是背诵起圆周率来了，据学校领导说这个学生冬练三九夏

练三伏，经过不懈努力，如今已经能够背出圆周率小数点后多达200多位了！而且现在正准备向300位发起挑战呢。然而，当这个数学教授听完这个学生的汇报背诵后，并没有表现出任何惊喜之情，只是轻叹了一声说：够了，已经很厉害了，不用再背了。

我们学过一点数学的人都知道，圆周率在实际计算中一般仅仅用到小数点以后第二位，即3. 14，最多也是记住3.1415926就可以了。如果是要搞科研工作需要用到更多位，完全可以去查一些相关资料，需要用到第几位都一目了然，而像这个“神童”这样花费这么大精力去背诵圆周率真的有必要吗？如果把这些时间和精力，用在学习别的更有用的知识上，就不用做那么多无用功了，所以教授才会如此无奈地叹息。

曾经有一次，在某频道一档与饮食有关的节目中，请来了一位技艺高超的名厨。主持人介绍了半天这位名厨技艺如何高超，吊足了大家的胃口。正当大家准备欣赏厨师的高超技艺的时候，荧屏上出现的场景却令所有观众一片愕然——只见该厨师右手提着一把明晃晃的菜刀，左脚踏上方凳，伸手间挽起裤子，将一个拳头大小的土豆放在了大腿上，在音响师急促的打击乐伴奏之下，以大腿为案板表演起切土豆丝的技艺来了。全场观众拍案叫绝。

我们不得不承认，这个厨师的功夫可谓是练到家了，但是确实是无用功。推想一下，如果你去饭店就餐，服务小姐手托菜盘款款走到你的桌前，用甜美的声音介绍：请您品尝本店特色菜，炝拌土豆丝，这道菜的特点是我们的名厨以大腿为案切出来的……不知道谁听了这样的介绍还能吃得下去。厨师们练就的炉火纯青的技艺不是没有意义，只是这个技艺只能够作为茶余饭后的消遣节目，他们最重要的工作应该是菜的味道能不能令顾客满意，如何抓住顾客的心，如何多做一些有用功。

当今社会，我们面对如此残酷的竞争，要想安身立命甚至有朝一日出人头地、飞黄腾达，真才实学和寒窗苦读是必不可少的，但是光靠这些是远远不够的，我们还需要静下心来思考什么时候做什么事情能够发挥最大的效用，比如应该先解决衣食住行，再考虑花前月下；先解决遮风挡雨，再考虑金碧辉煌；先解决基本温饱，再全力奔向小康。只要我们牢记行动之前先沉住气，大干之前先理清思路，那么我们做的努力都会转化成宝贵的有用功。

多一份耐心，少一份误解

学会耐心地观察周围的情形，学会耐心地等待他人的解释，学会谅解他人，是我们生活美满的真谛。

人生是一个多姿多彩的大舞台，在这个舞台上，每个人都是自己的主角，每个人都可以决定自己所要塑造的形象。年轻人也要明白，人生有诸多无奈，主角的路总是坎坷多一些，总会碰到一些不如意的事。或许你会发现你的好朋友背叛了你，你的亲人欺骗了你，你的心一次次地受伤，你感到失落、灰心甚至绝望。可能，这时的你最需要的不是成功，不是财富，而是最最温暖心灵的东西。想要得到这些东西，或许你应该多一份耐心，多一份理解，因为你所谓的背叛和欺骗背后可能另有隐情。

早年在美国阿拉斯加，有一对年轻人婚后，太太因难产而死，留下一个孩子。丈夫因为忙于生计没有时间照顾孩子，就训练了一只狗，那狗聪明听话，能照顾小孩，还能咬着奶瓶给孩子喂奶。

有一天，主人去了别的乡村，因遇大雪，当日不能回来。孩子就留给狗照顾。第二天赶回家，狗立即闻声出来迎接主人。房门一开，他看到到处是血，抬头一望，床上也是血，孩子不见了，身边的狗满口也是血，他以为狗性发作，把孩子吃掉了，大怒之下，拿起刀来向着狗头一劈，把狗杀死了。

之后，忽然听到孩子的声音，又见他从床下爬了出来，于是抱起孩子；虽然身上有血，但并未受伤。他很奇怪，不知是怎么一回事，再看看狗腿上的肉没有了，旁边有一只狼，口里还咬着狗腿上的肉；这时他才恍然大悟，原来狗救了小主人，却被主人误杀了，这真是天大的误会。

这个故事到底是那条忠诚的狗的悲哀还是人的悲哀呢？

误会，往往是人在不了解、没有耐心思考、冲动行事的后果，误会的产生也大多是因为人的怀疑、不信任。因此在真正弄清真相之前千万不要做出伤害别人最后反而伤害自己的举动，千万不要让误会酿成苦果，多忍耐一下，多了解一些，就会是皆大欢喜的结局。

学会耐心地观察周围的情形，学会耐心地等待他人的解释，学会谅解他人，是我们生活美满的真谛。俗话说“人无完人”，每个人都有缺点，我们自己也是一样，如果每个人都只看到别人的缺点却看不到自己的弱点，每个人都只会指责别人而不会检讨自己，那么生活也就没有美好可言了。总是说“取人之长，补己之短”，不就是让我们遇事多看看别人的长处，多找找自己的缺点，从而弥补自己的不足吗？如果你认真地去看别人的优点，并欣赏他人的优点，那么你也在慢慢地改进自己的缺点。用自己宽容的心去包容别人的错误，不要用伤害的方式来解决问题，要知道伤害一旦造成，就永远会留在心底，即使伤口好了，还是会留下伤疤。

生活中，真正身体上的伤害可能离我们很远，但是有时候，不善的言语给人造成的伤害比之身体的伤痛更加厉害，因为那戳穿的是人的心灵。身体的伤口愈合了就不会再痛，但是心灵上的创伤却会在心底隐隐地疼。

曾经那些伤害过你的人，也许曾是你最好的朋友，敞开胸怀去面对他们吧，这样你才会更加成熟明智。相信生命的力量，相信宽容的力量，也相信时间。不要因为一些无法释怀的坚持就去给别人造成伤害，因为那样也是对自己的一种惩罚，任何伤害的行为都需要我们良心的不安来做抵押。或许宽容一些，体谅一些，忍耐一下，便是最好的解决方法。转一下头，你会看到更加灿烂的阳光。

朋友，让我们的心灵花园中种满谅解之花，让那些伤害过你的人闻到谅解之花的芳香，谅解别人也释放自己，用我们真诚的心画出天空中最美的那道彩虹吧。

因为年轻，所以更要沉着

直面危难凶残的面孔，不仅要勇敢，更需要冷静地思考、判断为自己争取更多的机会。

20 几岁闯荡社会，我们可以选择若干种安全的生活方式，但有些时候，困难、风险和危险都是无法预测的。害怕和退缩或许来自本能，然而在关键的时候，在危难之中能够保持冷静，沉着应对，更是一种可贵的能力。

乔治是一位 16 岁的美国高中生，他住在一个农场里。由于家境并不富裕，他经常主动帮家里干活。

有一次，他独自在父亲的农场里干活，气候寒冷，地面上不少积雪处都结了冰。为完成最后的工作，他冒着严寒操纵着机器，不慎在冰上滑倒了，他的衣袖被搅在机器里，他使劲挣扎，但是无济于事，就在一刹那间，他的两只手臂被机器切断。

当时农场空无一人，他忍着剧痛和泪水，跑了 300 米路程来到一所房子里。他用牙齿打开门拴竭力走到电话机旁，用嘴咬住一枝铅笔，一下一下地拨动，终于拨通了他哥哥的电话，他哥哥立刻通知了附近的有关部门。

附近的一所医院及时抢救乔治，并对他进行了断肢再植手术。他在医院里住了一个半月，便回到了自己家里疗养。过了一段时间，他已经能微微抬起手臂并回到学校上课了。他的全家人和朋友都为他感到自豪。

许多听闻这件事的人有的说他聪明，用铅笔打电话，还会用嘴打开门；有的说他喜欢干活，夸他勤劳；还有的说，他身体真棒，一定曾努力锻炼

身体，不然早就没命了。

他冷静地处理事情的方法更让人们钦佩：在危急的时刻，他把断臂伸在浴盆里，以便血不会白白流走。当救护人员赶到时，他被抬上担架。临行前，他冷静地告诉医生："不要忘了把我的手臂带上。"

天有不测风云，人有旦夕祸福。我们的生活并不总能阳光普照，突降的灾难有时会让我们难以应对。当暴风雨突然袭来，我们能做的不仅是顺应本能，为自己找个僻静的港口，更应该选择面对。而直面危难凶残的面孔，不仅要勇敢，还要急中生智，更需要靠冷静地判断为自己争取更多的机会。

20几岁的我们在做事时难免会遇到棘手的问题，鲁莽、浮躁的人不可能在关键时刻做出最正确的应对措施，也正是在关键时刻的差异化的表现，让老板、同事等人看清你的潜力，给予你更多的机会。

因此，培养自己沉着、干练的做事风格，无疑会让自己在竞争中具有更多胜出的可能。

好事要淡定，别乐极生悲

沉不住气，冲动鲁莽不仅会把事情办砸，很多时候还会引起不必要的误会。事后当事人能够明白过来自己的过错固然很好，但是泼出去的水永远收不回来，由于冲动不冷静所造成的严重后果，恐怕永远都改变不了。

央视著名的男主持人朱军曾经说过：得意时淡然，失意时坦然。这句话告诉我们不论遇到好事坏事，都应该沉住气，保持冷静来思考问题。在现实生活中，很多时候，沉住气、保持冷静不仅仅适用于一些紧急的突发情况，当遇到突如其来的好事，或者说是喜从天降的时候，同样要有一颗平常心，这颗平常心就是在面对好事所带来的利益时要保持淡定，对事情的走势有一个冷静的分析和足够清晰的思路，别被胜利的喜悦冲昏头脑，这样才能把好的事情处理得更好，有一个完美的结局。

有一个老板招聘雇员，恰巧有三个人都在为找不到工作而苦恼，看到这则招聘信息都十分高兴，迫不及待来应聘。这个老板看到三个人都很渴望得到这份工作，于是想了一个办法来考验他们是否有冷静的头脑。

老板对第一个应聘者说，楼道有个玻璃窗，你用拳头把它击碎。应聘者执行了，幸好那不是一块真玻璃，不然他的手就会严重受伤。

老板又对第二个应聘者说，这里有一桶脏水，你把它泼到那清洁工身上去。她此刻正在楼道拐角处那个小屋里休息，你不要说话，推开门泼到她身上就是了。这位应聘者提着脏水出去，找到那间小屋，推开门，果然见一位女清洁工坐在那里。他也不说话，把脏水泼在她头上，回头就走，向老板交差。老板此时告诉他，坐在那里的不过是个蜡像。

老板最后对第三个应聘者说，大厅里坐着一个胖子，你去狠狠击他两拳。这位应聘者说，对不起，我没有理由去击他；即便有理由，我也不能用击打的方法。我即使因此不会被您录用，也不能执行您这样的命令。

此时，老板宣布，第三位应聘者被聘用，理由是前两位轻率鲁莽，而他才是一个足够勇敢而又沉得住气、头脑清晰和有自己的思路的人。

同样都有可能获得这份工作，就是因为在面对利益得失之间不能摆正心态，沉住气用心思考，结果就失去了一次机会。像这样的情况日常生活中经常发生，其实失去一次机会并不可怕，最重要的是能够在一次次惨痛的教训中吸取教训，逐渐养成遇事沉着冷静、用心思考的处事习惯。

中国有句老话：有再一再二，没有再三再四。我们不能被同一块石头绊倒两次，每一次因为不能保持冷静而吃亏甚至失败，都要及时总结教训，这样才能成长起来。

周亚夫是汉景帝时期的著名大将。当时匈奴经常入侵我国北方边境并且骚扰我国居住在边界的百姓，汉景帝想到要派遣一位有能力的武将去攻打匈奴，于是要重用大将周亚夫。但是，汉景帝也知道周亚夫因为劳苦功高，

有着飞扬跋扈的劣习，因此希望在重用他之前先压压他的傲气。为此，汉景帝精心安排了一场宴席，宴请群臣。但是开宴时间已过，周亚夫还没有到。汉景帝就非常生气，他悄悄让侍从撤去了周亚夫桌上的餐具。

原来，周亚夫因为感觉到自己将被重用，又有机会驰骋沙场了，就有些得意忘形，礼服也不穿，还吩咐车夫“贵客必后至”。入席后，看到没有自己的餐具，大声吆喝随从去拿筷子。汉景帝当庭申斥了他，“我们这里容不下你，你回去吧！”其后，周亚夫因为私自囤积盔甲武器，触法入狱，在狱中绝食而亡，汉景帝不久也吐血而死。

本来汉景帝明明想重用周亚夫，周亚夫也明明想统率三军报效国家，两个人都想为国家考虑，本身是一件难得的大好事，是众望所归，可为什么最后却得到这样的结局？倘若，汉景帝能够为了大局暂时放下皇帝的臭架子，周亚夫身为臣子也少一些张狂，彼此都能够沉住气，仔细考虑孰轻孰重，是自己的面子重要还是国家的安危重要，那么这个故事也就会换成另一个结局。

沉不住气，冲动鲁莽不仅会把事情办砸，很多时候还会引起不必要的误会，事后当事人能够明白过来自己的过错固然很好，但是泼出去的水永远收不回来，由于冲动不冷静所造成的严重后果，恐怕永远都改变不了。

遇突发情况，冷静并自制

在通往成功的道路上，很多时候我们会碰到意想不到的突发事件，在这种时候无论如何必须控制你的情绪，学会自制。

活中我们经常要遇到各种突发情况，而且很多时候，一些紧急事件是你做梦也不会想得到的。为了在这种突发情况下，我们能够临危不乱，在关键时刻能够沉住气，瞬间理清思路并妥善地处理这些紧急情况，这就要求我们平时多注意培养自己冷静并且自制的能力。只有具备了在危急时刻保持冷静并且自制机智的能力，才能抓住成功的机会。

齐达内是过去 20 年中最伟大的球星之一，但他结束职业生涯的方式却令人难以想象。在 2006 年世界杯决赛的最后一刻，那一晚让所有人都至今难以忘怀。

在比赛进行到 110 分钟的时候，代表法国队征战的队长齐达内在本已经稳操胜券的情况下，因为意大利球员马特拉奇所说的垃圾话侮辱了自己的母亲和姐姐，齐达内十分愤怒，索性用头直接顶向对手的胸膛，而狡猾的马特拉齐顺势倒向地面。这一行为被助理裁判看得清清楚楚，可怜的齐达内随之被主裁判伊利宗多出示红牌直接罚下。在齐达内进人休息室的一瞬间，这位一生辉煌的老将的背影成为了世界杯上最令人动容的历史之一。当时全场一片哗然，全世界观众恐怕也都被惊得说不出话来，而没有了齐达内的法国队最后也被意大利队上演了大逆转，遗憾地丢掉了本可以到手的大力神杯。

世界上所有关注足球的人都知道 2006 年世界杯决赛，是齐达内的最后一场比赛，是他足球生涯的告别演出。所以很多人花高价买票去现场或者守在电视机前都是为了观看齐达内足球生涯的华丽谢幕。可是所有人做梦都没有想到最后会是这样一个结局。世界杯决赛结束的那天晚上曾有法国记者撰文指出，这场决赛的红牌将使齐达内的职业生涯历史定位注定无法与球王贝利、马拉多纳等伟大球员达到相同的水平。客观地讲，作为普通人我们当然不能说他不堪屈辱的反应错了，但是作为一个足球运动员，一个职业球星，他应该有职业球员的素养，应该能够临危不乱，沉住气，在场上他的使命就应该是进球，足球比赛以外的其他任何恩怨都可以等比赛结束以后再解决，像齐达内采取这样一种不冷静的方式，就是犯了遇到突发情况沉不住气、做事冲动不经过冷静思考的错误，这样正好让对手通过激怒球员从而影响比赛的诡计得逞，而且从齐达内本身来讲，他这么不

理智、不懂得自控，也对不起这么多年来支持他的球迷，更对不起他自己。

齐达内的遗憾以最悲情的方式告诉我们：遇突发事件，冷静并且能够自制是多么重要。其实，很多时候阻止成功的最大敌人是我们自己，正是由于缺乏对自己情绪的控制，缺乏沉住气冷静思考的能力，才会把许多来之不易、稍纵即逝的机会白白浪费掉。比如在感到愤怒时不能遏制怒火而乱发脾气，这会使周围的合作者望而却步；在情绪消沉时随意放纵自己的萎靡不振，这会错过许多成功的良机。

某公司调来一位新主管，人还没到就有传言说新来的主管是个能人，专门被派来整顿业务。很快新主管上任了，但是随着日子一天天过去，新主管却并没有什么惊人的表现。每天彬彬有礼地跟大家打招呼之后，便躲进办公室一天都难得出门。那些本来紧张得要命的捣乱员工，发现新主管这么窝囊反而更猖獗了。

很快三个月过去了，就在大家都觉得新主管不过如此而感到失望时，新主管却突然发威对那些捣乱员工进行整顿，优秀员工则获得了嘉奖，他的下手之快和断事之准，与他这三个月里的表现判若两人。到了年终聚餐时，新主管在酒过三巡之后致词说道：“相信大家对我新到任期间的表现和后来的大刀阔斧一定感到不解，现在听我说个故事，各位就明白了。我有位朋友，买了栋带着大院的房子，他一搬进去，就将那院子全面整顿，杂草树木一律清除，改种自己新买的花卉，某日原先的屋主到访，进门大吃一惊地问：‘那最名贵的牡丹哪里去了？’我这位朋友才发现，他竟然把牡丹当草给铲了。后来他又买了一栋房子，虽然院子更是杂乱，他却按兵不动，果然冬天以为是杂树的植物，春天却开了繁花；春天以为是野草的，夏天里成了锦簇；半年都没有动静的小树，秋天居然红了叶。直到暮秋，它才真正认清哪些是无用的植物，而大力铲除，并使所有珍贵的草木得以保存。”说到这儿，主管举起杯来说道：“让我敬在座的每一位，因为如果这办公室是个花园，你们就都是其间的珍木，珍木不可能一年到头开花结果，只有经过长期的观察才认得出啊！”

这个主管在其朋友处理房子杂草的问题上得到了启发，那就是遇事先沉住气，冷静观察和思考，了解情况以后滤清思路，然后有条不紊地行动。他将这种处事原则用在了人事管理上，取得了成功。

在通往成功的道路上，很多时候我们会碰到意想不到的突发事件，在这种时候无论如何必须控制你的情绪，学会自制。如果不是懂得这个处世哲学，张良不会弯腰给老人捡三次鞋子，韩信不会忍胯下之辱。古希腊思想家亚里士多德曾经说过："人人都会发怒，那是轻而易举的事。不过，发怒要找合适的对象，要恰如其分，要在恰当的时间，也要有合适的目的与方式，这就不是那么容易了。"能够在突发事件下沉住气并控制情绪并且引导自己的情绪的人，是真正具备成功素质的人，这样的人怎么会不成功呢？

吃亏时，你是否懂得忍耐

当你肯吃点小亏忍让别人的时候，别人也同样会忍让你，表面看来的亏实际上是未来更宽的路。

如今，20几岁的年轻人大多是独生子女，从小受到家人的宠爱和忍让，吃亏的事在自己身上很少发生，在潜意识里也就养成了不可吃亏，事事都要维护自己的利益的想法。

而闯荡社会，利字当头，吃亏更是人人都怕的事情。谁都不愿遇事吃亏，包括很小很小的事。如果遇到一些吃亏的事，大家都唯恐避之不及，从来没有主动去吃亏的。这是人的本质，每个人都希望保护自己，潜意识里就避免自己吃亏上当受伤害，以至于我们遇到事情时很少考虑它是不是真的吃亏，是不是真的伤害，就迫不及待地逃开了。

哲学上讲，任何事都要一分为二地看待，任何事物都有好的一面和坏的一面，“吃亏”也是一样。那些自私的年轻人，理解不了“吃亏是福”的真正含义。

据说，郑氏先祖早年来到洪江经商。一次，他用船运木材到江浙一带销售，不巧中途河道搁浅，只好等到汛期来临再把货物送到。郑氏先祖心想，这趟生意肯定亏本了。然而想不到的是，江浙一带由于上游河道搁浅，市场木材奇缺，价格暴涨，郑氏先祖不但没亏本，反而狠赚了一笔。郑氏先祖把这件事告诉了郑板桥，郑板桥听了很受启发，欣然写下了“吃亏是福”的勉词，并留下题记。这幅字后来被郑氏后人连同题记一起刻在了院墙上，以警醒后人。

这便是这个词的来历。生活中，越是不肯吃亏的人，越是容易吃亏，而且往往会多吃亏、吃大亏。忍受不了自己吃亏的人，往往喜欢占一些小便宜，贪小便宜多了，就会变成贪婪。就像那些贪官，开始可能是因为别人收受贿赂，过上了锦衣玉食的生活，自己觉得吃了亏，也效仿起来，面对金钱的诱惑不能自拔，把贪赃枉法当做自己的生财之道，到头来只能为了一个“贪”字而葬送自己的一切。如果能够甘愿吃一些亏，看到别人好不去嫉妒，而是通过正当手段使自己过得更好，如果把别人的行贿受贿看做是自己仕途中的绊脚石，从而不去“贪小便宜”，那么这种“亏”岂不是自己的“福气”么？

学会吃亏，也就是学会享福，当你肯吃点小亏忍让别人的时候，别人也同样会忍让你，表面看来的亏实际上是未来更宽的路。

一天早晨，父亲做了两碗荷包蛋面条，一碗蛋卧上边，一碗上边无蛋。端上桌，父亲问儿子：“吃哪一碗？”

“有蛋的那一碗！”儿子指着卧蛋的那碗。“让爸爸吃那碗有蛋的吧？”父亲说，“孔融 7 岁能让梨，你 10 岁啦，该让蛋吧？”“孔融是孔融，我是我——不让。”“真不让？”“真不让。”儿子一口就把蛋给咬了一半。“不后悔？”“不后悔。”儿子又一口，把蛋吞了下去。待儿子吃完，父亲开始吃。没想到父亲的碗底藏了两个荷包蛋，儿子傻眼了。

父亲指着碗里的荷包蛋告诫儿子说："记住，想占便宜的人，往往占不到便宜。"

第二天，父亲又做了两碗荷包蛋面条，一碗蛋卧上边，一碗上边无蛋。端上桌，问儿子："吃哪碗？"

"孔融让梨，我让蛋。"儿子狡猾地端起了无蛋的那碗。"不后悔？""不后悔。"儿子说得很坚决。可儿子吃到底，也不见一个蛋，倒是父亲的碗里，上卧一个，下藏一个，儿子又傻了眼。

父亲指着蛋教训儿子说："记住，想占别人便宜的人，可能要吃亏。"

第三次，父亲又做了两碗荷包蛋面，还是一碗蛋卧上边，一碗上边无蛋。父亲又问儿子："吃哪碗？"

"孔融让梨，儿子让面——爸爸您是大人您先吃。"儿子诚恳地说。

"那就不客气啦。"父亲端过上边卧蛋的那碗，儿子发现了自己碗里面也藏着一个荷包蛋。

在我们的人际交往过程中，谁也不可能做到完全不吃亏，当然也不可能每次都吃亏。我们应该做的，是从心里去关心别人，学会礼让，用一种帮助他人的心态去面对一些事，便不会产生吃亏的心理。没有人喜欢爱占便宜、斤斤计较的人，相反，如果你愿意多付出一些，你也能多赢得一些别人的尊重和回报。

要想尽快取得成就，就要先会忍让，而忍让的基础就是学会吃亏。用平和的心态去对待身边的人和事，你会发现，再也没有抱怨声声，围绕你的都是谦让祥和。

当然，吃亏并不是无所作为，也不是无休止无限度地忍让，而是一种宽厚的胸襟，一种修养，一种人格的升华。不计较吃亏的人，才是真正有福气的人，学会吃亏，我们才能够在人生的道路上走得更安稳更踏实。

第6章

脸皮不可太薄，多一点执着更易成功

“骐骥一跃，不能十步；驽马十驾，功在不舍”，这句话告诉年轻人，成功的秘诀不在于一蹴而就，而在于你是否能够坚持不懈、持之以恒。

20几岁的年轻人在社会上闯荡，磕磕碰碰、受人白眼、遭人拒绝、遇到挫折都是在所难免的小事。你经常把这些事放在心上。总想着“此处不留爷，自有留爷处”，脸皮太薄，所谓的自尊心太强，不能忍辱负重、卧薪尝胆，就不可能从平凡的人群中脱颖而出。遇事多一分坚持，多一分执着，遇到不如意之事不躲避、不抱怨，而是埋头向前，属于你的机会很可能就在前边的拐角处等着你。

放下面子，你的路会更好走

如果你想成就一番事业的话，你就要能放下你的身份。不要在乎你的地位。一定要保持平和的心态，宠辱不惊，只有这样，你的路才会越走越宽广。

而子问题向来被年轻人看得很重，大家谁都不会轻易放下自己的面子。很多人为了面子奔波一生，最后留给自己的还是烦恼一堆，其实，他们人生的败笔不在个人能力、处世技巧，而是在这个不名一钱的薄薄的脸面上。

很多时候，顾着“面子”只会让路越走越窄。对于年轻人来说，你如果想在社会上走出一条路来，就要放下“面子”，也就是说：放下你的学历、放下你的家庭背景、放下你的身份，让自己回到“普通人”。同时，也不要在乎别人的眼光和批评，做你认为值得做的事，走你认为值得走的路。放下“面子”，你的人生之路才会越走越宽。相反，时刻鼓着面子，你是在跟自己较劲。

不久前有一位很爱面子的博士生被分到一家研究所，成为那里学历最高的一个人。他自认为自己拥有的知识最多，不用去向比他学历低的人请教问题。

有一天他到单位后面的小池塘去钓鱼，正好两个同事也在钓鱼。他只是微微点了点头，心想：跟这两个本科生，有什么好聊的呢？

不一会儿，其中一个同事放下钓竿，伸伸懒腰，蹭蹭蹭从水面上飞一般地走到对面上厕所。博士十分惊讶：水上漂？不会吧？这可是一个池塘啊。一会儿另一个同事也以同样的方式去了厕所又回来。这下子博士生更是差点昏倒：不会吧？到了一个江湖高手集中的地方？

博士生也内急了。这个池塘两边有围墙，要到对面厕所非得绕十分钟的路，而回单位上厕所又太远，怎么办？博士生也不愿意去问另两位同事，憋了半天后，也起身往水里跳：我就不信本科生能过的水面，我博士生不能过。只听“咚”的一声，博士生栽到了水里。

两位同事将他拉了出来，问他为什么要下水，他问：“为什么你们可以走过去呢？”两同事相视一笑：“这池塘里有两排木桩子，由于这两天下雨涨水正好在水面下。我们都知道这木桩的位置，所以可以踩着桩子过去。你怎么不问一声呢？”

这个博士的行为正好验证了中国的那句老话：“死要面子，活受罪”。这个博士认为自己学历高，不肯放下面子，去请教别人，不懂装懂只会让别人嘲笑，让自己摔大跟头。

为了自己的面子宁可吃大亏，多受罪，即使吃了哑巴亏也得保全面子。这种人在现实生活中很常见，他们似乎觉得面子就是尊严，丢了面子就是没了尊严。做人要能够正视面子，认识到其实在现实生活中，比面子重要的东西还有很多，放下那些没有价值的面子，你才会获得轻松并且更有发展。

房华是个研究生，在校时成绩很好，大家对他的期望也很高，认为他必将有一番了不起的作为。不巧的是，他毕业时正赶上金融危机，很多大型企业纷纷裁员，找工作难上加难，特别是他学的是个冷门儿专业，就业就变得异常困难。

房华毕业后不久，得知家乡附近的夜市有一个摊子要转让，他那时还没找到工作，就向家人借钱，把它盘下来。因为他对烹饪很有兴趣，便自己当老板，卖起蚵仔面线来。他的研究生身份虽然招来很多人不以为然的眼光，但却也为他招来不少生意。他自己倒从未对自己用非所学及高学低用产生过怀疑。

现在呢，他还在卖蚵仔面线，同时也搞投资，钱赚得比一般人不知多多少倍。“要放下身份，不要被面子所左右。”这是房华的口头禅和座右铭：“放下身份，路会越走越宽。”

做人要维护面子，俗话说，人有脸，树有皮。但不顾场合、不顾境况地计较面子问题，不仅可能会让自己走人死胡同，也可能会失掉人生幸福的前程。在你不顾一切仅仅是为了寻回一点点面子的时候，或许你已经丢失了自己的尊严。因此，我们应该时刻警醒自己，该放下的时候没必要一味执著，无论我们选择何种方式来解决问题，我们的目的只有一个，那就是使自己更好。

年轻人脸皮不要太薄，不能放下面子的人往往将自己局限于固定的轨道内“行走”，他们就如井底之蛙，人生不会有大的风景。而有些人遇事，敢于放下身份，丢掉面子，于是便有了更多的方向和选择，走上一条宽广通顺的“大道”。

多坚持一分钟会催化出好的结果

如果在胜利前却步，往往只会拥抱失败；如果在困难时坚持，常常会获得新的成功。

约翰生说：“成大事不在于力量的大小，而在于能坚持多久。”的确，实力很重要，但比实力更重要的还是坚持。

传说，有两个人偶然与酒仙邂逅，一起获得了神仙传授的酿酒之法：米要端阳那天饱满起来的，水要冰雪初融时的高山流泉，把二者调和了，注入深幽无人处千年紫砂土铸成的陶瓮，再用初夏第一张看见朝阳的新荷覆紧，密闭七七四十九天，直到鸡叫三遍后方可启封。就像每一个传说里的英雄一样，他们历尽千辛万苦，找齐了所有的材料，把梦想一起调和密封，然后潜心等待那个时刻。这是多么漫长的等待啊。

第四十九天到了，两人整夜都不能寐，等着鸡鸣的声音。远远地，传

来了第一声鸡鸣，过了很久，依稀响起了第二声。然而，该死的第三遍鸡鸣迟迟没有来。其中一个再也忍不住了，他打开了他的陶瓮，迫不及待地尝了一口，就惊呆了：天哪！像醋一样酸。大错已经铸成不可挽回，他失望地把它洒在了地上。

而另外一个，虽然也是按捺不住想要伸手，却还是咬着牙，坚持到了第三遍响亮的鸡鸣。舀出来一抿，大叫一声：多么甘甜清醇的酒啊！

只差一遍鸡鸣，“醋水”没有变成佳酿。许多年轻人想知道富人成功的秘诀，而这个故事告诉我们，这份坚持，这份忍耐便是他们成功的最大秘诀。朋友，如果在你想放弃的时候，也不要马上放弃，多坚持一会儿，可能是一天，可能是一小时，也可能仅仅是一分钟，你坚持住了，便会看到好的结果。这不是人与天或者人与自然的竞争，而是你与自己意志搏斗的过程，超越自己是最难的，但是当你超越了，你就成功了。

20几岁的年轻人不懂得太多的做事技巧，在通往成功的路上，战胜了一个又一个困难之后，在马上到达终点的一刻，很容易被望不到头的困难吓倒而退缩、放弃。

爱·罗塞尼奥是第七届国际马拉松赛冠军。当他从领奖台上走下来的时候，有记者问他，是什么力量让他坚持到最后，跑在最前面？他想了想，就讲了一个自己的故事。

在上中学的时候，有一次他参加学校举办的10公里越野赛。开始，他跑得很轻松，慢慢地，他感觉有些跑不动了，汗流浃背，脚底发虚，很想停下来歇一歇，喝口水。这时，一辆校巴开了过来，校巴是专门在赛跑路线上接送那些跑不动或者受伤的学生的。他很想上车，但还是忍住了。

又跑了一段时间，他感到两眼模糊，胸口发紧，双腿灌铅似的沉重，停下来休息的愿望强烈地袭了上来。又一辆校巴开过来了，他迟疑了一下，还是压制住了他那极速膨胀的渴望，继续朝前跑。

不知又跑了多久，到了一个小山坡前，他感到眼冒金星，全身虚脱，两条腿似乎不再属于自己。他觉得现在要爬上眼前这个小小的山坡，对他来说绝不亚于攀登珠穆朗玛峰。他绝望了，不再坚持，当校巴再一次开过来的时候，他没有犹豫，上去了。

没想到的是，校巴开过那个小山坡一拐弯就到了终点。他后悔极了，要是再坚持一分钟，冲刺一下，就能越过小山坡，跑到终点，那是多么令人骄傲的事情啊！

从那以后，每次参加比赛，当感到自己跑不动、快要泄气的时候，他就不断地对自己说："再坚持一分钟，快到终点了！"就这样，他一直跑到世界冠军的领奖台！

年轻人在做事时会遇到很多的困难，会遭遇很多意料之外的事，在每一次困难到来的时候，我们都应该告诉自己，再坚持一下，多一点耐性，也许一分钟后，就会获得理想的结局。

耐下性子做事，一步一个脚印

纵是一个智障的人，始终耐心地秉承着最基南的做人道理，也能够做出不平凡的事来。

年轻人大多喜欢看田径赛跑，尤其是马拉松比赛，考验的就是选手的耐力和意志力，或许你的速度不够快，腿不是很长，得不到第一第二的名次，但是只要你坚持跑完全程，你就是赢家，就是胜利者，因为这才是马拉松的意义，也是 20 几岁的年轻人应该认识到的做事的意义。

一位年轻人，他大学毕业以后，连续三次去求职，都遭到了失败。

一日，他路过一座寺庙，见方丈大师正盘坐在庙中，手拿一串佛珠在不断地念经。

年轻人问："请问大师，能否给予我指点？"方丈答道："你年纪轻轻，

我垂垂老矣，应该是你来指点我才对。”

年轻人说：“我年轻力壮，想得到一份职业，不料连续被拒绝。都说佛门是普度众生之地，您能为我指出一条由失败通向成功的路吗？”

方丈进了里屋，拿出一个扫把、一个簸箕，说：“我刚来寺庙的时候，大师交给我的第一个任务是打扫院子，要做到干干净净，一尘不染。”

年轻人想，这打扫院子真是太容易了，我可以用两分钟的时间完成。

大院中央，长着一棵参天大树，枝叶茂密，像把大遮阳伞。秋风阵阵，叶落不停。年轻人认为扫几片树叶是很容易的事，三分钟后，他把院子打扫完毕。

他高兴地来到方丈的身边说：“大师，您交给我的任务已经完成，您该为我指点了吧？”

大师和年轻人一道来到院子里，一看，原来扫过的地方，又零零落落地掉下一些叶子，年轻人只好再次回到院子里打扫。扫第三次的时候，他已经很不耐烦了，一赌气扔掉了扫把，对着大师说：“这树上的叶子是落不尽的，我就是扫到明天也扫不干净，唯一的办法是砍掉大树。”

大师接过年轻人的话题说：“如果你能耐下性子来，为干好这一件事而努力，你就去掉了浮躁的毛病。如果你想要砍掉这棵大树，你就砍掉了‘坚持’的恒心，你看看‘坚持’二字，下部是大树的根，上部是大树的叶，‘持’字的左边是一个人提着扫把，右边是寺庙。佛门以‘坚持’清扫而磨性，想你人世间也是一样。”年轻人若有所思。

没有耐性，没有恒心，浮躁，这的确是20几岁的年轻人身上存在的问题。我们往往想同时做很多事，又想每件事都不耽误，但这样恰恰是把每件事都耽误了。认真地去做一件事，坚持下来便是成功。现在很多年轻人，或刚出校园的学生，总想一步到位，找个收入高、前途好的工作，一旦发现目前的工作不合心意便毫不考虑，立刻跳槽，跳来跳去不仅耽误了自己的时间，也耽误了自己的前途。回过头来看看那些在自己的岗位上踏踏实实工作的人，现在都已经升官了，涨工资了，都变成了你羡慕的对象。

人不在乎聪明与否，因为极聪明和极笨的人只是很小的一部分，大多数人都很普通，智力保持在一个不相上下的水平，所以一些良好的做事习惯，便成了造就我们美好人生的法宝。

曾国藩是中国历史上最有影响的人物之一，然而他小时候的天赋却不高。有一天他在家读书，有一篇文章不知道重复多少遍了，还在朗读，因为，他还没有背下来。这时候他家来了一个贼，潜伏在他的屋檐下，希望等读书人睡觉之后捞点好处。可是等啊等，就是不见他睡觉，还是翻来覆去地读那篇文章. 贼人大怒，跳出来说："这种水平读什么书？"然后将那文章背诵一遍，扬长而去。

俗话说"勤能补拙"，持之以恒的人总会得到应有的收获。纵是聪明绝顶的人，能背尽天下文章，但不懂得文章中的道理，也是枉然。纵是一个智障的人，始终耐心地秉承着最基本的做人道理，也能够做出不平凡的事来。如果贼人凭借着自己的聪明才智去踏踏实实地为国家为人民做一些事，或者可以做出比曾国藩更多有意义的事来。

坚持就是胜利，曾先生坚持读书，不在乎别人的嘲笑，所以成了毛主席都佩服的人。司马迁身残志不残，坚持写史记，开创了中国纪传体通史的体例。这样的例子太多太多。能够耐着性子做事，有恒心有毅力的人，总能找到成功的突破口。

设定国标，坚持到底

理想的实现并不是一蹴而就的，我们需要把理想这个大目标分割成一个个小目标，然后分别去实现它。

有些人做事，总是把自己弄得很辛苦，到头来却是毫无建树。究其原因，就是他的目标太笼统，也不知道该如何去坚持自己的目标。

当然，即使你拥有了一个伟大的目标，你的目标也已经细化到每天该做什么，可是因为种种原因，每天的目标你没有完成，导致了整体目标向后拖延，拖的时间长了，你又会觉得，这个目标太难实现了，你想要放弃这个目标，重新寻找新目标，可是到最后你会发现，这辈子一事无成。

老师带着高年级和低年级两个班的学生去做公益活动，在校门口老师指定两个年级的学生分别去两个地方进行义务献血的宣传。两个年级的学生各自领了宣传标语和宣传单就匆匆上路了。没想到行至途中遭遇大雨，但是学生们没有放弃，依旧风雨兼程。不料，前方出了交通事故，交通堵塞严重，他们被迫停了下来。眼看雨越下越大，高年级的学生想着：这么大的雨，就算到了宣传地点，肯定也没有人在路上走了，那向谁宣传呢？因此他们坐上了返校的车，然后各自回家了。

第二天，高年级和低年级的学生分别汇报自己宣传的情况。高年级同学把自己一路上所遇到的困难向老师做了汇报，老师没有说什么，转身又问低年级学生："你们完成宣传任务了吗？"学生回答："完成了。"老师又问："那你们在哪里宣传的，是我指定的地方吗？"学生回答："不是，昨天下大雨，室外很少有行人，因此我们去了一个大型商场，虽然我们没有去您指定的地方进行宣传，不过我们已经把义务献血的精神宣传给了我们能碰到的每一个人。"老师非常满意低年级学生的做法，不久还开全校大会表扬了他们。

目标的完成方式有很多种，老师想让学生们传达的是一种精神，所以无论向谁宣传，只要做了就算达到目的。像高年级学生那样，虽然兴冲冲地走在宣传的路上，也没有因为风雨的阻隔耽误了脚步，但是面对不畅的道路，他们最终没有坚持下来，放弃了宣传，当然也放弃了自己当初的目标。

有人说："目标不在于高远，而在于实现。"我们可以把我们的目标按照优先次序进行排列。根据你的个人信仰，把精力放在那些对你有重要意义的目标上面。我们还可以把奋斗目标分成短期、中期和长期目标，这会帮助你有计划、有步骤地实现最终目标。通过制定并实现年度目标、每月目标、每周目标，甚至每日目标，你就会提高自己做事的效率和积极性，迈上一个新台阶。

两个女孩去找当地最有名的裁缝师傅拜师学艺。

师傅刚开始并没有答应她们，只允许她们在旁边观看他的手艺。

一个月后，师傅对她们说："如果你们真想拜我为师，必须经过考验才行。"

两个人异口同声地说愿意接受考验。

"你们各自做一套女士套装，这套套装必须包括衬衫、马夹、长裤、短裙和外套。衬衫两件，马夹一件，长裤两条，短裙两条，外套一件。如果你们谁能做好，我就收谁为徒。"

个子瘦小的女孩并没有多想，她开始把目标具体化。先做一件马夹，这个目标最好实现。再做两件衬衫，接着做两条长裤和两条短裙，最后做外套，瘦女孩的计划有条不紊，先易后难，每完成一项，都给自己打气。她会自我鼓励地说："下一个目标就是一条长裤嘛！太容易了！"然后就忘我地投人到工作中。

再来看胖女孩，一想到要做那么多的衣服就发愁。天啊，这么多啊！我做一年都做不完啊。"这么重的任务怎么能完成呢？太多了啊。为什么一定要做那么多呢？做少一点不行吗？真的太多了啊。我肯定完成不了。"胖女孩语无伦次地抱怨任务太重，心中毫无目标，不知从何下手。既想做马夹，又想做衬衫，还想做外套，恨不得一下子全做完，一口气吃成一个大胖子。于是马夹做了一半就丢在一边去做衬衫，长裤的两条腿还没有完成又跑去做外套。

一个月后，瘦女孩的一套女士套装全做好了，而胖女孩连一件马夹都没有做好。理所当然的师傅收了瘦女孩为徒。

同样一个目标，瘦女孩能完成，胖女孩却只能败兴而归，并不是胖女孩的手艺比瘦女孩差，而是胖女孩不懂得有计划有条理地把目标具体化和细化，脑子里老想着这么大的一个目标怎么能实现，无形之中给自己增加

了压力和难度。要知道“在65岁之前，我希望我在银行中的存款能达到20万元，我将在那时退休”的效果要比“我希望赚很多钱，尽早退休”好得多。

理想的实现并不是一蹴而就的，我们需要把理想这个大目标分割成一个个小目标，然后分别去实现它。当我们实现第一个目标的时候，我们就会更加有信心地去实现第二个目标，依此类推，我们的理想最终就会实现。

坚忍是成功的一大因素

朗费罗曾经说过：“坚忍是成功的一大因素，只要在门上敲得够久，够大声，终究会把人唤醒的。”

在当今社会，职场竞争激烈，年轻人普遍存在心态急躁、心情抑郁、生活盲目等心理问题。每个人都想有一个稳定的工作，每个人都想享有升职加薪的机会，然而职场如战场，一年到头血拼下来，也和“晋升”这个词毫无关系。是不是又要沮丧了呢？其实回过头去想一想，或许不是因为你工作不够努力，不是因为你业绩不够突出，更不是因为你资格不够老，而只是你的忍耐力不够。一个忍耐力好的人才能够坚持到梦想实现的那一天，一个能够忍耐的人才不会乱说话乱发脾气，忍耐力是你立足职场，成就大业的必备“武器”。

波比今年刚从学校毕业，在一场招聘会上，他很走运地被一家石油公司看中。随即被总公司分配到一个海上油田工作。

工作的第一天，工头便要求他，要在限定时间内登上几十米高的钻井架，并将一个包装好的漂亮盒子，送到最顶层的主管手中。他拿着盒子，迅速登上又高又窄的舷梯。当他气喘吁吁地登上顶层后，只见主管在盒子上签了自己的名字，又让他送回去给工头。他一接到命令，连忙又快速地跑下舷梯，并把盒子交给工头。但是，没想到工头草草签完名字之后，又原封不动地交给他，要求他再送回去给顶层的主管。年轻人看了看工头，却又不知道要如何发问，只得乖乖地跑上顶层。然而，主管这回同样只在盒子上签名而已，便又要他送回去。

年轻人就这样来来回回，莫名其妙地上下跑了两次，心里隐约感觉到，这一切似乎是主管与工头故意刁难他。直到第三次，这个全身都被海水溅湿的年轻人，内心已经充满熊熊怒火，不过他仍然强忍着怒气。当他第三次将盒子送来给主管时，主管这回则说："把它打开。"年轻人将盒子拆开后，里头居然是一罐咖啡与一罐奶精，这会儿他更可以确定，这是主管与工头联合起来欺负他。他愤怒地看着主管，但是主管仿佛一点也没感觉似的，接着又对他说："去冲杯咖啡吧！"这个命令一下，年轻人再也忍不住了，用力把盒子摔到海面上，气愤地说："我不干了！"说完之后，他感觉痛快许多，因为一肚子的怒火全部发泄出来了！但是，主管却失望地摇了摇头，并对他说："孩子，你知道刚刚这一切，其实是一种训练啊！那叫做承受极限的训练，因为我们每天都在海上作业，随时都可能会遇到危险，因此，工作人员都必须要有极强的承受力，才有法子完成海上的作业与任务。"

主管叹了口气说："唉！原本你前面三次都通过了，就差那么一点点，你无缘喝到自己冲泡的好咖啡，真是可惜！现在，你可以走了。"

坚持不是随便说说就能做到的，一个能坚持的人才能在平凡的岗位上做出成就，任何耐不住寂寞、耐不住枯燥、耐不住困难的人是难成大事的。这个故事中的主人公波比，在历经了几次考验都成功完成的情况下，却在最后因为不能坚持而失败，这不能不叫人为他感到惋惜，决定输赢的或许就是那最后一点点坚持，有了这一点坚持，你就成功了。

朗费罗曾经说过："坚忍是成功的一大因素，只要在门上敲得够久，够大声，终究会把人唤醒的。"的确，没有人会永远注意到你，每个人的工作都是一样的，只是每个人的表现不同，机缘不同，只要你能够一如既往地做自己的工作，总会有被发现被赏识的一天。并且作为一个女性来说，

找到一份稳定的工作不容易，而且大部分工作可能都是单调地重复，你只有把这些简单的东西做好做熟，才能够合理运用自己的时间，并且把工作做到最好。

有的人能够做大事，因为他有聪明的头脑；有的人只能做小事，不是因为他不够聪明。有的人做大事最后却失败了，有的人做小事最后却成功了，大事也好小事也罢，每个人都要找到适合自己的位置，然后不是继续追寻刺激，而是踏下心来，朝着一个既定的目标前进。在时间的浪潮中你或许会沉默许久，但是时间不会白流，你的坚持换取的必将是成功的降临。

坚持不懈是成功的秘诀

胜利没有秘诀，贵在坚持不懈。任何巨大的事业，成于坚持不懈，毁于中途而废。

巴斯德有句名言："告知你使我达到目的的奥秘吧，我唯一的力气就是我坚持的力量。"的确，世间最容易的事就是坚持，最难的事也是坚持。说它容易，是因为只要愿意做，人人都能做到；说它难，是因为真正能够做到的，终究只是少数人。成功在于坚持，这是个并不神秘的秘诀。

开学第一天，古希腊大哲学家苏格拉底对学生们说："今天咱们只学一件最简单也是最容易做的事。每个人把胳膊尽量往前甩，然后再尽量往后甩。"说着，苏格拉底示范做了一遍："从今天开始，每天做300下。大家能做到吗？"

学生们都笑了。这么简单的事，有什么做不到的？过了一个月，苏格拉底问学生们："每天甩手300下哪个同学坚持了？"有90%的同学骄傲地举起了手。又过了一个月，苏格拉底又问，这回坚持下来的学生只有八成。

一年过去了，苏格拉底再次问大家："请告诉我，最简单的甩手运动，还有哪几位同学坚持了？"这时，整个教室里，只有一个人举起了手。这个学生就是最后成为古希腊另一个大哲学家的柏拉图。

人人都可能成功，人人都可以创造奇迹。可现实生活中有很多人却没能成功、没有创造奇迹，原因有三：其一有的人想都不敢想，其二有的人虽然想了却不一定去做，其三有的人想了、也做了，却没能坚持到底。

有位年轻人去微软公司应聘，而该公司并没有刊登过招聘广告。见总经理疑惑不解，年轻人用不太娴熟的英语解释说自己是碰巧路过这里，就贸然进来了。总经理感觉很新鲜，破例让他一试。面试的结果不尽如人意，年轻人表现糟糕。他对总经理的解释是事先没有准备，总经理以为他不过是找个托词下台阶，就随口应道："等你准备好了再来试吧。"

一周后，年轻人再次走进微软公司的大门，这次他依然没有成功。但比起第一次，他的表现要好得多。而总经理给他的回答仍然同上次一样，"等你准备好了再来试。"就这样，这个青年先后5次踏进微软公司的大门，最终被公司录用，成为公司的重点培养对象。

从这两个故事中可以知道：胜利没有秘诀，贵在坚持不懈。任何巨大的事业，成于坚持不懈，毁于中途而废。的确，世间最轻易的事是坚持，最难的，也是坚持。《增广贤文》有语：十年寒窗无人问，一朝成名天下知。能在为学之路上勤学苦练坚持达十年之久的人，也一定能学业有成、卓尔不群。

水是多么柔软，但是因为有了坚持不懈的精神便可以穿透硬石，也许，我们的人生旅途上荆棘丛生，也许我们追求的风景总是山重水复，也许，我们前行的步履总是沉重蹒跚，也许，我们需要在黑暗中摸索很长时间，才能找寻到光明。那么，我们为什么不可以以勇敢者的气魄，坚定而自信地对自己说一声"再试一次！"再试一次，你就有可能到达成功的彼岸。

第7章

做事讲究条理，把握分寸欲速则不达

年轻人都希望自己尽快做出成绩，当我们设定了一个目标或者接到一个工作任务之后，很想在最短的时间内完成。而这样做的结果往往是忽略了工作质量，使自己付出的努力和得到的结果不成正比。俗话说“磨刀不误砍柴工”，多花点功夫去把刀磨快，不仅不会耽误砍柴。反而能用最短的时间砍出最多的柴。

同理，年轻人在做事情的时候，也应该勤于思考，讲究条理，做好充分的准备工作，并且踏实地去完成每一步工作，去完善每一个工作的细节。只有这样才不会出现“欲速而不达”、“揠苗而未助长”的结果。

一步登天不切实际

为人处世要有坚实的根基，如果没有，事业就会处于风雨飘摇之中，成功和理想也终为空中楼阁。

关于唐僧取经的故事，人们心底总有一些疑问，为什么孙悟空的本领那么大，一个跟头就十万八千里，去西天取经书只需要翻一个跟头就行，却反而要跟随一个肉体凡胎的和尚跋山涉水，历尽艰辛，经历九九八十一难去取经？其实故事是要告诉我们：只有经过一步一个脚印的踏实付出，只有经过放弃幻想的扎实奋斗，只有经过艰辛困苦的披荆斩棘，才能战胜困难到达成功的彼岸。

就像农民种地一样，春天要耕地下种，松软土壤；夏天要除草追肥，引水灌溉；秋天要收获果实，颗粒归仓；冬天还要准备来年的种子，准备过一个殷实的新年。事情得一步一步来，按部就班，不可能不经过耕耘就有收获。为人处世要有夯实的根基，如果没有，事业就会处于风雨飘摇之中，成功和理想也终为空中楼阁。

生活让人戴上了面具，人们学会了隐藏，有时候甚至看不清自己的面目，所以希腊的一个神庙上有这样一行让人警醒的字迹：人啊，认识你自己。人的自我认知是成功的开端，然后在此基础上确立自己的奋斗目标，以无限的热忱，完善的自我鼓励机制，在充分自信的鼓舞下，踏实地行动，以积极的心态进取，一步一个脚印地夯实自己的积累，这样你的事业才会进展顺利。

汤姆第一回从叔叔手里接过鱼竿，跟着他穿过树林去钓鱼。多年的钓鱼经历使叔叔深谙何处鱼最多，他特意将汤姆安排在最有利的位置上。

汤姆模仿别人钓鱼的样子甩出钓鱼线，宛若青蛙跳动似的在水面疾速地抖动鱼钩上的诱饵，眼巴巴地等候鱼儿前来索食。好一阵子什么动静也没有，汤姆不免有些失望。

“再试试看。”叔叔鼓励汤姆。

忽然，诱饵消失得无影无踪了。

“这回好了，”汤姆暗忖，“总算来了一条鱼了。”汤姆赶紧猛地一拉鱼竿，岂料扯出的竟是一堆水草……

汤姆一次又一次地挥动发酸的手臂，把钓鱼线扔出去，但提出水面时却总是空空如也。汤姆望着叔叔，脸上露出恳求的神色。

“再试一遍，”叔叔若无其事地说，“钓鱼人得有耐心才行。”

突然间，好像有什么东西在拽汤姆的钓线，旋即一下子把它拖入深水之中。汤姆连忙往上拉鱼竿，立刻看到一条逗人喜爱的小鱼在璀璨的阳光下活蹦乱跳。

“叔叔，”汤姆掉转头，欣喜若狂地喊道，“我钓到了一条！”

“还没有哩。”叔叔慢条斯理地说。他的话音未落，只见那条惊恐万状的小鱼鳞光一闪，便箭一般地射向了河心。

钓鱼线上的鱼钩不见了。汤姆功亏一篑，眼看快到手的捕获物又失去了。

汤姆感到万分伤心，满脸沮丧地一屁股坐在草滩上。叔叔重新帮他缚上鱼钩，安上诱饵，又把鱼竿塞到汤姆手里，叫汤姆再碰一碰运气。

“记住，小家伙，”他微笑着，意味深长地说，“在鱼儿尚未被拽上岸之前，千万别吹嘘你钓到了鱼。事情得慢慢来，心急吃不了热豆腐，要想做成大事，需要从点点滴滴的扎实付出开始。”

汤姆缺乏踏实的心态，想一开始就能钓到鱼，可是事情往往不像头脑中想象的那样简单，有时候光靠头脑聪明，方法迅捷，有可能不起作用。最重要的是肯干，踏实地去做，不达目的不罢休。因为踏实的行为最符合成功学阶段论的要求，有的人做事情总想寻找捷径，可是往往白白浪费了精力和物力。世界上很少有捷径这样的美事，最切合实际的就是丢掉幻想，踏实、扎实地付出。

做事就像爬山，不要妄想着飞到顶峰，要靠一滴汗水加上一个脚印地攀登。那些不想付出却幻想坐享其成的人永远是被讽刺的对象。一个人如果只敢想，不敢做，那他不可能成功，因为成功偏爱那些有了想法就踏踏实实行动的人。

成功其实很简单，有了明确的目标，踏实肯干，战胜重重困难之后，胜利的曙光就会照耀我们的脸庞。而且，踏实肯干的精神会感动周围的人，使你得到更多的帮助。

愚公移山的故事被传颂了几千年，至今仍能发掘出不屈的力量。踏实是人安身立命的支柱，有了踏实的精神，纵使面对大山，也能产生搬平的勇气。

一步登天，一是夸张，二是幻想，三是神话。只有按部就班，踏踏实实，才能把事业干得有声有色。

集中精力，做最重要的事

集中精力做最重要的事，即使这件事只不过是雨中水稻，如果你能精心培植出最佳的品币中，那么，你也许就会成为“水稻学”的宗师。

年轻人刚刚步人社会时，总喜欢尝试更多新的岗位，做新鲜的事。这种积极性是好的，但做事要有目的性，要懂得把时间放在最重要的事情上，这样你的成长才更有方向性。一个人如果无法将所要关注的对象集中于心上，或者无法将不必关注的对象驱逐于脑外，这样的人不论做任何事都很难有较大的成就。

许多人认为织毛衣和看电视是一个完美的组合，因为单独做任何其中

一件事都不足以令人满足。边走路边说话也是如此。在工作时，多种事情同时进行显然可以彼此互补，但这样做也有一些缺点。在办公桌前吃东西可以调节心情，却会把键盘弄脏。写作时吸烟在短时间内有效，因为它能提神，但长期吸烟会严重伤害身体。神经学家研究表明，在多项任务间转换时，大脑会降低效率，功能缺失，于是就会犯错误，使完成任务的质量下降。因此，我们在做事时，最好能集中精力做好一件主要的事情，不要在“泛而杂”中虚度光阴。一个人的精力是有限的，把有限的精力分散在几件事情上并不是明智的选择。

成功者总是这样告诫年轻人，一次做几件事，这种急功近利的做法是不可取的。当你集中精力于眼前最重要的工作时，你就会发现你将获益匪浅——你的工作压力会减轻，做事不再毛毛躁躁、风风火火，变得条理清晰。在所有做事的方法中，最基本、最有效的一条原则莫过于要专心致志。那些在做事效率上有严重问题的人，大都因为他们想同时做太多的事情。的确，有些事情也很重要，不过还是不能一次同时解决。只有按照合理的次序，才能做到有条不紊。正所谓，心急吃不了热豆腐。

集中精力是我们从小就被要求的，一心一意，专心致志是一个人干工作的优秀品质。中国人常说“好钢用在刀刃上”。根据帕累托法则，我们要将80%的时间与精力，放在重要的20%的人和事上面，成功就会来得更快。遗憾的是，人们对生命中最重要的人与事却往往没有给予充分的重视，反而在一些无关紧要的人和事上耗费了太多的精力、时间、金钱和感情。浪费了多年时间以后才醒悟，但时间却无法重来。历史上无数成功的案例证实，只有那些集中尽力、专心做事的人，才能取得非凡的成就。

公元前三百多年，雅典有个叫台摩斯顿的人，年轻时立志做一个演说家。于是，四处拜师，学习演说术。为了练好演说，他建造了一间地下室，每天在那里练嗓音；为了迫使自己专心训练不被外出郊游干扰，他把头发剪一半留一半；为了克服口吃、发音困难的缺陷，他口中衔着石子朗诵长诗；为了矫正身体某些不适当的动作，他坐在利剑下；为了修正自己的面部表情，他对着镜子演讲。经过苦练，他终于成为当时“最伟大的演说家”。

古语云：“术业有专攻。”只有“专”才能“精”。那些出类拔萃的成功人士往往都把某一个明确的目标当做他们努力的主要推动力，而且奋斗目标越鲜明、越具体，越有益于成功。正如拿破仑在回答别人问他打胜仗的原因时所说的：“就是在某一点上集中最大优势兵力。也可以说是集中兵力，各个击破。”可见，集中精力对于成功的重要性。

在社会上，几乎所有的成功人士都有一个共同特征那就是能够集中精力，而许多看上去精力充沛的人浪费的时间反而比他们真正用于工作的时间还多。虽然他们有时自吹自擂每天五点起床，一天工作十五个小时，可是他们真正的成就却往往不及那些完成正常工作的人，原因之一就在于他们过人的精力使他们忙于各种事务，却忘了自问：“哪件事是最重要的？”他们常常野心勃勃地涉足许多领域，他们的目标不是太多就是不切实际，到头来一事无成，反而不如集中精力，专攻一个目标来得更实际、更可靠。

一个人的精力是有限的，把有限的精力分散在几件事情上不是明智的选择。不要把无所谓和重要的事混淆在一起，因为它们会让你误以为自己完成了某些事情，消耗大量时间与精力后，得到的仅仅是一丝自我安慰和虚幻的满足感。太多的小事让你忙得焦头烂额的同时，还会随着时间的推移不断增加你的成本，拖得越久，你的代价越大。做好对你重要的事，其余的事按照重要性和时间的紧迫感依次后推。

一位哲人说：“即使是最弱小的生命，一旦把全部精力集中到一个目标上，也会有所成就；而最强大的生命如果把精力分散开来，最后也将一事无成。水珠不断地滴下来，可以把最坚固的岩石滴穿；湍急的河流一路滔滔地流淌过去，身后却没有留下任何的痕迹。”集中精力做最重要的事，即使这件事只不过是种水稻，如果你能精心培植出最佳的品种，那么，你也许就会成为“水稻学”的宗师。

运筹帷幄者方能决胜千里

谋略人生，使有限的生命安排得既充实又辉煌。生命的长度虽然不能决定，但生命的厚度却可以自己做主。

渴望成功是年轻人共同的想法，但却不是每个人都能实现的。只有善于谋划，精于策略，才能出奇制胜。人的一生从大处讲要成就一番伟业，从小处讲要生存要糊口，但是无论从大处还是从小处，为了成功还是为了糊口，做事前进行一番谋划都必不可少。

人生要有谋划，没有谋划的人生不清晰，没有愿景，也没有为之奋斗的乐趣；事业要有谋划，没有谋划的事业不会取得成功，事业的成就是人生每个时期的阶段性目标的总和，没有谋划，做一天和尚撞一天钟，这样的人终究做不成大事。

做事讲究条理，做事前多搜集对方的信息，例如：兴趣、爱好、特长等，投其所好进行攻坚，是你有效做事的好方法。

有一次，约翰先生为了赞助一名童军参加在欧洲举办的世界童军大会，急需筹措一笔资金，于是就前往当时美国一家数一数二的大公司拜会其董事长，希望能说服他解囊相助。

约翰在拜会他之前，听说他收藏了一幅米开朗琪罗的作品，曾经为这幅画花费1000万美元，后来他把这幅画装裱起来，视为珍宝，挂在自己的书房中，非常爱惜。

所以约翰一走进董事长的办公室，就向他询问此事，要求参观一下他装裱的这幅文艺复兴时期的伟大作品。约翰告诉董事长，他从来没听说过谁肯为一幅艺术品支付这么高额的费用，很想见识一下，回去说给小童军听，增加他们对于艺术的兴趣。

董事长毫不犹豫地答应了，并将这幅作品的精华之处一一说给约翰听。董事长越说越有兴致，从文艺复兴讲到油画艺术，滔滔不绝。过了很长一段时间，他看着听得入神的约翰说：“很抱歉，忘了问你找我有什么事情吗？”

这时约翰才一五一十地说明来意，出乎他的意料，这位董事长不仅答应了约翰的请求，还同意增加赞助以扩大世界童军大会的影响，并且答应亲自出席，负责大会的日常开销，还写了几封亲笔信，寄往欧洲的几大兄弟公司，请他们提供所需的一切服务。

约翰先生满载而归。

约翰一开始并没有提起童军的事情，更没有说要从公司筹款，他提到的只是董事长很感兴趣的事情——绘画艺术。欣赏别人的珍藏，对于珍藏者来说是一件非常荣耀和愉快的事情。约翰先生筹款的成功源自于他事先对董事长的了解，而这种行为就是谋略。

刘邦曾经和臣子说：“运筹于帷幄之中，决胜于千里之外。”论才学，他不如张子房。张子房就是张良，是个善于谋略的人，刘邦之所以能取得天下离不开张良的辅佐。因此后人用运筹帷幄决胜千里来形容有谋略善策划的人。中国古代兵法也说：“上兵伐谋，其次伐交，其次伐兵，其下攻城，又讲不战而屈人之兵。”所有这些都说明了谋略才是化解矛盾的大智慧。

做事要重视谋略，没有谋略就会遭受挫折。谋略不是欺诈的智慧，而是做事的方式和步骤，是步步为营，直取成功的捷径。

国标是成功的种子

桑德柏说：“除非先有梦，否则一切皆不成。”

目标对于渴望有所建树的年轻人来说，犹如空气对生命，不可缺少。

可以说，有什么样的目标，就会有什么样的人生。没有目标，人生通常也就失去了意义，没有目标的人就像是无头的苍蝇，四处碰壁，弄得自己头破血流，狼狈不堪。有清晰且长期的目标，并且一直努力向目标迈进，才会有一个成功的人生。

池塘里的莲子被淤泥覆盖着，但是仍然能破壳发芽，长出碧绿如盖的荷叶，开出清香怡人的荷花，结出美味可口的果子。虽然深埋地下，但心中一直有一个目标，那就是冲出淤泥，浮出水面，仰望太阳。一个人不论处于什么状态，也不论自己曾经受到过什么打击，只要有一颗渴望成功的心，那么，现在就播下目标的种子，让它发芽、开花、结果。

俗话说，“种瓜得瓜，种豆得豆。”如果什么都不种，必然什么也得不到。播下目标的种子就是要给自己一个前进的方向，做到有的放矢，而不像脱缰的野马，四处驰骋或闲庭信步。目标是人生航船的指南针，确立适合自己的奋斗目标意味着你向成功迈出了关键的一步。

一位年轻的公司职员，每年春节那天，他总是要求自己写一篇《一年后的我》的文章。然后在接下来的工作生活中根据自己所写的文章，不间断地有针对性地调整自己的工作思路，充实自己的业务能力和管理水平，对自己进行“宏观调控”。英语水平不够，他就去参加英语培训班；表达能力不好，他又去学习演讲与口才；管理经验欠缺，他主动向有经验的人请教……就这样，不到三年的时间，他就凭借着自己出色的表现坐上了业务经理的位子。他认为自己能有今天的地位和成就，就是因为有目标。

这就是目标这粒种子神奇的力量。其实这位年轻的公司职员写下的不仅仅是一篇规划，一篇美好的愿景，更是一篇包含了自信、渴望和奋进激情的战斗檄文，是一种力量的象征，在这种力量的激励和鞭策下，才能激发出人的巨大精神动力。在一个人的职业生涯中，若想取得让人瞩目的成就，实现自己的职业理想，就要明确自己的目标，这样才能活出精彩。如果没有目标或者目标模糊，那么这个人或许只能庸庸碌碌地过一生，没什么精彩可言。

哈佛大学有一个非常著名的关于目标对人生影响的跟踪调查。对象是一群智力、学历、环境等条件差不多的年轻人，调查结果发现：27%的人没有目标；60%的人目标模糊；10%的人有清晰但比较短期的目标；3%的人有清晰且长期的目标。

25年的跟踪研究结果，他们的生活状况及分布现象十分有意思。那些占3%者，25年来几乎都不曾更改过自己的人生目标。25年来他们都朝着同一方向不懈地努力，25年后，他们几乎都成了社会各界的顶尖成功人士，他们中不乏白手创业者、行业领袖、社会精英。

那些占10%有清晰短期目标者，大都生活在社会的中上层。他们的共同特点是，那些短期目标不断被达成，生活状态稳步上升，成为各行各业的不可缺的专业人士。如医生、律师、工程师、高级主管等。

其中占60%的模糊目标者，几乎都生活在社会的中下层，他们能安稳地生活与工作，但都没有什么特别的成绩。

剩下的27%是那些25年来都没有目标的人群，他们几乎都生活在社会的最底层。他们的生活都过得不如意，常常失业，靠社会救济，并且常常都在抱怨他人，抱怨社会，抱怨世界。

明确的人生目标，不仅仅是界定人生的最终结果，它会在你的整个人生旅途中发挥作用。目标是我们成功路上的里程碑，它能激发我们工作的积极性，能让我们看清自己的道路和方向，能引导我们发挥出巨大的潜能，能使我们有能力把握现在，也有助于我们评估事业的进展，让我们未雨绸缪，把命运之船驶向我们希望到达的地方。

桑德柏说："除非先有梦，否则一切皆不成。"目标能激发出令人难以置信的能力，改写一个人的命运；目标也能够使一个平常的人成为传奇人物。要想把看不见的梦想变成看得见的事实，首先要做的事便是订立目标，这是成功的基础。

许多人的一生庸碌碌，其中的一个重要原因就是没有属于自己的人生追求和人生方向。一个没有目标的人就像一艘没有舵的船，永远漂流不定，

最终只会随波荡漾到失望、失败和沮丧的海滩。

为了你心中的梦想，为了避免漂流不定、随波荡漾，为了避免生活的不如意，现在就播下目标的种子吧。

做切实可行的计划

如果说目标是车头，那么计划则是铁轨，没有铁轨火车就跑不起来，铁轨没有铺设好火车就不能开动。

播下了目标的种子，并不意味着成功已经唾手可得了，但你迈出了关键一步。然而，仅有目标还是不够的，还必须要有实现目标的途径和方法，这就需要有一个计划，引导你一步步通向成功。这就好比种子深埋在土里，如果没有适宜的温度、水分和必要的营养，它是不能长成参天大树的。

古语云："凡事预则立，不预则废。"做任何事都要事先考虑，计划在前。如果没有长远计划，做一步算一步，那失败的结局就是注定的。把目标以计划的形式确定下来，条分缕析，细化到每一个细小的环节，做好计划中的每一步，我们的行动才更有效。

迈克尔在年轻时是个音乐狂，但面对陌生的音乐界和唱片市场，他不知如何是好。于是就找来了一个叫凡内芮的朋友合作，他从内心知道，只要有了凡内芮，自己就一定能成功。

在一次闲聊中，凡内芮突然从嘴中冒出一句："想象你五年之后在干什么？"接着又讲，"不要急着回答，要仔细地想，完全想好，确定了再告诉我。"

迈克尔沉思了几分钟，开始说："第一，我希望五年后能出版自己的唱片，并且在市场上很流行。第二，五年后，我要住在一个充满音乐氛围的地方，能天天与那些世界一流的音乐家在一起工作。”

凡内芮听完后说，“那好，既然你已经有了目标，我们就把它倒过来看一遍。如果第五年你想有一张唱片在市场上，那么在第四年你就得跟唱片公司签上合约。那么你的第三年就一定要有一个完整的作品，可以拿给很多唱片公司听，对不对？那么你的第二年就一定有一个好产品开始录音。那么你的第一年就一定把所有准备录音的作品，编好曲、排练好。那么你的第六个月，就是把没有完成的作品修饰好，然后一一筛选。那么你的第一个月，就是把目前这几首曲子完工。”

最后他说，“你看，一个完整的计划已经有了，现在你要做的，就是按照计划认真地准备每一步，一项一项地完成，这样到了第五年，你的目标就能实现了。”

说来也怪，恰好在第五年，迈克尔的唱片开始畅销起来，他一天到晚地忙着，与世界顶尖音乐高手在一起工作。

不论做什么事情，仅有目标是不够的，还需要有一个详尽的切实可行的计划得以实行。如果能认真地做好计划中的每一步，当完成最后一步的时候，就会惊奇地发现目标已经实现了。

所以，明确了目标后必须规划出一个适合自己实际情况的计划，海市蜃楼般的空想和美梦只能是昙花一现，并不能使自己向着心中的目标前进。如果说目标是车头，那么计划则是铁轨，没有铁轨火车就跑不起来，铁轨没有铺设好火车就不能开动。

目标是一盏指引我们前进的明灯，而切实可行的计划则是保证我们向着明灯迈进的推动力。目标是胜利的码头，切实可行的计划则是载着我们劈波斩浪奋勇前进的航船。一个人若想成功，就不能没有具体的切实可行的计划，这是成功应该具备的最重要的基本因素。有了计划，我们就不会盲目行事、漫无目的、心中空荡。有了计划，我们就可以依之去具体地实施，一步步地向着自己的目标靠近，直至实现它。

计划不是随意的假定，随便的设想。计划要做到切实可行，每一步都

要有很强的可操作性，一定要有很强的时间观念，规定在某一时间内完成某一目标，然后向新的目标前进，这样才能步步为营，取得成功。如果制订计划只是模棱两可，没有时间概念的话，在执行计划的过程中就会产生各种各样的借口，以致一拖再拖，最终无法实现计划，先前的目标也就无法达到。

做计划最忌讳为计划而计划，流于形式，为了计划而计划是徒劳的。计划确定的方案必须是可行的。可行的方案才能付诸实施，才能达到预期目标。不可行的方案制定出来也是多余的、无用的，整个计划过程也是无用的。计划是实现自己目标的工具，必须认真打造，量身定做，量体裁衣，不然就会造成计划脱离目标的问题。一个没有计划性的裁缝肯定制作不出优秀的合身的服装，一个没有详细的切实可行的计划的人，也必定只能叹息自己命运的不济。

适时调整，实施具有弹性

计划定得过于紧凑，而思考得不够严密、周全，就容易导致大的失误。

所谓具有弹性就是说，目标和计划不能太死，要给计划的实施留有回旋的空间。计划不能做满，每个计划必须有一定余地，以便在实际实施过程中作出补充和协调。有的人喜欢按部就班地执行计划，这很好。但是计划本身如果没有弹性，就会给执行人带来很大困难。因为这是一个知识膨胀、信息高度发达的社会，每一分每一秒都有新的情况新的内容出现，为了不让计划落后于这种变化，就要在可预见的范围内设置一定的回旋空间，给计划补充一些弹性。只有十全十美的理想，没有十全十美的现实。有余地才能回旋，有弹性方可屈伸。把计划想得过于死板，将不利于计划的执行和实现。

拿破仑·希尔在《穿越生命的撒哈拉》中指出，目标要清楚明确，但是实现目标的过程要有弹性。当然，你必须为最后的目标设定数个更换目标，然后努力达成这些目标。不过中间的步骤不能事先预定的太紧密。每个针对终极目标而设定的目标都会有所修正，并产生对之后应采取的步骤的影响，不管是大是小。未知的变数越大，你面对最后出现的情况的态度就越需要弹性化。

当你愿意持续不断地重新评估你的计划，特别是当你遭遇压力或是阻力的时候，这个举动可能就是能促使你达成最后成功的关键。因为你愿意去质疑你所设下的完美计划，再去思考你可能犯错或是资讯不足的地方，这就显示了你具有超乎常人的心智。

面对风起云涌的经济浪潮和风云变幻的市场经济，没有一个人可以确保自己的计划和目标一定能按照预想实现。这个时候最需要的是一个人的应变能力和处理突发事务的能力。企业招聘中经常列出具备较强的应变能力这一条，其实这是发展市场经济的必然需求。企业只有具备了应变能力才能确保企业计划的顺利实施。

小陈和小董是同学，学习成绩不相上下。毕业那年他们两个一起到一家外资企业应聘。在参加聘用考试时，组织者给他们出了一道试题：写一份个人年度计划。这对两个学习成绩优异的大学毕业生来说几乎没有什么难度。小陈认认真真地写着他的计划，从每月每天甚至到每个小时的计划都写得详详细细，洋洋洒洒有五六千字。而小董却只写了不足两千字，也没有写得那么具体详细。然而，应聘结果却出乎他们两人的意料，企业选择了小董。组织者给出的理由是：过于详细而严密的计划在实施中会困难重重，简单而又重点明确的计划更接近实施的需要。

计划和目标的弹性对于防止钻死胡同、对于拓展处理问题的方式和途径有着十分重要的作用。在经济社会活动中，如果有一份具有弹性的计划，那么实施者将能发挥更多的主动性，更有可能把工作任务完成好甚至超出

计划和想象。相反，如果实施者执行的是一份死板的计划，那么在他遇到脱离预想的情况时，由于受到死板计划的限制，他可能会无从下手，从而影响这个计划的顺利实施。

要让计划具有弹性，需要满足那些要求呢？一是要对计划执行过程中可能出现的各种情形和问题有充分足够的估计，并有相对的应对措施。二是要在制订计划时留有充分的余地，使计划具有可做适度修改的伸缩性。只有这样才能确保计划最大限度地得以实施，你的目标才能最终得以实现。

善抓机会，促成质的改变

也许，那些机遇的到来并不是那么明朗，完全是在你不可预知的情况下意外出现的，这个时候，能否获得成功，关键就在于你捕捉机遇的能力了。

在生活中，当我们给自己制订了一个切实可行的目标，并为之努力拼搏了许久，最终却仍无成果时，某些人就开始哀叹命运的不公，说上天没有赋予自己良好的发展机遇，再多的努力也只是徒劳。其实不然。上天对待每个人都是公平的，在给予别人机遇的同时，也在给予你同样的机遇。也许，那些机遇的到来并不是那么明朗，完全是在你不可预料的情况下意外出现的，这个时候，能否获得较大的发展，关键就在于你捕捉机遇的能力了。

考最好的大学，深造几年，然后进最好的公司工作，实现自己的雄心壮志，过高品质的生活。这是大多数年轻人选择的道路，或者说是最可靠的人生规划。但是有的人会选择打破这种规则，承受与同龄人不等的困难和风险，最终达到成功的顶峰。而同时，许多同龄人也许就在大众化的“独木桥”上被挤下、被淘汰，落得平庸无为。时机来到，有的人能及时发现，有的人却视而不见，有的人虽然有所发现，但认识不清，把握不准。对机会的认识决定了对机会的选择。不能识机，也就无所谓择机；识机不深不明，便会在机会选择上犹豫徘徊，左顾右盼，不能当机立断，最终会遗失良机。

机遇的每一次到来，都不会提前跟你打招呼，它总是悄悄地来，试图让你发现它、抓住它，如果你懵懵懂懂，机遇即使在你面前，你也会视而不见，眼睁睁地看着它离去。生活中的很多人，对机遇总是抱着守株待兔的态度，等待不到就开始怨天尤人，但实际情况却是太多的机遇就在等待过程中与他们擦肩而过了。要想做到见机而动，必须善择良机。良机不可能赤裸裸地放在我们的面前，它常常被复杂变幻的迷雾所掩盖。为此，必须养成审时度势的习惯，随时把握客观形势及其各种力量对比的变化，透过现象，发现本质，这样，方能及时抓住时机。

美联储前主席格林斯潘就是这样的典型。当他还没有从纽约大学毕业的时候，为挣学费在一家投资机构做兼职调查员。在美国政府封锁消息、层层保密之下，他竟然从军队的营数算出战斗机的架数，再算出耗损量，又预测出朝鲜战争期间每种型号战斗机的需求量，随后找来飞机制造厂的技术报告和工程手册，弄清楚制造战斗机所需铝、铜和钢材等原材料的数量，最终得出美国政府对原材料的需求量。他的报告使投资家们较准确地预测了美国政府对原材料的需求量及对股市的影响，给他们带来了丰厚的回报。格林斯潘也因此受人注目，为以后人生的辉煌打下了坚实的基础。

格林斯潘注定是成功者，他们具有超乎常人的思维，像预言家一样在机遇还未露出端倪之时，就已经做好了抓住机会的准备。当然，这种成事的策略我们只能远观而不能近学之，但对于那些有志创业，又有所准备的人来说，他们的思路也会高速运转，时刻准备机会的到来。

在一双未受训练的眼睛看来，水晶矿石不过是一块普通的石头，只有善于发现的人，才能看出在矿石的内部有着美丽的水晶。那些因为闭塞的心理而拒绝做新尝试的人，将错失生命中最好的机会，因为它们就如同晶矿一般，通常藏在不起眼的外表之下。成功的路有千万条，即使写一个成

功指南，也只能指明一条路，如果这条路真的是成功的光明大道，那肯定很快就挤满了人。

成功者说，人生并不缺少机会，在通往成功的道路上，机会常常会轻轻地敲你的门，只是它们来临的时候，常常是百无聊赖的你正处于昏昏欲睡的状态，你忽略了那一声声轻微的、却足以决定你命运的声音，所以我们缺乏的常常是善于发现机会的能力。很多的机会好像蒙尘的珍珠，让人无法一眼看清它华丽珍贵的本质。踏实的人并不是一味等待的人，要学会为机会拭去障眼的灰尘，然后将机会和自己的能力对比，合适的赶紧抓住，不合适的学会放弃。用明智的态度对待机会，也使用明智的态度对待人生，人生脱颖而出的关键在于找到合适的机会表现自己。

会用力更要会用脑

人活于世，仅仅知道做什么是不够的，因为人的命运取决于做事的结果，而结果取决于行动的策略。

年轻人具备了目标、计划、机遇等因素时，成功并不会不请自来。天下没有免费的午餐，机会永远属于那些有头脑的聪明人。那些全身蛮力，大汗淋漓者，看似是努力、敬业的典型，做事缺乏策略仍是贻误他们的致命伤。

对于现实中的人来说，在学习和工作中，努力是好事情，但是光努力是不够的，还要多动脑，多思考，这样才能真正做出成绩。要善于观察、学习和总结，仅靠一味地苦干，结果常常是原地踏步。

身处竞争激烈的社会中，同样一项工作任务，有的人可以十分轻松地完成，而有的人还没有开始就时不时出现这样或那样的问题。其中的关键，就在于前者用大脑在工作，想方法去解决问题。只有在工作中主动想办法解决困难、问题的人，才能成为最受欢迎的人。

一家建筑公司在为一栋新楼安装电线。在一个地方，他们要把电线穿过一条 20 米长，但直径只有 3 厘米的管道，而管道砌在砖石里，并且拐了五个弯。他们开始感到束手无策。

后来，一位爱动脑筋的装修工想出了一个非常新颖的主意：他到市场上买来两只白鼠，一公一母。然后，他把一根电线绑在公鼠身上，并把它放在管子的一端。另一名工作人员则把那只母鼠放到管子的另一端，并轻轻地捏它，让它发出吱吱的叫声。公鼠听到母鼠的叫声，便沿着管子跑去找它。公鼠沿着管子跑，身后的那根电线也被拖着跑。因此，人们很容易地把两根电线连在了一起。就这样，穿电线的难题顺利得到解决。这位爱动脑筋的装修工也因此得到了同事们的喜爱和老板的嘉奖。

每个人都要努力做到：用脑去想，用心去做。学会思考，学会发现问题、解决问题，学会认认真真地做好每件事。聪明地做事，良好的机遇就会来到你的身边。大部分人都专注于他们的欲望，无所作为地工作，以至于没有时间来思考少花时间和精力的方法。缺乏思考能力和做事方法的人，他们往往事倍功半，费力不讨好。

在生活中，我们不可能总是一帆风顺，当遇到难题的时候，绝对不应该一味用蛮力去干，想着量的积累会出现质的转变。要多动些脑筋，看看自己努力的方向、做事的方法是不是正确。

从前有一个人，家境非常贫穷，生活困苦，他给国王当了多年的役工，累得瘦弱不堪，国王见了觉得他很可怜，就赏给它一峰死骆驼。

这人得到这峰死骆驼，无比激动，想尽快品尝肉的滋味。于是他就动手给它剥皮，可是嫌刀子太钝，到处找磨刀石磨刀，后来在楼上找到一块，于是磨快了刀子，下楼来剥骆驼皮。

这样反复下楼上楼来回磨刀，他感到实在太疲劳了，不想一次又一次地反复楼上楼下跑，于是他就想把骆驼吊上楼去，凑近石头磨刀。可不管

他怎么努力，由于楼梯太窄，就是不能把骆驼搬运上去。

看完这个故事，有人会讥笑这个役工，认为他头脑愚钝，光会用蛮力。然而，他不也是生活中许多人的真实写照吗？

从小到大，在我们的美德中，努力与坚持都占据重要的位置。我们无一例外地被都导过，做事情要有恒心和毅力。“只要努力，再努力，就可以达到目的。”这样的观念根深蒂固地存在于某些人的头脑里。

一个人如果按照这样的准则做事，就常常会不断地遇到挫折和产生负疚感。由于“不竺代价，坚持到底”这一教条的原因，那些中途放弃的人，就常常被认为“半途而废”，那些另寻出路的人，也被人称作逃兵。

人活于世，仅仅知道做什么是不够的，因为人的命运取决于做事的结果，而结果取决于做事的策略。不掌握正确的做事方法，往往也是无用功。

正确的方法比执著的态度更重要。尽可能用简便的方式达到目标，选择用简易的方式做事，这是成功者无一例外选择的做事策略。

多给自己积极的心理暗示

在我们的内心里，都潜藏着对陌生事物的恐惧与害怕，消极的心理暗示，往往会带来巨大的负面作用，有时甚至会让人失去本来的自我……

20几岁的年轻人由于缺乏社会经验，没有人脉和财力的支持，做事时容易对陌生事物产生恐惧，由此也就会对自己的能力产生怀疑，对行

事失去信心。如果彷徨、犹豫和逃避等消极的心理暗示时常干扰你做出判断，你就会越来越缺乏自信，变得脆弱不堪、失去自我。

一位心理学家在课堂上讲过这样一个寓言：

一头狮子醒来，愤怒地团团转，吼声打破宁静，凶猛威严。

有个野兽和它开了个玩笑：在它的尾巴上挂上了标签。上面写着“驴”，有编号、有日期、有圆圆的公章，旁边还有个签名……

狮子很恼火。怎么办？从何做起？这号码、这公章，肯定有些来历。撕去标签？免不了要承担责任。

狮子决定合法地摘去标签，它满怀气愤来到野兽中间。

“我是不是狮子？”它激动地质问。

“你是狮子，”狐狸慢条斯理地回答，“但依照法律，我看你是一头驴！”

“怎么会是驴？我从来不吃干草！我是不是狮子，问问袋鼠就知道。”

“你的外表，无疑有狮子的特征，”袋鼠说，“可具体是不是狮子我又说不清！”

“蠢驴！你怎么不吭声？”狮子心慌意乱，开始吼叫，“难道我会像你？畜生！我从来不在牲口棚里睡觉！”

驴子想了片刻，说出了它的见解：“你倒不是驴，可也不再是狮子！”

狮子徒劳地追问，低三下四，它求狼作证，又向豺狗解释。同情狮子的，当然不是没有，可谁也不敢把那张标签撕去。

憔悴的狮子变了样子：为这个让路，给那个闪道。一天早晨，从狮子洞里忽然传出了“呃啊”的驴叫声。

心理暗示具有难以预测的力量。它是一种启示、提醒和指令，一头凶猛的狮子，由于自身贴上了“驴子”的标签，受到别的动物话语的影响，在心底产生了消极暗示，逐渐失去了自信，最后真的把自己当成了驴子。而实际上，失去了自信和雄风的狮子和驴子别无二致，因为真正的狮子是不会去在意什么标签的，因为你就是一头狮子，你是森林之王。

这就是消极的心理暗示带来的巨大负面作用，它能支配和影响你的行为，这种消极的影响有时甚至会让人失去自我。其实，只要敢于正面迎接它，你就会发现：它并没有多么可怕，相反，你会发现自己由此变得强大了。

林肯去世后，他的一位朋友在他的家里发现了这样一封信：我父亲在西雅图有一处农场，上面有许多石头。有一天，母亲建议把上面的石头搬走。

父亲说，如果可以搬走的话，主人就不会卖给我们了，于是，这些石头就一直在那里。有一年，父亲去城里买马。母亲说，让我们把这些碍事的东西搬走，好吗？于是我们开始挖那一块块石头。不长时间，就把它们弄走了，因为它们并不是父亲想象的山头，而是一块块孤零零的石块，只要往下挖一英尺，就可以把它们晃动。这件事让我明白，有时候困难并不像我们想象得那么大，有些事想到就要立即去做，勇敢地尝试一下，总会比绕着它走要有所收获。

其实很多时候，困难并不像我们想象中的那么可怕，只不过我们的内心被困难、恐惧、自卑等消极的潜意识所蒙蔽了，不能认清真实的自己。行走在社会中，我们的面前或许会出现很多“石头”，那么不要畏惧，只要你轻轻抬脚便可以迈过去，又或者你只需转个小小的弯，便可以绕过去了。

古语有云：“车到山前必有路，船到桥头自然直。”这不就是一种积极的心理暗示吗？有人说：“困难像弹簧，你弱它就强。”20几岁的年轻人，如果你用逃避的心理对待困难，它就会在你眼前变得越来越大；当你鼓励自己去积极地挑战困难，争取战胜它的时候，你的自信心就会越来越膨胀，事情也就会变得更加顺利。

凡事要三思，莫草率行事

每个人遇到事情都会有不同的处理方法，鲁莽草率的人往往使事情更加无序化，也分不清利害关系。

年轻人做事能够不急躁，谨慎地思考，慎重地对待遇到的问题，凡事三思而后行，这不仅是态度问题，更是人生的智慧。

沉着冷静给自己赢得思考的时间，留有想象的余地，进而能使做错事情的危害性降低，甚至变害为利。否则，遇到麻烦就慌慌张张，六神无主，手足无措，就会把原本简单的事情搞复杂，扩大事情的态势，导致不希望的结果。

凡事要想一想为什么，怎么会出现这种情况，出现这种情况的深层原因是什么，我应该怎么对待？事情总会有起因，但起因很可能隐藏在事物的背后，如果只凭感觉臆测就草率地行事，肯定会出差错，后悔不迭。

为人处世不能断章取义，不能只看其表不看其里，也不能一叶障目，不见泰山。佛家讲有因有果，因果相应，事情的原因如果被它的假象遮盖住了，需要你冷静分析，沉着应对，拨开缭绕的迷雾，把事情的真相弄明白，只有这样做事情才不会后悔，才不会承受做错事的危害。

有一个国王很喜欢打猎。一天，国王去森林里打猎，文武百官都随行，还带着一群手牵猎犬的仆从，他们希望能满载而归。

国王训练了一只老鹰，这次打猎国王把老鹰也带上了，让它站在国王的手臂上，看上去十分威武强悍。国王一声令下，老鹰就会飞离手臂，四下寻找猎物，若是碰上鹿或兔子，老鹰翅膀一扑腾，它们就被擒获了。

但是这一天国王的运气很不好，他和文武百官都走散了，天气又干燥又闷热，国王非常干渴。可是炎炎夏日已将林中的溪水烤干了，老鹰在空中盘旋良久，也没能发现清凉的泉水。

终于，国王发现有一股溪流沿着岩石的缝隙往下滴流，虽然一滴一滴的水量很小，但终于可以解渴了。

国王从马背上取出杯子，费了好长时间接满了一杯水，国王有些急不可耐，迅速把杯子送到嘴边，刚要喝的时候，天空中传来一阵呼呼的叫声，随后国王的杯子被打翻在地，满满的一杯水钻进了岩石的缝隙。国王仰头一看是自己的老鹰，没有在意。

第二次的时候，国王没等杯子接满，只是刚刚半满的时候，就送到嘴边，刚要喝，老鹰又俯冲下来把杯子打翻了。国王十分气愤，大吼说："要再打翻我的水，我要你的命！"

当第三次国王接满水要喝的时候，老鹰又一次俯冲下来，国王忍无可忍，想也没想，拔出宝剑刺向老鹰，老鹰倒在了血泊中，水杯中的水也消失在岩隙中。

国王只好继续前行，不知不觉中他来到了水的源头。他发现一条巨大的毒蛇匍匐于水泊中，周围都是搏斗的痕迹。国王顿时明白了，是老鹰救了他。老鹰杀死了毒蛇，为了防止国王喝下毒水，将他的杯子打翻，而国王却杀了自己的恩人。

他又艰难地回去，找到老鹰的尸体厚葬了。

永远也不要于盛怒之下做决定。人愤怒的时候，头脑处于极度不理智的状态中，说话做事也往往不假思索，不顾后果。假如国王能静下心来，仔细地琢磨一下为什么老鹰会两次打翻他的水杯，难道仅仅是顽皮吗？如果不是，老鹰这么做一定有它的理由，国王就会思忖这个缘由，而不是不顾后果地将它杀死，也不会最终后悔。

凡事三思而行，说的是做事要慎重，不要不经过思考就下结论。慎重要求事到临头不要慌乱，不要没了主张，不要优柔寡断，而是应该思考清楚了，当断则断，否则，当断不断必留后患。

另外，遇事慎重要求分清事情的利害关系，在此前提下，采取有效的途径把事情导向有利于自己的方向，趋利避害。事情有缓有急，有轻有重，怎么做才能使得事情有利于自己呢？要慎重地分析事情所处的环境，注意事情的细枝末节，一点一线也不放过。

利害关系是慎重行事的准则，若是一个人分不清事情的利害关系，肯定会自取其辱，自找伤害。

一只狮子因喝水失足落入井中，百般挣扎以后不得逃脱，在井里急得抓耳挠腮。一只羚羊十分口渴，到处找水喝，发现了这口井，于是问井底的狮子水好喝不好喝。

狮子一看机会来了，心中暗喜，大声对羚羊说：“这口井的水真是好喝极了，我尝遍天下所有的井水，也没喝过这么好喝的。据说这是天下第一的井水，甜美甘洌，快下来喝几口吧！”

一心只想喝水的羚羊想也未想就跳下井底，它咕咚咕咚喝了一个痛快，喝完的时候，狮子与它商量怎么出井的问题。

狮子早就想好了计策，狡猾地跟羚羊说：“羚羊兄弟，喝完水了我们就得想办法上去，这样吧，你扶在井壁上，我踩着你的肩头上去，到了井上我再把你拉上去，咱们两个不就全上去了吗？”

羚羊不得不同意了狮子的建议，狮子踩着羚羊的肩头往上用力一窜，跳到了井沿上。狮子上去后，转身就想自己逃离，羚羊在井底大骂狮子不讲信用，不守诺言。

狮子对羚羊说：“羚羊啊，你白长了一幅优雅的犄角，如果你的智慧也像你的犄角一样漂亮优雅，你就不会不想怎么出来就跳进去。”

智慧的人往往遇事三思而行。每个人遇到事情都会有不同的处理方法，鲁莽草率的人往往使事情更加无序化，也分不清利害关系，就像故事里的羚羊，虽然外表优雅但终免不了遭狮子的算计。

现实生活中也是这样，20几岁的年轻人胸有大志但却没有作为，为什么呢？一方面的原因是眼高手低，自己的能力不足以支持自己的志向；另一方面最重要的原因就是做事不慎重，因小失大，因为不注重细节而导致失败。遇事不考虑就容易酿成不好的结果，凡事三思而后行，才能取得理想的效果！

第  章

脑筋不要太死，学会变通万事通达

俗话说“世上无难事，只怕有心人”，这句话告诉年轻人，虽然很多事做起来是困难的，但只要你肯用心，就能得到想要的结果。然而我们面临的更多的事实是，再难的事也不是只有一种解决方法，当你遇到巨大阻碍的时候，不一定要撞到南墙再回头，学会变通，适时放手，你才有机会获得更多。

年轻人做事，掌握方法最重要，俗话说“用蛮力不如用巧力”，学会变通，打开思路，学会从不同角度去思考问题、解决问题，你才能在善变中领先别人一筹，抓住更多出人头地的契机。

出现尴尬时，巧妙地打圆场

打圆场不是不着边际的奉承，也不是油腔滑调的诡辩，它是一种说话的艺术。

与人交往，难免会遇到尴尬的情况，此时该如何为自己圆场、为别人解忧，是每个年轻人都需要掌握的做事技巧。“打圆场”不同于“和稀泥”，它是从善意的角度出发，以特定的话语去缓和紧张气氛、调节人际关系的一种语言行为，在做事时有着积极的意义。

如果现实生活中你是一个会打圆场的年轻人，你就可以获得别人更多的赏识和信任，从而提升自己的人缘和魅力。当然，打圆场也有它独特的技巧，如何才能使之收到最佳的效果呢，不妨先来看一个小故事：

有个理发师傅带了个徒弟。徒弟学艺 3 个月后，这天正式上岗。他给第一位顾客理完发，顾客照照镜子说：“头发留得太长。”徒弟不语。师傅在一旁笑着解释：“头发长使您显得含蓄，这叫藏而不露，很符合您的身份。”顾客听罢，高兴而去。

徒弟给第二位顾客理完发，顾客照照镜子说：“头发留得太短。”徒弟不语。师傅笑着解释：“头发短使您显得精神、朴实、厚道，让人感到亲切。”顾客听了，欣喜而去。

徒弟给第三位顾客理完发，顾客边交钱边嘟囔：“剪个头花这么长的时间。”徒弟无语。师傅马上笑着解释：“为‘首脑’多花点时间很有必要。您没听说：进门苍头秀士，出门白面书生！”顾客听罢，大笑而去。

徒弟给第四位顾客理完发，顾客边付款边埋怨：“用的时间太短了，20 分钟就完事了。”徒弟心中慌张，不知所措。师傅马上笑着抢答：“如今，

时间就是金钱，‘顶上功夫’速战速决，为您赢得了时间，您何乐而不为？”顾客听了，欢笑告辞。

故事中的这位师傅，能说会道、机智灵活，巧妙地为徒弟“打圆场”，不仅让徒弟免于尴尬，也使顾客转怨为喜，高兴而去。这种打圆场的技巧是值得每一个年轻人学习的。

一个年轻人无论从事什么工作，无论处在何种地位，与人交往是不可避免的。幽默的方式不仅能帮你更好地与他人进行有效的沟通和交往，还能帮助你处理一些特殊的人际关系问题，让你能顺利地摆脱困境。

当你看穿了别人的想法但又不便直说时，不妨神色自若地使用一下幽默，相信定能达到你想要的交流效果。幽默是年轻人成功社交的捷径，幽默是年轻人的一种能博得好感、赢得友谊的好方法。

著名的女主持人杨澜，曾被邀请为某市的一次大型文艺晚会担任主持人。出人意料的是，在演出晚会到中途时，杨澜不小心在下台阶时摔了下来。在这种大型场合出现如此情况，确实令人尴尬。但杨澜非常沉着地爬了起来，凭着她主持人特有的口才，对台下的观众说：“真是马有失蹄，人有失足呀。我刚才的狮子滚绣球的节目滚得还不熟练吧？看来这次演出的台阶不是那么好下哩！但台上的节目会很精彩的，不信，你们瞧。”

一般年轻人在遇到突发状况时，很容易慌神，而杨澜这种自我解嘲的打圆场方法，不但使自己摆脱了难堪，更显示出了她非凡的口才，以致她话音刚落，会场就立刻爆发出热烈的掌声。

作为一个年轻人，无论一个人的言谈多么令你反感，你也应该努力保持自己的良好形象。要记住，巧妙地利用一些技巧，为自己轻松解围，才是一个会说话的年轻人聪明的选择。

当然，无论是为别人还是为自己打圆场，首先一定要了解尴尬者陷入僵局的原因，然后对症下药，以得到“你好我好大家好”的和气氛围。以下三点可以帮助你顺利地为尴尬找个出口。

1. 打圆场要多说“好听的”

每个人都喜欢听好话，年轻人更是如此，你称赞她漂亮，夸奖她有气质，她便会喜不胜收。上面故事中的理发师傅就是抓住了这个诀窍，一次又一次地为徒弟成功解围。中国历史上不少小人和宦官得到皇帝的垂爱，原因不外乎就是这些人善于逢迎拍马，为皇帝解决了“掉面子”的难题。当然我们不赞扬阿谀奉承，但是偶尔用之化解尴尬，也是个不错的方法。

2. 打圆场要会“扬长避短”

再伟大的人也有他的缺点，再渺小的人也有他的优点，任何事情的发生都会有利弊两个方面。而理发师傅针对各种不同的情况，采取“扬长避短”的策略，用巧妙的语言去作解释，通过“扬长”，引领对方换个视角，对先前不满意的事来一番变位思考，让对方从一个新的角度去体会佳妙之处，从而高高兴兴地接受自己的观点。

3. 打圆场要会“幽默”

英国思想家培根说过：“善谈者必善幽默。”幽默的年轻人魅力就在于：话不需直说，但却让人通过曲折含蓄的表达方式心领神会。如故事中的理发师傅使用的“首脑”一词就颇为幽默，将头说成“首脑”，寓谐于庄，调侃中不失文雅，庄重中又含风趣，从某种意义上讲，还在一定程度上“提升”了顾客的身份。幽默不仅是年轻人的说话技巧，更是年轻人的一种智慧，这种智慧中蕴涵着一种宽容、谅解以及灵活的人生姿态。

打圆场不是不着边际的奉承，也不是油腔滑调的诡辩，它是一种说话的艺术。想成为受欢迎的人就要深谙人际交往中这种方圆之术。在需要“圆”的时候圆通一些，便能在复杂的人际关系中，游刃有余地通行。

在错误的地方找不到想要的答案

不要在错误的地方寻找正确的答案，不要在不该停留的地方停留太久——如何汲取正确有用的信息，是一个人成功的关键。

“你之所以痛苦，在于追求错误的东西。你之所以还没有成功，是因为在错误的地方寻找正确的答案。”这句话用来形容年轻人对事业的态度再贴切不过，然而在我们慨叹这句话的精彩之时，是不是要想一想，为什么有众多追求事业成功的年轻人，站错了地方呢？

“刻舟求剑”的故事想必大家都知道：楚国有个渡江的人，他的剑从船上掉进了水里。他急忙在船沿上刻上一个记号，说：“这儿是我的剑掉下去的地方。”船靠岸后，这个人顺着船沿上刻的记号下水去找剑。

当然这个人是不可能找到自己的剑的，因为船已经行驶了很远，而剑还在原来的地方不会随船而前进。这个故事告诉我们：世界上的事物，总是在不断地发展变化着，人们想问题、办事情，都应当考虑到这种变化，适合于这种变化的需要。从另外一个角度来说，就是每个人都要学会从某件事情中汲取到有用的信息，并且要把这些信息有机地整合起来，以使得它们被我们所用，而不是循着错误的思想做出错误的行动。

是的，追逐事业的人也好，刻舟求剑的楚国人也罢，都是因为没有从周围的环境和事件中找到正确的信息，也没有充分了解到一件事情隐藏于表面之后的意义，他们只是主观地用自己的想象来决定自己的行为，这样显然是不正确的。

通过下面这个小笑话，我们也可以看出正确搜集信息的重要性。

有一个小男孩噔噔噔跑到水果店门口大喊：“老板，请问有没有漂亮的发卡卖？”老板跟男孩说：“我这里是水果店，不卖发卡。”“哦！”男孩噔噔噔走了。

第二天，男孩又噔噔噔跑到水果店门口大喊：“老板，请问有没有漂亮的发卡卖？”老板跑出来说：“早就跟你说我这里不卖发卡，你怎么还来？走开！走开！”男孩又“哦”一声，噔噔噔走了。

第三天，男孩又噔噔噔跑到水果店门口大喊：“老板，请问有没有漂亮的发卡卖？”老板生气地冲出来说：“已经告诉你这里不卖发卡，你还敢来？你再来的话，我就把你的头发剪掉！”男孩吓了一跳，就噔噔噔逃走了。

第四天，男孩又噔噔噔，跑到水果店门口大喊：“老板，请问有没有剪刀卖？”老板纳闷地走出来说：“我这里怎么会卖剪刀？”“哦！”男孩说：“那你有没有漂亮的发卡卖？”

我们知道，就算男孩坚持一辈子，只要这个水果店不改成饰品店，他也不可能买到漂亮的发卡，因此，男孩的这种坚持只是在做无用功。就像在一本关于思维的书中记录的几句话一样：“你可以走出千万条路，可就是找不到一条属于你自己的路。你可以做千万件事，可就是做不对一件事。追求一份你完全不可能得到的爱情，与其说是坚贞不渝，不如说是麻木不仁。这个世界上本来就没有多少珍贵的东西，我们的青春、我们的健康、我们的智慧、我们的财富，没有理由让我们盲目地挥霍。如果你一定要坚持，请你一定要找准方向，否则坚持就是失败。一味努力不如有效努力，有效努力不如正确努力。”

是的，正确努力才能得到我们想要的结果。年轻人对信息的掌握就如同一个国家对资源的掌握：你所掌握的共同资源越多，拥有稀有资源的机会就越大。可以说一个人整合信息的能力，辨别信息的能力将决定他的未来。

有人说“人生不在于是否能抓到一手好牌，而在于如何打好一手坏牌！”对于每个刚步人社会的年轻人来说，能不能抓住事业成功的机会都不是最重要的，最重要的是你能否从每次的经历中提取有利的信息，用以完善你最终选定的那份事业，并让这份正确的努力坚持下去。

倒过来看问题就能迎刃而解

对思考的磨砺比对身体的磨砺更为重要，从实际出发，在实践中思考，在思考中实践，扩展你的思维，会使实践更有效果。

在工作中我们会发现这样的现象：一个问题出现后，资历较深的员工苦思冥想，也未找到合适的解决之道，换个刚刚毕业的大学生，他的想法和做法往往能够收到奇效。其中的奥秘，就是人会不自觉地受到思维定式的干扰和束缚，限于经验王义的圈子里无法走出。

有些时候一种思维方式决定一件事情的走向及其最终结果。在我们的日常维中，由于经验主义、稳妥主义的束缚，人总是习惯或不自然地走人思维定式中。以至于因循守旧，不肯尝试突破。成功者坚信，在处理事情的过程中，没有绝对解决不了的难题。有的人之所以陷入僵局，只是因为按部就班，没有创新思维。在这个世界上，从来没有绝对的失败，有时只需稍微调整一下思路，转变一下视角，失败就有可能向成功转化。

里美的名字在美国空军中赫赫有名，他是美国战略空军的缔造人之一。在第二次世界大战期间，里美奉命参加了太平洋战区对日本的作战。当时，身为指挥官的他领导的是当时美国最先进的飞机——B–29 高空轰炸机。这种飞机性能极为优越，当然，造价也是十分昂贵的。因此美国空军司令部要求里美及其士兵要像爱护眼睛一样爱护每一架飞机。并声称，每损失一架 B–29，空军司令部都要做特别调查，严惩肇事者。

如此先进的高空轰炸机，应该在战场上唱主角，充当尖刀。但是效果却不尽不如意，正如有些飞行员不无讽刺地说："B–29 可以击中任何地方，可就是击不中目标。"原因是飞机自身存在着一些严重的技术问题。里美看到了这一情况，他陷人了深深的思考之中。在广泛听取了作战人员和一些专家的建议后，他果断地做出决定，命令对飞机进行一些改动，从而减少了一些装备和人员，以便装载更多的弹药。他还做出了一个让内行大吃一惊的决定：命令飞机飞行高度不得超过7500英尺，把高空轰炸机变成了低空轰炸机。

此命令一出，里美就面临着更大的压力。美国空军部长艾德诺在电话中甚至气愤地说："我们花了大笔经费制造出的高空轰炸机和先进的自卫系统将被你的一道命令毁于一旦，你这是拿飞行员的生命开玩笑，是违背命令。如果你一意孤行，我会考虑撤换你的职务。"

里美没有改变自己的决定，他要让事实来说话。

事实证明，里美是正确的，飞机低空飞行能准确地炸到目标。里美的战术获得了巨大的成功。

如今，更多的人懂得变换思维看待和解决问题，逆向思维的方式更是屡试不爽。但对于大多数人来说，特别是在压力下，他们还是习惯于常规思维，看不到别样的空间。这也就使很多实际的可以解决的问题，被他们看成无法做到、难以解决的问题。

日本北海道冬季严寒，积雪的时期长达4个月。积雪对农作物而言，固然有防虫与防寒等好处，但积雪期太久，会影响农民播种的时间。

铲除积雪，得花大钱；等阳光来融雪，天公常又不作美。农民只好撒泥土来融解积雪，但泥土太重，融雪的效果也不好。所以，几十年来，积雪的问题一直困扰着北海道的农民。

有一天，一个老农夫试着把炉中的黑灰撒在积雪上，没想到，效果非常好，一举解决了数十年的难题。

黑灰不但较泥土易于搬动，而且热度高，融雪的效果数倍于泥土，再说移出黑灰，等于把火炉清扫干净，真是一举三得。

善于改变自己的思维，不按照常理去想问题，往往会取得非同一般的成效。善于变换思维方式的人，会从另外一个方面看待问题、判断问题，

从而把不利变为有利。换一种思维方式，甚至是把问题倒过来看，不但能使你在做事情时找到峰回路转的契机，也能使你找到生活上的快乐。

拒绝有方，说“不”有道

阿瑟。赫尔普斯曾说：“说出拒绝的理由时，别忘了为未来的索要留下幕种余地。”

年轻人往往比较重感情，善良又心软，所以遇到别人开口寻求帮助的事，总是不好意思拒绝，恐怕会伤害了彼此的感情，然而硬着头皮帮了别人的忙，却可能弄得自己疲惫不堪……在日常的人际交往中，热情地帮助别人是应该的。但是也要量力而行，如果遇到做不到的事情，就要学会巧妙地拒绝：既不让寻求帮助的人感到失望，也不让自己处于尴尬的位置。

一般来说，开门见山、直截了当式的拒绝，犹如当头一盆冷水，不但会使人难堪，而且会让气量狭小的人记仇。这时你可以选择用委婉的语气或者幽默的方式来表达自己的拒绝，当然口气可以委婉，态度决不能含糊。切忌模棱两可，使对方产生误解，这样既耽误他的事，又给你继续增添不必要的麻烦。很多年轻人都容易犯的一个毛病就是太优柔寡断了。他们通常喜欢含糊其辞，导致虽然拒绝了别人但是他们的拒绝听上去有些动摇，如果你这样回应别人的话，会令对方抱有幻想，或找个更强的人来向你施压，直到你点头答应为止，这是因为他们觉得事情还有商量的余地。因此，如果你要拒绝的话，你就得让别人清楚地知道你不会再改变主意了。

有一次，林肯被要求在某个报社编辑大会上发言，林肯觉得自己不是编辑，邀他出席这次会议，是很不适合的。所以他想拒绝出席这次会议。

他是怎样拒绝的呢？他对大家讲了一个小故事：有一次，我在森林中遇到了一位骑马的妇女，我停下来让路，可是她也停了下来，目不转睛地盯着我的面孔看。她说："我现在才知道你是我见到过最丑的人。"我说："你大概说对了，但是我又有什么办法呢？"她说："虽然你生来就这副丑样子是没有办法改变的，但你还是可以待在家里不要出来嘛！"大家为林肯幽默的拒绝而哑然失笑。

拒绝其实就是一场心灵的博弈，要看你能不能在这场博弈中占得上风，能不能把取消请求的主动权再交回对方手里，这就需要讲究一定的技巧。最妥当的拒绝之道是对事不对人，即以对方的要求是否合理、是否能办到为标准，而不应以对方地位的尊卑、双方利害关系的大小为标准。如果非拒绝不可，必须讲究方法，才能真正做到拒"事"不拒"人"。

如果拒绝别人的话难以正面说出口，那么装作自言自语说出心中所思所想，对方便会知趣而退。聪明的年轻人总是拒绝有方的，他们会声东击西，当对方提出甲事时，他则换用乙事去应付，从而巧妙地拒绝对方。

在大商场做业务的乔乔，收到了一个长期合作的化妆品供应商的样品，质量虽很过关，但包装样式却很过时。收下这批货，商场会亏本，不收下吧，供应商又是老客户了，怎么办呢？如果直接回绝供应商，可能会由此失去一个多年的合作伙伴。三天来，乔乔没有回复，没想到供应商亲自登门拜访了，安排供应商住下后，乔乔便说："明天我有时间，咱们去参加化妆品展览会吧。"

第二天中午，乔乔和供应商一边转，一边望着会场那些时尚、有创意的产品包装设计。乔乔自言自语道："现在的包装样式越来越讲究新颖独特了，商品不但质量要好，而且也要注意形式和外表，真是'好马配好鞍'啊！能体现时代感，让人感到时尚气息扑面而来……"

听到这儿，供应商突然抓住乔乔的手说："多谢你的提示，我马上叫设计师修改包装样式，原来那批货我全部拿回"。

来求助于你的人，必然是和你关系比较亲密的亲人或朋友，虽然我们说要坚定地拒绝对方，不能让对方抱有不切实际的幻想，但一定要给对方

以希望。首先你就要摆正自己的态度，拒绝并不是因为你不愿意帮忙，而是你确实无法做到。在这个前提下，先向对方诚恳地表示充分的尊重、理解、同情，再讲求拒绝的方法技巧，就可以把拒绝带来的遗憾缩小到最低限度，既不伤害对方的自尊心与感情，又能取得对方的谅解、支持，从而增进情谊。

因此，当你拒绝了对方之后，要做些善后工作，比如关心他这件事是否得到了解决，是如何解决的。不要说了“不”之后就不管不问了，这会让人觉得你很没有人情味。你的良好表现也会得到对方的理解，你的拒绝向他传递着这样的信息：你珍惜自己和对方的时间，你之所以拒绝是因为你不想做出一个草率而无法完成的承诺，他会知道你确实是一个负责任的人。令对方体会到你的心意，让对方了解你的处境，你们之间的情谊还会是真挚并值得信赖的。

在日常生活中，我们要根据具体情况来选择合适的拒绝方法，让生活中那些看似棘手的问题能够得到妥善处理。

多一点灵活变通，以巧取胜

牙齿虽然硬，但是太过刚烈，容易被磨损；舌头虽然软但是系韧，反而不用担心磨损。对于20几岁的年轻人来说，在社会上行走虽不能说时时存有危险，但一刻的疏忽也许就会影响你一生的前程。方圆做事是一种艺术，它要求我们既要站得稳，又要时刻准备好运用精巧的方式应付突如其来的变化，以求快速应变，不落被动。

在方圆之道中，灵活变通，以巧取胜是一种至高的做人境界。所谓“变通”，“变”即应变，以高尚的德行持久应对世事人情的瞬息万变；“通”即通达，明辨事理，通晓人情，并以自身的修养感化影响他人。想要精于做人，还要巧于处事，明于做事，就要研习为人处世的变通之法。

做人要有聪明的头脑，灵活的思维，遇到了问题要巧妙处理。善于变通的人，才能在特定的境况下找到最合适的处事方法。相反，那些头脑笨拙，思维僵化的人，做人固执死板，撞到南墙也不知该回头看看自己选择的方向是否正确。

如今，我们提倡具体问题具体分析，这也是灵活变通的处世之道。做人不能被习惯性思维束缚了头脑，只有这样，我们才更容易获得自己期待的成就。

战国时期，秦国有个人叫孙阳，精通相马，无论什么样的马，他一眼就能分出优劣。他常常被人请去识马、选马，人们都称他为伯乐。

有一天，孙阳外出打猎，一匹拖着盐车的老马突然向他走来，在他面前停下后，冲他叫个不停。孙阳摸了摸马背，断定是匹千里马，只是年龄稍大了点。老马专注地看着孙阳，眼神充满了期待和无奈。孙阳觉得太委屈这匹千里马了，它本是可以奔跑于战场的宝马良驹，现在却因为没有遇到伯乐而默默无闻地拖着盐车，慢慢地消耗着它的锐气和体力，实在可惜。想到这里，孙阳难过得落下泪来。

这次事件之后孙阳深有感触，他想，这世间到底还有多少千里马被庸人所埋没呢？为了让更多的人学会相马，孙阳把自己多年积累的相马经验和知识写成了一本书，配上各种马的形态图，书名叫《相马经》。目的是使真正的千里马能够被人发现，尽其所才，也为了自己一身的相马技术能够流传于世。

孙阳的儿子看了父亲写的《相马经》，以为相马很容易。他想，有了这本书，还愁找不到好马吗？于是，就拿着这本书到处找好马。他按照书上所画的图形去找，没有找到。又按书中所写的特征去找，最后在野外发现一只癞蛤蟆，与父亲在书中写的千里马的特征非常像，便兴奋地把癞蛤蟆带回家，对父亲说："我找到一匹千里马，只是马蹄短了些。"父亲一看，气不打一处来，没想到儿子竟如此愚蠢，悲伤地感叹道："所

谓按图索骥也。”

这就是我们所熟悉的成语“按图索骥”的由来。这个故事的寓意其一是比喻按照某种线索去寻找事物，二是不知变通、按死方法做人。

现代社会富于变化，坚持自己的原则固然重要，但也要懂得给自己选一条最平坦的路前行，随机应变，灵活变通是“圆”的体现，是为人处世的绝妙技巧，在变中求突破，以灵活、巧妙的方式取得理想的结果，这是高智商的生存方式。

世界万物，皆在变化中不断发展。做人除了要勇于进取，不因循守旧之外，还应有巧妙的智慧。如果光有“变”，而没有“巧”，做人也不能百分之百成功。“巧”告诉人们要潜下心来做人，要会思考，不硬碰硬，不吃眼前亏。能四两拨千斤，以巧取胜，以少胜多，以弱胜强，这才是为人处世的高超境界。

有这样一个故事：孔子的老师快死了，孔子去看他，希望他能留下什么话。那位老师说：“你看我的牙齿还在不在？”孔子看后说：“不剩几颗了。”那位老师又说：“你看我的舌头还在不在？”孔子说：“还好好的。”于是孔子立即悟出了其中做人的道理。牙齿虽然硬，但是太过刚烈，容易被磨损；舌头虽然软但是柔韧，反而不用担心磨损。做人应该像舌头那样能用巧劲生存，不要像牙齿那样全来硬的。

做事是一门高深的学问，即使你已经年过半百，你仍会有许多不足之处。漫长的人生犹如一场马拉松赛跑，要耐得住、耐得长、耐得久，更要懂方圆做事的道理，既要有能力灵活应变，又要有智慧以巧取胜，如此方可在人生旅途上趋吉避凶、少遇坎坷。

思则变，变则通，通则活

世界上没有什么不可能的事情，除非自己给自己戴上了无法挣脱的紧箍咒。

中国自古就有“穷则变，变则通”的说法，说明人必须要学会变通，才能使处于绝境的事情得到转机。纵观古今，无论是帝王将相，还是平民百姓，他们都需要在动态变化的世界中走完自己的人生，而成功者大多是敢于变通，善于变通的人。变通是一门艺术，也是一门学问，只有熟悉并灵活运用这种思想我们才可以克服困难走向成功。

法国著名女高音歌唱家玛。迪梅普莱有一个美丽的私人围林。每到周末，总会有人到她的围林里去摘花，采蘑菇，有的甚至搭起帐篷，在草地上野营、野餐，弄得园林一片狼藉，脏乱不堪。

管家曾让人在园林四周围上篱笆，并竖起“私人园林，禁止入内”的木牌，但均无济于事，园林依然不断遭到践踏和破坏。于是，管家只得向主人请示。迪梅普莱听了管家的汇报后，让管家做几个大牌子立在各个路口，一面醒目地写明：如果在园林中被毒蛇咬伤，最近的医院距此15公里，驾车约半个小时才能到达。自此以后，再也没有人闯入她的园林。

园林还是那个园林，只是变了一个思路，保护园林的难题就解决了。

没有办不到的事，只有不会变通的人。世界上没有什么不可能的事情，除非自己给自己戴上了无法挣脱的紧箍咒。善于用心的人，灵活变通的人，愁事可以办成喜事，难事可以办成易事，化不利之事成有利之事，变难堪之事为愉悦之事，变坏事为好事。在弗里吉亚城的朱庇特神庙，亚历山大举刀轻而易举地打开了几百年来人们未曾打开的“结”。在成功人的意识里，

没有办不到的事情，他们不会一味地守旧，他们没有固执心理，他们拥有豪情和激情，当困难临近，他们会变通，在方法之外寻找方法，在失败之中寻找成功。

凡事比别人多想一点，就会多条出路，就会有不同的视野。人云亦云、随波逐流往往是我们生活中的陷阱。如果总是大家做什么你也做什么，你就无法取得突破。为什么不想一下“大家不做什么”、“大家还没有做什么”呢？我们往往按照自己已经习惯的思维角度思考问题，从同样的角度看上去，我们所拥有的资源总是一样的，就永远要在资源的限制下发展。但如果你能换一个思路去思考，就很可能会有不一样的发现。

有一位善良的富翁，盖了一栋大房子，他特别要求盖房子的师傅，把四周的屋檐加长，以便穷苦无家的人能在下面暂时躲避风雪。

房子建成了，果然有许多穷人聚集在屋檐下，他们甚至摆起摊子做买卖，并生火煮饭。嘈杂的人声与油烟，使富翁不堪其扰，不悦的家人也常与寄在檐下者争吵。冬天，有个老人在檐下冻死了，大家都骂富翁的不仁。夏天，一场飓风，别人的房子都没事，富翁的房子因为房檐特别长，居然被掀了顶，人们都说是恶有恶报。

重修屋顶时，富翁只要求建小小的房檐，富翁把省下的钱捐给慈善机构，另外盖了一间小房子。这房子所能庇荫的范围远比以前的房檐小，但四面有墙，是栋正式的房子。

许多无家可归的人，都在其中获得暂时的庇护，他们都对捐盖这座房子的富翁感激不已。结果没过几年，富翁就成了这里最受欢迎的人。即便在他死后，人们还因他的恩泽而纪念他。

不可否认世上的善心人士很多，有些人行善获得赞誉，但有些人行善却遭人唾骂。好心办坏事的例子很多，因此行善也需要讲求技巧。

站在他人的立场，多为他人想一点。面对清高者切莫轻易施以金钱，面对贪得无厌者少以财物相赠。对象不同，方法也不同，这样行善才会更加周全。

从他的经历中我们可以悟出这样一个道理：人生的危机与转机，往往只是一线之间。任何困难面前，只要愿意静下心来，重新找到自己奋斗的方向，在心境转变的同时，人生的成功机会就可能出现在身边。

当你认清自己没有成功的时候，实际上是对自己过去的否定，这只是第一步。第二步是努力去发现自己还能干什么，而这第二步，是给清醒的自己找到一个新的人生轨迹的起点，这是非常重要的。

遇到挫折，并不一定非要继续前行，回头看看是否有更快更好的路，或许，向旁边跨一小步，你就能够走上平坦的大路。生活中有不少聪明人没走上成功之路的原因，就是犯了这种撞了南墙不回头的错误，就是没有走出直线的误区。所以，如果你希望自己事业有成的话，那么就请你学会变通，在撞了南墙之后要细细思量，如果认定确实走不通，那就要及早回头，寻找新的出路。任何事物的发展都不是一条直线，聪明人能看到直中之曲和曲中之直，并不失时机地把握事物迂回发展的规律，通过迂回应变，达到既定的目标。

美国的著名人物罗兹说过："生活中最大的成就是不断地自我改造，以使自己悟出生活之道。"的确，在很多情况下，外物是无法改变的，我们能改变的就是我们的思想。变通，可以说是我们遇到困难和变化时所能采取的最好方法与手段。

会变通的人知道，只有先有一个平台，把自己的优势展现出来，别人才会知道你的能力和才华，只要真有能力就不怕无用武之地。无论遇到任何困难，只要懂得变通，就能走向成功。

换一种方式结果大不同

很多事情，只要我们开动脑筋去思考，换一币中思路，就会豁然开朗，开创一个新的局面。

人常说："没有做不到的事，只有不会变通的人。"正所谓没有变化就没有生机，没有变化就没有发展，没有变化就没有未来。在外界条件相差无几的时候，大凡能够取得成功的人都是敢于走另一条路的人。

年轻人做事常有一种求稳的心态，我们可以说它是执著和踏实，然而，我们常受自己主观狭隘意识的影响和传统观念的禁锢，看不到自己做的事已偏离正轨，于是很容易在人生的道路上钻进死胡同，而终生不能脱身。比如婆媳相处，有些年轻女性选择一味忍让婆婆，觉得只要让着老人，以后的日子就会好的；也有一部分年轻女性，比较在乎自己的感受，虽说不会虐待老人，但是一有不满也会立即说出来，结果可能弄得两人关系尴尬。其实，很多时候，事情的解决方式并非一种，也并非只有妥协和破坏才能解决问题。

柯特大饭店是美国加州的一家老牌饭店。饭店老板准备改建一个新式的电梯。他重金请来全国一流的建筑师和工程师，请他们一起商讨，该如何进行改建。

建筑师和工程师的经验都很丰富，他们讨论的结果是：饭店必须新换一台大电梯。为了安装好新电梯，饭店必须停止营业半年时间。

"除了关闭饭店半年就没有别的办法了吗？"老板的眉头皱得很紧，"要知道，这样会造成很大的经济损失……"

"必须得这样，不可能有别的方案。"建筑师和工程师们坚持说。

就在这时候，饭店里的清洁工刚好在附近拖地，听到了他们的谈话，他马上直起腰，停止了工作。他望望忧心忡忡、犹豫不决的老板和那两位一脸自信的专家，突然开口说："如果换上我，你们知道我会怎么来装这个电梯吗？"

工程师瞟了他一眼，不屑地说："你能怎么做？"

"我会直接在屋子外面装上电梯。"

"多么好的方法啊！"工程师和建筑师听了，顿时诧异得说不出话来。

很快，这家饭店就在屋外装设了一部新电梯，而这就是建筑史上的第一部观光电梯。

有些问题从表面上看来，似乎是无法解决的，但若能变换一种角度，用新的思维习惯去看待，就会柳暗花明。水随形而方圆，人随势而通。水无形，故可以随着盛装它的器皿变化；而人要顺势，就要懂得适时变通。我们总喜欢不顾一切地朝着自己既定的目标奋力拼搏，却始终没有花心思去分析形势，所以很可能搏击一世却不能成功。

大卫·科波菲尔曾经这样说：父亲告诉我，成功对我们来说好比是一个固定的车站，我们都在为怎么到达而绞尽脑汁，大家都在争夺汽车上的座位，没有得到座位的人则不得不等下一班汽车，可是为什么我们不能骑马，或者乘轮船去车站呢，这样我们不是也到达了吗？只不过我们换了一种方式。而且有时候，骑马是比坐汽车还要快的。

成与败往往只有一步之遥，长期以来，许多人习惯于定势思维，他们要么因为惧怕，要么因为懒惰，总认为没有可能，从而没有打算改变自己的思维，从来不考虑靠自己想出新的办事方法。很多事情，只要我们开动脑筋去思考，换一种思路，就会豁然开朗，开创一个新的局面。

清朝末年，有一位和尚画家云游到北京，被招进宫里作画。有一天，慈禧太后让太监给他一张5尺长的宣纸，要他画出9尺高的观音菩萨像。这简直是为难人。臣子们心里紧张极了，谁都认为这是一件根本办不到的事。和尚并不着急，他借研墨的工夫，冷静思考，很快就有了主意。只见他挥毫泼墨，一挥而就。原来，他笔下的观音菩萨并不是笔直站立的姿势，

而是弯腰在拾地上的柳枝。5尺长的纸，弯着腰的人，站立起来应该就是9尺了吧。慈禧看罢，点头称是。众大臣也松了一口气。

和尚画家的经历给我们这样的启示，达到目的的方式并不是只有一种，与其为了不可能实行的方式在那里痛苦懊悔，倒不如换另一种方式。当我们把视线移开，就会发现，成功就在每一处。

大胆求变，敢为天下先。变通是一种灵活的思维方式，更是一种敢为人先的胆识和精神。变通是一种智慧，更是一种胆魄和勇气，敢于变通的人，就会敢于想别人所不敢想，敢于从不同的角度去思考，敢于突破思维定势找到正确的方法。很多人没有成功，是由于他们安于现状，安于平稳，因此远离了成功。成功者都是那些敢为天下先的人，鲁迅说：“第一个吃螃蟹的人是令人佩服的，不是勇士，谁敢去吃它呢？”敢为天下先，要求一个人要有创新的精神，一个人踩着别人的足迹走，是不会有成功，不会有壮举的。

年轻人善变，更要随机应变

在错误的轨道上运行得越久，你离预期的理想就越来越远。

人们总以为自己足够了解自己，以为知道自己的能量和价值应该如何开发和体现。可是，在现实生活中，人们却经常把太多的能量用到不能充分发挥和体现自身价值的地方。比如，本可以成为一名好厨师，可是却以为自己因此就可以开一家餐饮公司；明明不善于表达，可是却非要坚守着“传道授业”的教师工作不肯放手；广泛的人际关系网络和出色的表达能力大可以使他们在销售领域做出一番成绩，可是仅仅因为当初上大学的时候学的是计算机专业，就要在自己并不喜欢的计算机维护工作上碌碌无为。

在选择事业发展道路的过程中，每一个人都应该明白，在错误的轨道上运行得越久，在不适合你的地方浪费的时间越多，所付出的各项成本就越高，最后越是无法下决心放弃，你离预期的理想就越来越远，这有点像古代寓言中“南辕北辙”的道理。懂得放弃，能够根据自身情况及客观实际的发展和变化适时调整自己的事业发展方向，抓住机会挑战自我，对于人们的事业发展具有非常重要的作用。

在一个偏僻的小山村里生活着一对兄弟，因为当时的生存条件过于恶劣，所以无论他们兄弟二人多么辛苦地劳作，生活仍然过得十分艰苦。看到当地人纷纷出去做生意谋生，而且有一些人回来时都比走的时候更加富裕，兄弟二人也商量着要外出谋生。他们把田地变卖，带着所有的财产出发了。

经过长途跋涉，兄弟二人终于来到了一个盛产棉花的地方。在那里他们先是充当壮劳力，由于兄弟俩工作卖力，到了收获的季节，他们得到了一笔钱。这笔钱加上当初变卖田地所得的财产，兄弟二人手里已经有了不少钱。这时，哥哥对弟弟说：“棉花在我们家乡附近的镇子上可以卖很高的价钱，而在这里却如此便宜，不如把手中的钱都用来买棉花，然后背回家乡去卖，这样就可以赚一大笔钱了。”于是他们两个人都买了一些棉花，一个人背着一捆，一路相伴着往家乡走。

在返回家乡的途中，他们路过一个盛产毛皮的地方，这里的毛皮相当便宜，可棉花的价钱却很高。于是，哥哥和弟弟商量要把棉花卖了换成毛皮，因为在他们的家乡毛皮的价格更高。可是弟弟却不愿意这样做，他对哥哥说：“我不想这样做，你看，我们的棉花已经打好包裹，背在肩上已经很牢固很方便了，再拆开换毛皮重新打包多麻烦啊！”哥哥见说不动弟弟，于是自己将棉花换成了毛皮。

后来，他们又相继路过盛产药材而缺少毛皮的地方和盛产黄金而缺少药材的地方。弟弟依然不愿意放下棉花，而哥哥却不断地进行着各种各样的贸易，他先后把毛皮换为药材，把药材换为黄金，资金已经翻了百倍。

还有几里地就到家乡了，忽然下起了大雨，弟弟背的一包棉花全部吸了水分，背都背不动，而且已经变质，最后只得赔钱贱卖。等他们回到家乡的时候，弟弟更加穷困，而哥哥却变成了一个大富翁。

“一条路走到黑”并不是什么聪明的做法，在职业发展的道路上，你可能会遇到各种不同的工作机会，虽说“人往高处走，水往低处流”，但是偏偏有些人认定自己手里端着的是个“铁饭碗”，不敢轻易尝试其他工作，结果好的就是一辈子做着同样的工作，结果不好的说不定哪天公司裁员的名额就落到了他的头上。

虽然频繁的跳槽对于职场人来说并不可取，但是对于那种毫无前途可言或者自己极其排斥的工作不如及早放弃，抓住新的机会。只有那些不断地根据社会的发展和时局的变化而调整自己的发展道路，勇敢地放弃那些已经成为“鸡肋”的工作，并且成功地抓住一次又一次的机会的人，才能获得事业的成功。

当情况已经发生质的改变时，放弃也是一种策略，懂得放弃是一种理智。当我们发现在一种行业内成功的机会太少，或者认为自己的现实情况与行业的发展态势并不协调之时，应当及早另选一条更适合自己的道路。如果说坚持到底体现的是一种毅力的话，那么，在这种情况下，及早抽身实在是一种最明智的诜柽。

突破绝境的方法

明智的人使自己适砬世界．而不明智的人只会坚持要世界适应自己。

东西掉到地上就不会随便移动，除非借助外力。而人就不同了，人有脑子，遇到了问题可以灵活地处理，用这个方法不成就换一个方法，总有一个方法是对的。做人做事要学会变通，不能太死板，要具体问题具体分析，前面已经是悬崖了，难道你还要跳下去吗？不要被经验束缚了头脑，要冲出习惯性思维的牢笼，执著很重要，但盲目的执着是不可取的。

有一家效益相当好的大公司，决定进一步扩大经营规模，高薪招聘营销主管。广告一打出来，报名者云集。

面对众多应聘者，招聘工作的负责人说："相马不如赛马。为了能选拔出高素质的营销人员，我们出一道实践性的试题：就是想办法把木梳尽量多地卖给和尚。"

绝大多数应聘者感到困惑不解，甚至愤怒：出家人剃度为僧，要木梳有何用？岂不是神经错乱，拿人开涮？

过了一会儿，应聘者接连拂袖而去，几乎散尽。

最后只剩下三个应聘者：小伊、小石和小钱。

负责人对剩下的这三个应聘者交代："以 10 日为限，届时请各位将销售成果汇报给我。"

10 日期到。负责人问小伊："卖出多少？"答："一把。"

"怎么卖的？"小伊讲述了历尽的艰辛，以及受到众和尚的责骂和追打的委屈。好在下山途中遇到一个小和尚一边晒着太阳，一边使劲挠着又脏又厚的头皮。小伊灵机一动，赶忙递上了木梳，小和尚用后满心欢喜，于是买下一把。

负责人又问小石："卖出多少？"答："10 把。"

"怎么卖的？"

小石说他去了一座名山古寺。由于山高风大，进香者的头发都被吹乱了。小石找到了寺院的住持说："蓬头垢面是对佛的不敬。应在每座庙的香案前放把木梳，供善男信女梳理鬓发。"住持采纳了小石的建议。那山共有 10 座庙，于是买下 10 把木梳。

负责人又问小钱："卖出多少？"答："1000 把。"

负责人惊问："怎么卖的？"

小钱说他到一个颇具盛名、香火极旺的深山宝刹，朝圣者如云，施主络绎不绝。小钱对住持说：“凡来进香朝拜者，多有一颗虔诚之心，宝刹应有所回赠，以做纪念，保佑其平安吉祥，鼓励其多做善事。我有一批木梳，你的书法超群，可先刻上‘积善梳’三个字，然后便可做赠品。”住持大喜，立即买下1000把木梳，并请小钱小住几天，共同出席了首次赠送“积善梳”的仪式。得到“积善梳”的施主与香客，很是高兴，一传十，十传百，朝圣者更多，香火也更旺。这还不算完，好戏跟在后头。住持希望小钱再多卖一些不同档次的木梳，以便分层次地赠给各种类型的施主与香客。

萧伯纳曾经说过：“明智的人使自己适应世界，而不明智的人只会坚持要世界适应自己。”变通是天地间最大的智慧，是才能中的才能，智慧中的智慧。

变通就是以变化自己的思路为途径通向成功。对于善于变通的人来说，世界上不存在困难，只存在暂时还没想到的方法，所以，善于变通的人只有一个归宿，那就是成功。

实践证明，不管你是觉察到还是没有觉察到，不管你是愿意还是不愿意，每个人时时刻刻都在寻求变通，所不同的是，善于变通的人越变越好，而不善于变通的人却是越变越差。我们只要掌握了变通之道，就会应对各种变化，在变化中寻找到机会，在变化中取得成功。

绕路而行更易解决困难

人的一生转瞬即逝，如果你想追求成功而美好的人生．就不能光在一个困难上浪费时间．有时候借路而行会比开山凿路来得更容易……

“愚公移山”是中国古代一个著名的典故，传说愚公家门前有两座大山挡着路，他决心把山平掉，另一个老人智叟笑他太傻，认为不能。愚公说：我死了有儿子，儿子死了还有孙子，子子孙孙无穷无尽，两座山终究会凿平，后因感动天帝，天帝命大力神搬走两座山。

愚公的坚持不懈告诉人们，无论多么困难的事情，只要有恒心有毅力地做下去，就有可能成功。的确，做任何事都要有坚持不懈的精神，然而仔细想想，愚公的精神固然可嘉，但是其行动的成效却是不显著的，尤其在现代社会，这种光靠坚持就想成功的思想是不可取的。一个人的一生转瞬即逝，如果你想追求成功而美好的人生，就不能光在一个困难上浪费时间，有时候绕路而行会比开山凿路来得更容易、更方便。

一位汽车销售员通过朋友了解到一对夫妇有购买二手车的想法，就三番五次地来到夫妇家中，向他们推销自己代理的汽车，从外观讲到性能，从品牌讲到价格，费尽口舌，花样百出，却丝毫没有吸引到这对夫妇的注意。他们总是认为车子有些毛病，这个外观过于老套，那个性能不好，好不容易有几辆看得顺眼的，也就以价钱太高回绝了销售员。销售员为此很苦恼，他始终不知道失败的原因，按常理来说，他能做的已经都做了，可为什么那对夫妇就是不满意呢？一个朋友帮他指点迷津，告诉他："别强迫那种意志不坚定的购车者，要让他主动挑选出一辆适合自己的，你什么都不用做，只要让他觉得，那是他自己的意思，就够了。"销售员半信半疑，但想不出什么别的办法，就决定按照朋友说的试试。几天之后，有另一位顾客想把自己的旧车换一辆新的，推销员一下想到那对夫妇，也许他们会喜欢这辆旧式的汽车。于是，他给夫妇打了个电话，但并没有直接推销汽车，而是说有个问题想请教一下。那对夫妇接到电话后很痛快地就到了卖车的地方。销售员说："我知道你们对买车已经有很多心得和经验，我想让你帮忙看看这辆老爷车可以值多少钱，你告诉我后，我可以在以后的交易中，有个准确的资料。"那对夫妇听到这些话后满面笑容，终于有人向他们请教了，有人看得起他们。丈夫二话不说就钻进了车里，驾车兜了一圈，又围着车子左看右看之后，他说："这车子，

如果你能以1万元买进，那你就真是捡到宝了。”销售员接着问：“那如果我以你说的数目买进这台车，再转手卖给你，你要不要？”1万元，正是那对夫妇的意思，他自己的估价，哪有不要的道理？于是这笔生意当场就成交了，双方各取所需，皆大欢喜。就像这位销售员一样，无论他怎样主动介绍汽车的优点，顾客还是心存顾忌，而当他试着换一条路走，便轻而易举地卖出了汽车。

“条条大路通罗马”，你的目标可能只有一个，但是达到目标的路却有千万条，当你遇到了大山，始终翻不过去的时候，不妨绕路而行，就算绕了远路，也比翻过大山要轻松，更比移走大山容易多了。作为一个年轻人，你可能不会面临大山的阻挡，但是却很有可能走上一条满是石子的曲折小路，与其不断地在石子路上艰难前行，倒不如绕路而行。在现代社会中，在办公室的处世哲学中，这个方法同样适用。在日常与同事老板的交流中，既不能将自己的意见强加于人，也不能人云亦云，毫无主见地随波逐流。

一个聪明的年轻人应该学会什么时候该坚持己见，让别人看到你的独到之处，也要知道什么时候该掩起锋芒，与团队和谐一致。这样，才能在人际相处这张大网中自由穿梭，游刃有余。

姗姗与婷婷是一对好朋友，彼此都视对方为知己。有一次，本单位的青年小李对姗姗说：“姗姗，我总觉得婷婷为人有点太认真了，简直到了顽固的地步，你说是不是？”姗姗一听小李的话顿生反感，心想：你在背地里贬损我的好朋友缺德不缺德？但她又不好发作，于是假装一本正经地说：“小李，我先问你，我在背后和你议论我的好朋友，她要是知道了会不会和我反目为仇？”小李一听这话，脸刷地红了，一声不吭。对于别人的不满，你当然可以直接地发泄出来，但是这样做必然会使双方反目，既不利于团结，更不利于工作的开展。

姗姗在指责小李的时候，选择侧面敲打的方式，既能提醒小李“婷婷是我的好朋友，我是不会和你合伙议论她的”，又隐含了对小李背后议论、贬损婷婷的不满。同时，由于这种点拨较委婉含蓄，所以也不致让对方太难堪。

作为一个年轻人，是要美貌与智慧并重的，学会借路而行，你会发现生活的天空更加广阔，你会懂得原来任何苦难面前你都不必撞得头破血流，只要稍微绕一点路，一切都可以变得很容易。

第章

懂得刚柔并济，少为自己制造冤家

同样是 20 几岁的年轻人，即使有着同样的生长环境。在步入社会后，有些人能活得逍遥自在，有些人却是举步维艰；有的人一次又一次地戴上了成功的花环，而有的人却一次又一次跌进了失败的深渊。

老人总说，“出门靠朋友”。古人说的“得人心者得天下”也是说要取得一番成就，需要更多人的支持和帮助。年轻人有性格、有脾气、好冲动，与人建立关系，要学会刚柔并济、求同存异，做事时遇到不顺眼的人，也不要刻意与人为敌，给自己制造冤家。多一些朋友给予你帮助，在关键时刻，你才能异军突起，出人头地。

做人如弹簧，才能游刃有余

年轻人要有弹性。在能屈能伸中自如地描绘人生。

年轻人处世，要像弹簧一样，顺着外力的作用能呈现出各种不同的态势，但是，一定要坚持住自己最原始的秉性，这样才能在外力消失的情况下，立即恢复原状，维持自己的本来面貌。因此，弹性越大的人，越不容易受到外力影响，越能保持自我。

在现实生活中，我们承受着来自各方面的压力，重担在身难免有无法承受之时。这时，你要像雪松一样弯下身来，释下重负，才能够重新挺拔，避免被压断的遭遇。弯曲，并不是垂头丧气或承认失败，而是如弹簧般，演绎游刃有余的生存艺术。

战国时期著名的军事家孙膑，他有个师弟叫庞涓，两个人都拜在一代宗师鬼谷子门下学习。

庞涓为官心切，于是先拜别恩师下山去魏国当军师了。后来魏王听说孙膑的本事更大，就叫庞涓请了来。庞涓心里清楚孙膑本事比自己大许多，如果是他在魏国，自己的位置迟早要拱手让给他。于是他就假冒孙膑的兄长之名，给孙膑写了封家书，勾起孙膑思乡的念头，自己又拿孙膑的回信去魏王那里诬告。

魏王亲信了庞涓的话，把孙膑交给庞涓发落。于是庞涓残忍地削掉了孙膑的膝盖，并在孙膑的脸上刺了字，孙膑知道自己处境危险，便装疯卖傻起来。他好房子不住，偏住到猪圈里，不吃送来的好饭菜，却吃猪粪。结果庞涓信以为真，对他放松了警惕，孙膑终于忍辱负重，保全了性命，回到故乡，后来还杀了庞涓，报了断足刺字之仇。

孙膑怀抱美好理想，拥有一颗坚定的心，在与庞涓的明争暗斗中如弹簧一般，当他人强过自己的时候，甘愿“屈服”，而当自己积蓄的能量超过对手时便毫不犹豫地给予致命一击，最终他利用这种弹性而获取了胜利。

人生如一段旅途，尤其在你二十多岁旅途开始的时分。可能每个机遇的站台都挤满了人，当你刚踏上这列车时，首要的便是找到立足之地。短途的旅客多站在门口，安于现状的旅客挤在车厢中挥汗如雨，却不肯移动，生怕连落脚之处都失去了，只有极少数人能找到座位，因为他们如弹簧一般，能屈能伸。刘邦便是这样一个“找到座位”的乘客。

在刘邦进入咸阳城后，以“关中王”自居，准备就此住下，享受生活。在周围人的劝告下，刘邦将军队撤退到了灞上，召集当地的名士，约法三章：杀人者死，伤人及盗抵罪。其他秦朝的苛刻法制一律废除。这使他得到了民心支持。

项羽在打败章邯后，也领兵直奔关中，争夺天下。等他到了函谷关，见刘邦不但已平定关中，还派兵驻守函谷关，不由大怒，立即命令英布领兵攻下了函谷关，然后领兵四十万直奔咸阳，驻扎在戏下。

这时的刘邦在兵力上无法和项羽抗衡，他只有十万军队，不可能战胜项羽的四十万精兵。于是，刘邦使用张良的计策，赶紧去拜会项伯，表明自己没有野心和项羽争夺王位，并设盛宴招待项伯，还和他约定为亲家。

当天夜里项伯就返回军营对项羽声明刘邦是没有野心之人。项羽听了，便决定不再进攻刘邦。隔天，刘邦来到了项羽的军营，当面向迎接他的项羽赔礼道歉。鸿门宴之后，项羽便领兵西进，进入咸阳。火烧阿房宫后，项羽分封各路将军为王，刘邦被封为汉王。项羽自己为西楚霸王，掌握军队最高统帅权。

刘邦无可奈何，只好接受册封，刘邦在回自己封地的途中，把入蜀的栈道都烧了，表示自己无意向东扩张，也防备别人偷袭。在这里，刘邦得到了大将军韩信，于是，韩信建议“暗度陈仓”帮助刘邦打败了章王，也打败了西楚霸王项羽。

试想，如果刘邦不能像弹簧般做人，一味地争取自己的势力而拒绝项羽的册封，那当时更为强大的项羽便会以“欺君之罪”将其处以死刑，而中华民族何其绚烂的历史便要因此改变。很显然，刘邦的这种弹性让步是明智的，也正如此，才成就了他的一代霸业。

人生在世，不如意之事十有八九，尤其是在当今竞争激烈的社会中，年轻人从二十多岁开始就被各种有形无形的压力推挤着，碾压着。因此，更要学会如弹簧般做人，常保持明朗健康的心态，不为一己之利而伤及他人或破坏周遭正常的运作。

年轻人凡事要善于转一个弯看待，退一步思考，遇事能多方考量，以大局为重，忍一时之不快，这些都能练就你独特的魅力，铺就你成功的捷径。当你如此试过之后，便会发现，弹性确实是一剂妙方，可以游刃有余地处理所有问题。

离职不是和过去一刀两断

漂亮的离职，会令你的最后一击干净利落. 给人留下完美深刻的印象，对你的新工作也有很大的影响。

对于20几岁的年轻人来说，把握时机转换工作是一种寻求自我突破的必经过程。离职，是与旧工作的告别，也是新工作的起点。不要认为离职就意味着和过去的公司、工作、同事一刀两断。其实，离职和做人一样，讲究的是好聚好散，人生何处不相逢？大家将来都有可能还有合作共事的机会，没有必要“背水一战”，拍拍屁股走人是不负责任的做法。

离职的姿态够不够优雅，反映着一个人的职业素质和诚信度，对职业形象的塑造和人脉关系的巩固大有影响。漂亮的离职，会令你的最后一击

干净利落，给人留下完美深刻的印象，对你的新工作也有很大的影响。

1. 辞职需要合适的理由和时机

在你决定辞职之前，一定要有合适的理由和时机。公司业务繁忙时、人力不足时、个人能力未完全发挥前等等，这些时间不是最好的离职时机。离职前一定要提前找上司或老板谈，切忌不辞而别，这会让公司很被动。找上司或老板谈话时，要态度诚恳地说出自己辞职的原因，争取他的理解，要感谢他对自己的培养和关照。如果你平时的工作表现还不错，或者是公司的骨干力量，那么上司很可能会挽留你，而你必须用得体的语言去应对，想方设法表明你的立场，并坚持自己的初衷。

导致跳槽的原因很多，比如看不惯上司、人际关系不如意、对薪水不满意等，但不论出于什么原因，也不管你有多委屈，既然已经决定走人了，就没有必要为了泄一时之愤，在走的时候和原来的上司或同事闹僵，于你来说已是于事无补，并且对你以后有害而无益。与原单位的争执就像是埋下了一颗“地雷”，在以后随时会炸响，让你防不胜防。人生之路还长，很难断定我们在以后的工作中不与原单位及人员发生这样那样的关系，一旦这颗“地雷”引爆就或多或少会对你产生影响，甚至毁了你的前程。所以不管你出于何种原因跳槽，还是留有余地为好。

在辞职的时候，一定要按照要求准备好辞职信。一封合格的辞职信一般必须包括以下内容：离职原因、离职期限、工作的交接、向公司表示感谢的礼貌用语。也可以再加上一些个人的意见和建议，推荐合适的接班人等内容，但措辞和语气一定不能过激。否则如果领导有意刁难你，一封小小的辞职信就会给你惹来大麻烦。

一家贸易公司的财务人员张小姐接受了另一家企业的邀请，于是提前三十天向现在工作的企业提出辞职申请，企业对她的辞职却没有任何回应。三十天后，张小姐要求企业为她办理辞职手续，但是企业以她提出辞职申请没有获得通过为由给予拒绝。无奈之下她只好向劳动仲裁机关提出仲裁，但是仲裁的结果是她只能重新提交辞职信。结果因为时间的拖延，她丧失了那份不错的工作机会。

导致张小姐这次辞职不成功的原因其实就在于她提交给企业的不是辞职信而是辞职申请，辞职信是不需要企业批准的，但是辞职申请是需要企业批准才可以的。这样她给了企业一个不批准她辞职的理由。

合适的理由就是让企业比较能接受的理由，这样也会减少办理辞职手续时的压力，根据许多企业人力资源主管们的共识，以下理由是企业愿意接受的：考研、进修、出国接受教育，与家人团聚，照顾家人，身体不适，想要面对更大挑战等。一些对企业不利的辞职理由则应该避免，比如不适应企业管理、薪酬太低、人际关系太复杂。

合理的辞职方式就是按照企业规定的辞职方式提出辞职，无论是递交辞职信还是发送电子邮件，或者是口头提出，只要是企业可以接受的方式均可。

2. 交接工作要用心

在确定要离开时，就要准备交接工作了。每一个职位的工作都有一定的连续性，所以，工作交接得越清楚，就表示自己越负责任。在公司还没找到合适的接替者之前，应该一如既往地做好本职工作，站好最后一班岗。接替的人来了后，可将自己的工作内容、交接事项列出清单，和接任者充分沟通，确定对方完全了解自己的工作。然后，通知客户及其他合作伙伴，并带接任者一一拜访。一方面感谢对方这些日子以来对自己的照顾，一方面让接任者和客户熟悉，让公司不因你的离职而造成困扰。如果原公司一时之间无法顺利找到接任人手，不妨多给公司一点交接的时间，这点小人情不但可以顺利维持和旧公司的人际关系，对将来的工作也可能会有一些益处。

有制度的公司，大多会规定离职的必要手续。即使没有硬性规定，离开公司之前也要将自己周遭的环境整理好，将公司的物品归还，资料文件等整理归类，带走自己的私人物品，一些公司证件、职务章等要记得归还，财务借贷关系也要理清。

与上司和同事吃上一顿轻松的晚餐，也是不错的道别方式。将新联络方式留给公司或在离开后不时给原单位打个电话，关心公司和同事的发展，与老板聊聊行业的发展动态，同时探问工作交接后有什么问题，都足以表示个人负责的态度和坦荡的心胸，也许会给你带来意外的收获。

3. 忘掉以前的不快

如果你是因为和上司或同事发生了一些不愉快的事情才决定离职的，离职后也要忘记这些不快。日后如果与前任上司或原同事见面，首先就要亲切、热情。不提旧日往事，自然地打招呼，聊聊现在的工作进展，就可以拉近彼此的距离，增进感情，同时又表现出你的大度和职业风度。记住，永远不要在现任老板或新同事面前说前任老板的坏话。公正客观地评价老东家，不仅有利于树立你自己的职业形象，也可以维护老东家的声誉。无论你日后的个人发展如何，老东家都会记得你良好的职业素养，当然有利于你和他再打交道时建立良好的关系。

4. 新工作中如何描述离职原因

在你寻找新工作的过程中，常会被问及这一问题："你能否描述一下你离开以前公司的原因？"从回答中可以考察一个人的求职动机、价值取向、忠诚度、心态、品格、某方面的能力缺陷等情况。要回答好这道问题确实不易，有很多人都会在这道题上栽跟斗，其中不乏中高层人员。

那么这道问题到底有没有标准答案呢？确实没有。我们要根据自己和招聘单位的实际情况来寻找更适合自己的答案。像"大锅饭"阻碍了发挥、上班路途太长、专业不对口、结婚、生病、休假等人们都可以理解的因素，是尽可以如实道来的，只要你确保你所说的原因不会前后矛盾。不过，不管你最终选用什么答案，都不应伤害之前的公司、老板、上司、同事、客户，也不要伤害自己，但又要让考官相信并且能够接受，这才是成功的答案。

闺中密友交往也要把握分寸

对于年轻人来说，闺密几乎可以说是生活中与丈夫一样重要的角色，但与闺密交往中，要注意把握分寸。

身为年轻女性，谁没有几个闺中密友？她可以是你快乐生活的伙伴，可以是你时尚跟风的榜样，可以是你鸡毛蒜皮生活琐事的倾诉对象……对于年轻人来说，闺密几乎可以说是生活中与丈夫一样重要的角色，和闺密在一起仿佛可以为所欲为，畅所欲言，连一些对老公也未必如实相告的悄悄话也愿意和她说。但与闺中密友相处，不能把对方理想化，以为对方是为你量身定做的，每个人都有自己独立的人格，要学会尊重别人，否则你迟早会失去朋友，到时你觉得可惜也来不及了。

1. 诉苦有度

年轻人在与朋友相处时很喜欢诉苦，比如今天穿了一双新鞋把脚磨破了，上司的秘书让你背黑锅，网购买到的东西很不合心意等，任何事情都能成为年轻人诉苦埋怨的对象。尽管她是你的闺中密友，尽管她摆出一副倾听的模样，也还是要提醒你，诉苦的话一定要控制再控制。没有人喜欢和祥林嫂打交道，每个人的包容力都是有限的，如果你只把对方当成倾倒感情垃圾的垃圾桶，迟早你会失去这个朋友。

2. 不当“狗头军师”

当好友向你诉苦时，大多数情况下都只是说说而已，你只要满足她倾诉的欲望就可以了。不要对对方的问题指手画脚，乱出主意。或许你只是出于好意，想要帮助你的朋友，但是很多时候你并不了解事情的前因后果，很可能会帮倒忙，甚至越帮越忙，不要把本来可以“大事化小，小事化了”

的事情升级。相对的，如果你的闺密给你出谋划策，你也要认真地想一想再做决定，不要别人说什么就做什么。

3. 主动付出

朋友之间的交往不能是单方面的付出，而应有来有往。不要总是被动地等着别人来找你，有时主动掏掏腰包也是很有必要的。如果朋友有困难更应该及时地伸出援手，绝不能冷漠旁观或者只是动动嘴没有实际行动。你的热情和诚挚总有一天会得到回报。另外，在帮助朋友的时候，不要总是念叨你对他曾经的帮助，这会让人有一种很强烈的施舍感，会感到心理很压抑，也就不愿意和你做朋友了。对于一些自己用过的、现在用不上的小东西，不要看似大方地送给闺密，除非对方主动提出，因为敏感的人也许会觉得你是在嘲笑他。

但我们强调在与闺中密友的交往中要主动，不是要你什么都但是对于朋友的过分要求和超出自己能力范围内的要求，则应该委婉拒绝，不要因为不好意思开口就答应下来。

4. 保持平等

即使是再好的朋友，也要注意在彼此的关系中保持平等和适当的距离。绝对不对朋友作过分要求，不要将对方的所作所为视作理所当然。知恩图报虽然说出来感觉有点生分，但领受了人家的好意却没有任何表示的人，是很难维系好一段友情的。如果你在朋友面前摆出一副高高在上的姿态，必然会让朋友和你变得疏远，久而久之这段感情也就越来越淡。

5. 不互相攀比

安妮买了一双最新款的鞋子，秀秀买了一个名牌限量版的包包，小佳开上了宝马，总之别人有的你都没有。和这样的闺密在一起，你感到了压力。开始你可能只是一笑了之，但渐渐地就产生了自卑感，觉得自己太亏了，和别人比起来相形见绌，就开始怨天尤人，其实这正是一种攀比心理，需要你端正自己的心态，要知道没有任何人是相同的，不能把别人的生活套在自己身上。当你处于被人羡慕的地位时，要低调，不要故意露富，炫耀只能说明你是一个没有修养的人。

6. 不要和闺密爱上同一个男人

如果两个女性的关系特别好，她们的爱好、性格、对待人事的看法很容易变得很相似，所以也极有可能会爱上同一个男人。条件好的男人是好友间最严厉的考验，如果帅哥对好友间的其中一人表示好感，很难不对另外一个人造成伤害。万一两个人喜欢上同一个男人，那简直就宣布了情谊的决裂。因此，最好独立处理情感生活，在爱情基础尚未稳固前，即使最亲密的朋友，也不要拖着一起去约会那个还未明确关系的男人。不要试探爱，也不要贪图胜利的感觉。

7. 不要介入对方的婚姻

闺密的关系再好，也不能介入对方的婚姻。当你的闺中密友的婚姻出现矛盾甚至亮起红灯时，你所能做的就是在闺密向你倾诉的时候耐心倾听，而不能自告奋勇，介人其中。很多女性都喜欢打探别人的隐私，也许是出于好意，但分寸很难把握。清官难断家务事，婚姻中的是是非非，实在是不足为外人道，除非是原则性的问题，否则，第三个人的“帮忙”只会是越帮越忙。

年轻人喜欢和亲近的闺中密友倾诉，比如最近的一次家庭口角，抱怨一下婆婆，对占用丈夫所有闲暇时间的业余爱好表示不满。但是年轻人不要和闺中密友毫不顾忌地什么都说，绝不要告诉密友丈夫的隐私问题，或当父亲逝世时他如何在你臂弯里哭得泣不成声，这是属于你和他之间的秘密。

8. 不要公私不分

“公事公办”也是友情的杀手之一。这对于同在一个办公室的好朋友来说更是一个棘手的问题。也许一方想着，我们这么要好，何必对我要求这么严格？即使出了事，也该罩着我才是。但另一方却想：明知我们这么要好，就不该为难我，把事情做好让我好对上面交代，不该老出一些情况害死我！如此无法达成共识，尤其是当中一方因此承受公司的惩罚时，这段友情就会遭到破坏。建议办公室好友们先找个时间将界线划清，公私分明，而非一味在心里嘀咕着：你怎么会这样做？

年轻时不要轻易树敌

年轻人应该明白一个道理：别人永远都是你的镜子，如果你对别人微笑，别人也会对你报以笑脸；而如果你对别人投以敌视的目光，你会看到别人也向你投来敌视的目光。

很多人在生活中，有意无意习惯树敌，主管、同事、朋友、竞争者等，他们在潜移默化中会把让自己不自在的人想成自己的假想敌。主管绵里藏针、竞争者虎视眈眈、朋友之间的笑里藏刀……这样的假象不但不能减轻压力，反而使人们踏人自设的陷阱中影响情绪状态和理性的判断能力。

20几岁的年轻人要明白，想要拥有丰富的人脉资源，想要在社会上如鱼得水，就必须能够正确地评价自己和他人，并且要充满爱心地接纳自我、包容他人。所谓“君子之交决不出恶声”，即在这个世界上，与人亲密地交往时，必须诚意待人，纵使交恶断绝来往，也不可出恶言，说对方的不是。一个真正有修养的人，无论持何种理由，即使中断来往，也不会口出恶声，诽谤对方。因为他们明白在人际交往中，轻易为自己树敌绝对是百害而无一利的。

富兰克林年轻时，也是一个骄傲自大的人。言行咄咄逼人，不可一世。做事毫不留情面，为自己树敌无数。他父亲的一位朋友见到他这样，实在是看不下去了，瞅了个机会劝他说：“孩子，你想想看，你那不肯尊重他人意见，事事都自以为是的行为，结果将使你怎样呢？人家受了你几次这种难堪后，谁也不愿意再听你那一味矜夸骄傲的言论了。你的朋友们将一一远避于你，免得受一肚子冤枉气，这样你将从此不能再从别人那里获得半点学识。何况你现在所知道的事情，老实说，还有限得很，根本不管用”。

富兰克林听了这一番话，大受感动，意识到自己的错误，决意从此痛改前非，待人处世处处改用严谨的态度，言行也变得谦恭委婉，时时慎防有损别人的尊严。不久，他便从一个被人鄙视、拒绝交往的自负者，一变而成为到处受人欢迎爱戴的成功人物了。最终他成长为美国一位伟大的领袖。

年轻人必须要了解到妄自尊大，出口伤人，将使与你接触的人感觉头痛，从此你所能交得的新朋友，将远没有你所失去的老朋友那样多，最终会落得众叛亲离。为了避免树敌，建立良好的人际关系，年轻人在为人处事时必须遵守以下规则。

1. 不要指责别人

指责是对人自尊心的一种伤害，它只能使对方站起来维护他的荣誉，为自己辩解。即使当时被指责的人由于各种原因不能为自己辩解，他也很可能会记下这一箭之仇，日后寻机报复。

俗话说：“人非圣贤，孰能无过？”每个人都会犯错，而当错误已经不可避免地发生时，很多时候犯错者比谁都难过自责。这时候如果你试图通过一味地指责来纠正错误，对犯错者来说，无疑是在伤口上撒盐，不但会打消他工作的积极性，而且他还会产生逆反心理。一个懂得处理人际关系的人懂得如何运用“迂回战术”来达到批评的目的而不伤人自尊；一个懂得维护人脉关系的人懂得如何用婉转的语气劝诫他人，使得犯错者不但乐于接受，而且还会将工作做得更好。

2. 与人争吵时不要口不择言

年轻人一定要记住：争吵中没有胜利者。20 几岁的年轻人在失去理智的争吵过程中往往为了口舌之快，就口不择言地辱骂他人，诽谤他人。这样，你就算口头胜了，也会为自己又树立了一个对你心怀怨恨的敌人，而且给身边的人留下很糟的印象，可谓是得不偿失。争吵总有一定的原因和目的。如果你想使问题得到解决，就要从原因、目的人手，理智地去解决问题，决不要采取争吵的方式。

年轻人在生活中一定要记住，即使避免不了要发生争吵，也不要被愤

怒冲昏了头脑，选择口不择言地胡乱“开炮”。需知，一旦遇事翻脸，就立即口出恶语，互相谩骂不休的人是幼稚无知的。口不择言，除了对自己名声不利外，是捞不到任何好处的。所以，我们一定要“慎言”，这样不仅可以避免树敌，而且也可以在公众面前树立自己温文尔雅的形象。

3. 不要目中无人

生活中有些略有成就的人总是爱自吹自擂，用过分强调、夸大的语气与人交流。殊不知，这不仅会给别人留下目中无人的不良印象，而且容易造成他人与你深沟高垒地对峙的结果。年轻人要记住，未来要去成就的丰功伟业还很多，现在即使有了一点点小成就，比起未来的成就也只是微乎其微。即使有人已对你大加赞美，也不能说明你的成就已达顶峰。

年轻人在发表意见时，要抱着让人改善的目的，而不是用意见来压倒人。你要习惯在交谈中汲取别人的建议，而不是强迫让人接受你的观点。

一百多年前，法国作家曾说过：“世界上比陆地更广阔的是海洋，比海洋更广阔的是天空，比天空更广阔的是人的心灵。”年轻人如果能学会用一颗宽容的心，带着欣赏的眼光去发现他人的优点，那么在社会中你会感觉更好，更轻松。

年轻人应该明白一个道理：别人永远都是你的镜子，如果你对别人微笑，别人也会对你报以笑脸；而如果你对别人投以敌视的目光，你会看到别人也向你投来敌视的目光。

能容人者得人心

如果说诚心、自尊是20几岁的年轻人应有的美德，那么加上宽容，会让一个年轻人更加出色，更加有魅力，更加十全十美。

与人交往，退一步海阔天空。没有什么事情非要弄到两败俱伤不可，退一步不是让你放弃原则，该坚持的原则就要坚持，但是在人和人之间的相处上，不必事事争高低，分主次。主动退一步，表现你对对方的宽容，才是解决矛盾最好的办法。懂得宽容的年轻人，不会为一点小事就发脾气、为一点矛盾就闹情绪。

也许别人伤害了你的感情，也许别人误会了你，也许别人对你以怨报德，也许别人利用了你，也许……对于这些，你可能会耿耿于怀，气犹不平，觉得他人不该这么对你，于是伤心的同时在内心埋下了怨恨的种子，等待着合适的时机去还击报复。只是冤冤相报何时了，报复很多时候是一种毁灭，对自己对他人的毁灭，它是心的炼狱，慢慢地磨去了原本真善美的人性，这是令人遗憾后怕的事情。

人际交往需要我们学会宽容，尤其在面对亲情、友情、爱情的时候。在亲人和亲人之间，偶尔也会有争吵发生，宽容会让人倍感温馨祥和，心中的依恋依赖也越来越浓；在朋友和朋友之间，即使有些磕磕碰碰，因为心怀宽容，常能弥合双方的矛盾，于是宽容成了彼此友谊的桥梁；在两个相爱的人之间，宽容是爱的心声，当爱人间出现一些口角的时候，宽容转换了两人之间的不和谐画面，让爱变得甜蜜、永久。

相传古代有位老禅师，一日晚在禅院里散步，看见墙角边有一张椅子，他一看便知有出家人违犯寺规越墙出去了。老禅师也不声张，走到墙边，移开椅子，就地而蹲。少顷，果真有一小和尚翻墙，黑暗中踩着老禅师的背脊跳进了院子。当他双脚着地时，才发觉刚才踏的不是椅子，而是自己的师傅。小和尚顿时惊慌失措，张口结舌。但出乎小和尚意料的是师傅并没有厉声责备他，只是以平静的语调说："夜深天凉，快去多穿一件衣服。"

老禅师宽容了他的弟子。他知道，宽容是一种无声的教育。

学会宽容是一个年轻人成熟的标志。宽容的人常常表现出勇于承担责任的作风，如果肯检验一下自己，就可以从失败和差错中找到自己应负的责任。当一个人心平气和的时候，才能保持清醒的头脑，找出失败的原因，采取克服差错的有效措施，以便更加努力地工作。

1. 对自己宽容

宽容，首先是对自己的宽容。只有对自己宽容的人，才有可能对别人也宽容。人的烦恼主要来源于自己，即所谓画地为牢、作茧自缚。每个人都各有所长，各有所短。争强好胜容易失去做人的乐趣。只有承认自己某些方面不行，才能扬长避短，才能不因嫉妒之火吞灭心中的灵光。

宽容地对待自己，就是心平气和地工作、生活。这种心境是充实自己的良好状态。充实自己很重要，只有有准备的人，才能在机遇到来之时不留下失之交臂的遗憾。知雄守雌，淡泊人生是耐住寂寞的良方。轰轰烈烈固然是进取的写照，但成大器者，绝非只是热衷于功名利禄之辈。

2. 对别人不苛求

大海因为能够容纳百川，所以可以成为浩瀚的海洋。莎士比亚忠告人们说："不要因为你的敌人而燃起一把怒火，灼热地燃伤你自己。"富兰克林说："对于所受的伤害，宽容比复仇高大得多。"如果自己能够宽容别人，不但自己能够及时释放心里的垃圾，而且别人也能够因此而宽容别人，同时与自己友好相处。"能容人处且容人"。每个人都有自己的思维、工作、学习、生活习惯，既有其长处，也有其短处。在社会生活中，人们总要同各种各样的人打交道。所以，为了生存和发展，为了事业的成功，我们必须习惯于人际交往，善于同各种各样的人，特别是同能力、天赋等各方面不及自己或脾气秉性与自己不同的人友好相处、协调共事。就是对于有各种各样的缺点和毛病的人，我们也应注意发现其所长，尊重其所长。

如果你只注意到别人的缺点，就容易使自己陷入孤立无援的境地。相反，换个角度，多注意别人的好处，用理解、同情和爱心去影响别人，使他既能认识自己的缺点，又能心悦诚服地改正，你就会处处碰到信赖和爱戴自己的朋友，你的人际关系也会因此得到很好的发展。给人面子，既无损自己的体面，又能使人产生感激和敬重之情。

3. 不愤世嫉俗、不感情用事

生活中，确实存在很多矛盾和困难：物价上涨，住房拥挤，人际关系紧张，真让人有点喘不过气来。诅咒、谩骂、生闷气都无济于事，倒给疲惫的身躯又增加了几分新的负担。只要冷静观察，就会发现人们的生活本来就是苦、辣、酸、甜、咸五味俱全。在生活中，“看不惯”的很多，理解不了的也很多，失望的也很多。但人的能力毕竟是有限的，愤世嫉俗不会改变事态的发展，不会使关系缓和。所以，首先应当适应事件的发展，在适应中发现“破绽”，掌握改造的契机和应知应会的本质，而不是游离其外去指手画脚。这就是一种宽容的表现，人要顺利走完生命的旅程，就离不开宽容。

宋文聪明漂亮，是一名机关公务员，她的工作顺利，家庭幸福和谐。她的丈夫风度翩翩，是一家企业的总经理，她深爱着她的丈夫，丈夫同样也深爱着宋文。他们的家庭，几乎就是人人羡慕的模范家庭。但是不料有一天，她却发现丈夫有私情。

那天她去出差，到了车站之后，忽然想起一份重要的文件忘在家里，于是，她立刻打车回家。到了家门口，她刚要下车，看见她的丈夫打开门，一个年轻人进了家门，丈夫又四周观察了一下，确定没人注意，才小心翼翼关上大门。那个年轻人宋文认识，是她丈夫的助理。

一般来说，年轻人知道丈夫有外遇，尤其是当场碰到的时候，都会毫不犹豫地冲进家门，当面戳穿他们的隐情。但是宋文想到，这样一来，势必引起轩然大波，不但会激怒那个年轻人，也会让自己的丈夫难堪，说不定还会把他推向那个年轻人。宋文深信，丈夫只不过是一时糊涂，他还是深爱自己和这个家的。可是这时也不能装聋作哑，自己承受痛苦不说，还会使他越陷越深。

宋文想了想，掏出手机拨通了家里的电话:“老公,你在家真是太好了!我把文件忘在客厅的桌子上了，你能让小李给我送过来吗？”小李就是丈夫的助理，平时也会做一些类似这样跑腿的事情。没等老公回答，宋文又拨通了小李的手机：“不好意思，要麻烦你一下了，请你到我家里帮我拿一份文件，我马上回门口等你，你帮我送出来，谢谢！”

不一会儿，小李出现了，满脸的羞愧和尴尬。宋文接过文件，优雅地说“谢谢”就让司机开车去往车站。一路上，她忍不住流下了眼泪，她想，如果这样不能挽回丈夫的心，那也许就是他们真的走到了尽头。

事实证明，宋文的做法是十分高明的。多年过去，宋文的丈夫再也没有过任何出轨的行动，他们依然幸福地生活在一起。而小李在断绝了和宋文丈夫的往来之后，不止一次地对别人说道：“宋文是我见过的最聪明、最大度的人，这样的好人真的很让人感动！”

宽容是拉进人与人关系的良药，宽容是化解矛盾的最有效的武器。20几岁的年轻人在与人交往时要多运用宽容的力量，在包容别人时，让自己的路更加顺畅。

能屈能伸刚柔并济

人太系弱，遇事就会优系寡断，坐失良市凡，这样的人很难成就大事，一味软弱。终究是扶不起的阿斗。

古来成大事者必是能屈能伸的智者。顺境和逆境对于年轻人是常有的事。在逆境中，困难和压力逼迫身心，这时应懂得一个“屈”字，委曲求全，保存实力，以等待转机的降临。在顺境中，幸运和环境皆有利于我，这时当懂得一个“伸”字，乘风万里，扶摇直上，以顺势应时更上一层楼。

而从做人上讲，应该有刚有柔。人太刚强，遇事就会不顾后果，迎难而上，这样的人容易遭受挫折，人生苦短，能忍受几多挫折？人太柔弱，遇事就会优柔寡断，坐失良机，这样的人很难成就大事，一味软弱，终究是扶不起的阿斗。做人就要刚柔并济，能刚能柔，能屈能伸，当刚则刚，当柔则柔，屈伸有度。

刚强是年轻人身上最可贵的品质，但刚强也有限度，有了困难和挫折宁折不弯是对的，但却不可不问原因一味地刚强到底，要知道刚强者不能持久。柔弱却可以长久，柔者有包容力，海纳百川，就是靠兼柔并蓄的力量吞吐含纳。但是如果一味柔弱，就会遭到欺凌。俗话常讲，一个人要是没刚没火，便不知其可。就是说一个人要是只会软弱，不懂刚强，那么什么事情也做不成。无志空活百岁，柔弱纵能长久，也是白白消耗岁月。

楚汉相争时，刘邦和项羽争夺天下，势均力敌。然而刘邦借助大将韩信一统天下，韩信也因此封王封侯。

然而这个封王封侯的韩信却曾忍受胯下之辱。

韩信年轻的时候，曾经接受过乞婆的喂养，受到了当地人的嘲笑。有一天，他在街上闲逛，从对面走过来几个当地最不好惹的地痞小流氓。他们截住韩信嘲笑他“漂母食”，并且无理地要求韩信从他们的胯下爬过去，要不然就会打死他。

韩信思考了一会儿，便伏下身去从他们的胯下爬过去，然后拍拍衣上的尘灰扬长而去。那些地痞流氓哈哈大笑，说韩信是个胆小怕事的人，不会成就什么大事业。

后来韩信发奋，学得一身兵法，军事才能无人能及，被萧何引见到刘邦帐下，很快就做了大将军，成就了自己的一番事业。

如果当初韩信一气之下，宁折不弯地和那些流氓拼了，恐怕历史将要改写，历史上将不会出现一个叱咤风云的大将军，只会多一个名不见经传的枉死鬼。当然历史就是历史，没有什么假设，但是历史中的智慧值得我们思索。大丈夫能屈能伸，能刚能柔，就是源于韩信的典故。在常人看来，胯下之辱绝对让人不堪忍受，然而韩信爬过去了，而且爬过去以后拍拍身上的尘土扬长而去，这是何等的胸襟和气魄。

要想成就一番大事业就得忍受常人所不能忍受的耻辱。历史将赋予你重大的任务，你就要做好吃苦受辱的准备，那不仅是命运对你的考验，也是自己对自己的验证。面对耻辱，要冷静地思考，要三思而后行，不要一

时意气用事。因为人在遭遇困厄和耻辱的时候，如果自己的力量不足以与对方抗衡，那么最重要的是保存实力，而不是拿自己的命运作赌注，做无谓的争取。一时意气是莽夫的行为，绝不是成就大事业的人的作为。

能屈能伸，“屈”是暂时的，暂时的忍辱负重是为了长久的事业和理想。不能忍一时之屈，就不能使壮志得以实现，使抱负得以施展。“屈”是“伸”的准备和积蓄的阶段，就像运动员跳远一样，屈腿是为了积蓄力量，把全身的力量凝聚到发力点上，然后将身跃起，在空中舒展身体以达到最远的目标。

贵州有个知名的酒厂，最近一段时间新聘来两个调酒师张丰和李伟，张丰的舅舅是厂里的财务部主管，而李伟却是靠真本事进厂的。

厂长决定在年底举行调酒技术比赛，张丰和李伟两个人当中谁的调酒技术高，谁就是酒厂技术部的主管。

张丰接到通知后，并不是潜心钻研调酒技术，而是上下疏通找门路。他还让舅舅帮他想办法。他舅舅以为自己是财务部主管，谁也不敢得罪他，就派厂里的小王在李伟的调酒器皿上抹上苦瓜汁。

到了比赛的那天，李伟所调制的酒因苦味太浓，被淘汰了。而张丰的酒却人口绵甜，清冽香浓。原来张丰早就花钱请人调好了酒，到比赛时才拿出来。因而张丰当上了技术部主管。

赛后，李伟知道是张丰和他舅舅捣的鬼以后，心中十分气愤，但他忍气吞声隐忍不发，终日里闷头研究调制技术。

后来，张丰被派到省里参加调酒大赛。他技术上根本不过关，并不能为酒厂争得荣誉，厂长没有办法，只能把李伟派去。由于李伟整天钻研，所以他调制出来的酒得到了在场专家的高度好评，获得了最高奖项。

回来后，厂长把张丰撤职了，并弄明白了当初厂里比赛的真相，撤换了张丰舅舅财务部主管的职务，让李伟负责全厂的制酒技术。过了两年，李伟被调任副总经理，掌握了酒厂的一半股份。

李伟之所以取得后来的成就，和他当初隐忍不发有很大的关系。当他知道张丰和他的舅舅捣鬼以后，没有火冒三丈非要找他们理论不可，而是忍辱负重，期待着有朝一日真相大白，重新夺回本该属于自己的东西。如果李伟把矛盾公开化，跟张丰挑明了的话，恐怕李伟在张丰和张丰的舅舅已经营造好的关系网中也得不到好处。

做人一定要前思后想，就像走在薄薄的冰层上，稍不留意就会落人冰窟，生命堪虞。能屈能伸是一个人的胸襟问题，若是达到了屈伸自如的境地，那世界上再也没有困难和挫折、厄运和耻辱，全都在屈伸的转换中化作奋起的力量，去赢得前方更大的成功。

第⑩章

做事雷厉风行，把握机会步步高升

你也许已经具备了头脑、思想、能力、良好的态度等成功必要的因素，但还可能处于庸庸碌碌的状态中，那是因为你没有立即行动。有人说：“一百个设想不如一个行动，说一百句空话不如干一件实事，听说一百次不如亲眼看一次，下一百次决心也不如想干就干。”年轻人要敢于把自己的想法落在实处。

俗话说：“富人做事雷厉风行。穷人做事优柔寡断。”为了平凡或伟大的事业，为了改善自己的生活，要经得起挫折、重担、责任的考验，要有一种雷厉风行的豪情。每天领先别人一步，比别人多做一点，这样才能获得更多的机遇，让自己收获美满的人生。

抓紧时间，更要提高效率

每天不浪费剩余的那一点时间，即使只有五六分钟，如果利用起来，也一样可以产生很大的价值。

很多年轻人总是感慨，人与人做事的效果不同，取得的成就不同，从某种程度上来说，不在于智商、情商、机遇、心态等，而在于对时间的利用。与智商、情商等相比，时间是客观存在的，不是主观上可以培养和营造的。换句话说，时间是死的，人是活的，只能由人去找时间，不能让时间来等人，时间不能“增产”，却可以“节约”；它不因人们的主观意志而拉长，却可以因浪费而缩短。零零碎碎的时间积累起来就会大有用处。积涓涓细流可成江河，积点滴时间可成鸿图大业。

多数人早已明白，成功最简单、通用的模式就是由量的积累到质的转变。鲁迅的整个人生都是在拼时间。他说：“时间，就像海绵里的水，只要你挤，总是有的。”如果想成就一番事业，一定要学会用零碎的时间学习整块的东西，做到点滴积累，系统提高。

诺贝尔奖获得者雷曼说：“每天不浪费剩余的那一点时间。即使只有五六分钟，如果利用起来，也一样可以产生很大的价值。”把时间积零为整，精心使用，这正是古今中外很多科学家取得辉煌成就的妙招之一，值得我们借鉴。

美国近代诗人、小说家爱尔斯金，他对时间有着自己的认识，在谈及利用时间这个老生常谈的话题时，曾深有体会地说：“当我在哥伦比亚大学教书的时候，我想同时从事创作。可是上课、看卷子、开会等事情把我白天、晚上的时间全占满了。差不多有两个年头我一字不曾动笔，我的借

口是没有时间……后来，只要有五分钟左右的空闲时间，我就坐下来写作一百字或短短的几行。出乎我意料的是，在那个星期的终了，我竟然有相当厚的稿子准备我修改。

后来我用同样积少成多的方法，创作长篇小说。我的教授工作是一天比一天繁重，但是每天仍有许多可利用的短短空闲。我同时还练习钢琴，发现每天的间歇时间，足够我从事创作与弹琴两项工作。”

点滴的时间虽然短暂、有限，但它积累起来所产生的功效和所创造的价值却是无限的，如果我们能把眼光放得长远一些，利用短短的闲暇时间，毫不拖延地行动起来，就能积少成多地供给你所需要的长时间，这无疑就会为自己的成功又增加了一份筹码。

世界上那些最成功的人事实上就是那些最善于利用零星时间的人。他们有各种各样的方法来使其多余的时间具有意义和富有成效。

“进化论”的奠基人达尔文是一位惜时如金的科学家，1846年10月，他在写给菲茨·罗伊的信中说：“我的生活过得像钟表的机器那样有规则，当我生命告终时，我就会停在一处不动了。”

达尔文从剑桥大学毕业后，参加了环球考察。他在“贝格尔”号轮船上，珍惜每一天时间，进行了大量的考察，搜集了足够研究50年的标本。在别人闲聊时，他坚持写航海日记，还与国内的科学界朋友保持书信联系，其中不少信件很快就被作为学术论文发表。

当他踏上阔别5年的国土时，惊讶地发现自己已被称为海洋生物学专家。有人问他何以能做出那么巨大的成绩的时候，他回答说：“我从来不认为半小时是微不足道的、很短的一段时间。”

时间的魔力就在于此，你对它加以重视，注重积累，它就会给你丰厚的回报。时间对于每个人来说，都是无法挽留的，它就像东逝之水，一去不复返。时间给懒惰者留下空虚和懊悔，给勤奋者留下智慧和力量。一个人时间观念的改变，会使他的生活更丰富、更充实，在管理时间、利用时间的过程中，做事效率必定也会有一个很大的提升。

诺斯古德·帕金森是英国著名的历史学家，他在分析了为何“大型组织大而无当，毫无生气”时，指出：“事情增加是为了添满完成工作所剩的多余时间。”这个定律告诉我们，工作效率低，是因为我们给了这个工作太多的时间。

帕金森描述了一位老太太花了一整天时间，寄一张明信片给她侄女的过程：花一个小时找那张明信片；花一个小时找眼睛；花半个小时查地址；花一个半小时写明信片；用 20 分钟考虑寄信时要不要带伞。就这样，一个人只需花 3 分钟就能干完的事情，却让另一个人花了一整天时间才干完，并且犹豫不决，疲惫不堪。

帕金森得出结论：做一份工作所需要的资源，与工作本身并没有太大的关系，一件事情膨胀出来的重要性和复杂性，与完成这件事花的时间成正比。换句话说，给自己很多时间做一件事，不一定能提高工作效率。时间越多反而越容易使人懒散，缺乏动力，效率低。一个学生平均成绩一直较低，家长只好让他修学分最低的功课。儿童心理学家却建议这个学生多修一些课。结果出乎大家意料，这个学生多修课后，所有功课成绩不降反升。事实上，这个学生要做的就是打起精神，提高学习效率。

透过大街上匆匆赶车的行人，我们看到生活在都市里的人的时间观念已经逐渐增强，不迟到、不早退，合理利用业余时间，做到这几点的人不在少数。然而，在这个追求高效率的社会里，效率是与时间相匹配的同等重要的成功因素。一个人不管再怎么抓紧时间，如果做事拖拖拉拉，抓不住效率的绳索，也会被高效率的社会和竞争甩出很远。

20 几岁的年轻人做事时，既要合理分配时间，也要高效利用时间，效率与时间好比成功的两翼，将它紧紧捆绑在身上，你的人生会很快实现一个又一个飞跃。

犹豫只会误事，果断做出决策

在两难的抉择中，敢于决断是年轻人强势做事的关键。

每周轻人在做事的过程中，特别是在进行判断、决策时，总会出现犹豫的状态。谨慎小心、考虑周全，是一个人值得被夸赞的优点，而犹豫不决，以致拖延，则会影响做事的进度。在人生的棋盘上，起手无悔是强势做事的第一步，我们发现，许许多多的失败者，事前的犹犹豫豫就已注定了事后的追悔莫及。

中国有一句老话，叫做“当断不断，反受其乱。”说的就是在处理一些事情时，我们不能过分地犹豫不决，而应该立即采取行动。但是在现实生活中，有些人对一些事情总是犹豫不决，结果错失良机，使本该取得成功的事情没有成功，使本该避免的损失没能避免。

著名传道家比利·山戴曾说：“犹豫不决是魔鬼最喜爱的工作。”犹豫着不能改变事情的现状，在反复思量、犹豫不定时，丢失的机会也许比真正错过的还多。

“机不可失，时不再来”的话常被人们挂在嘴边，用以告诫那些犹豫不决的人尽早行动，抓住机遇。在许多情况下，机遇是不允许有更多的时间让你左顾右盼的，而且你必须依靠自己尽快拿定主意。就如一位成功者说的那样：“听取多数人的意见，和其中的少数人商量，自己一个人做决断。”这是克服犹豫心理的有效秘诀。

对于每个20几岁的年轻人来说，犹豫不决、优柔寡断是成功路上的一个非常阴险的对手，因此在它还没有伤害你、破坏你、限制你一生的机会之前，你就要把这一仇敌置于死地。一个人如果没有果断决策的能力，那么他的一生，就像浩瀚大海中的一叶孤舟，只能永远漂流在狂风暴雨的汪洋大海里，永远达不到成功的彼岸。

一位富翁家的狗在散步时跑丢了，于是富翁就在当地报纸上发了一则启事：有狗丢失，归还者，付酬金1万元。并有小狗的一张彩照充满大半个栏目。

一位沿街流浪的乞丐在报摊看到了这则启事，他立即跑回他住的窑洞，因为前天他在公园的躺椅上打盹时捡到一只狗，现在这只狗就在他住的那个窑洞里拴着。果然是富翁家的狗，乞丐第二天一大早就抱着狗出了门，准备去领1万元酬金。当他经过一个小报摊的时候，无意中又看到了那则启事，不过赏金已变成2万元。乞丐又折回他的窑洞，把狗重新拴在那儿，第4天，悬赏额果然又涨了。

在接下来的几天时间里，乞丐天天浏览当地报纸的广告栏，当酬金涨到使全城的市民都感到惊讶时，乞丐返回他的窑洞。可是那只狗已经死了，因为这只狗在富翁家吃的都是鲜牛奶和烧牛肉，对这位乞丐从垃圾筒里拣来的东西根本受不了。

机遇摆在面前的时候，乞丐已经拉住了它的手，而在一再犹豫中，所有的一切都化为了泡影。

一个人在做事之前，保持冷静的头脑，对自己所要做的事情有一个正确的判断是强势做事的前提。盲目行事，是导致许多人失败的一个重要原因。而那些最终能够突破人生的难关，赢得成功的人，大都有着一个共性：能够不受犹豫心理的困扰，在正确的决策之下，勇敢果断地行事。

拿破仑是法国资产阶级革命家、军事家，在他率领大军征讨叙利亚的时候，当地忽然出现了大规模的鼠疫，部队中很多官兵都染上这种病，纷纷病倒，部队的战斗力大减。怎么办呢？拿破仑为此忧虑不已，寝食不安。

为了避免丧失部队的战斗力，极大限度地减少疾病在部队中造成的传染，他果断地下达了命令：全体部队官兵必须抓紧时间赶路，立即离开疫病区，所有的车和马全部用于载运伤病员，除了严重鼠疫患者以外，其他的伤病员也全部带走。

命令下达之后，所有骑马和乘车的将官都把车和马全部腾了出来，让给患病人员乘坐，其中也包括拿破仑自己。后来的事实证明，拿破仑的这个举措是正确的，就是因为他们很快撤离，才有效地减少了疾病在部队中的传播，对保存部队的战斗力产生了积极的作用。

一个人做事时对分寸和尺度的把握影响着他下一步行动的结果，所谓“该出手时就出手”。在两难的抉择中，敢于决断是一个人强势做事的关键。

在这个世界上，犹豫不决的人可以说是可怜的人，也是最容易失败的人。要想成为一个强者，拥有强势做事的姿态，克服犹豫心理的羁绊是第一步。正如威廉·惠德说：“如果一个人面对着两件事情犹豫不决，不知该先去做哪一件事好，那么他最终将一事无成。他非但不会有什么进步，反而会后退。唯有那些具有如恺撒一般的特性——先聪明地斟酌，再果断地决定，然后坚定不移地去行动的人，才能在任何事业上，都做出卓越的成绩来。”

决定一件事，就立刻行动起来

苦思冥想，谋划如何有所成就，并不能代替获得成功的实践，不肯行动的人，只是在做白日梦。

美国著名成功学大师马克·杰弗逊说：“一次行动足以显示一个人的弱点和优点是什么，能够及时提醒此人找到人生的突破口。”毫无疑问，那些成大事者都是勤于行动和巧妙行动的大师。在人生的道路上，20几岁的年轻人需要的就是：用行动来证明和兑现曾经心动过的金点子。

行动是一个敢于改变自我、拯救自我的标志，是一个人能力有多大的证明。光心想、光会说，都是虚的。其实，相对于付诸行动来说，制订目标倒是更容易。许多 20 几岁的年轻人都为自己制定了目标，从这一点上说似乎人人都像一个战略家。但是，相当多的人制定了目标之后却没有落实下去，不敢采取行动，结果到头来仍是一事无成。

有一位满脑子都是智慧的教授和一位文盲相邻而居。尽管两人地位悬殊，知识、性格更是有着天渊之别，可是他们都有一个共同的目标：如何尽快发财致富。

每天，教授都跷着二郎腿在那里大谈特谈他的“致富经”，文盲则在旁边虔诚地洗耳恭听。他非常钦佩教授的学识和智慧，并且按照教授的致富设想去付诸实际行动。

几年后，文盲成了一位货真价实的百万富翁。而那位教授呢？他依然是囊空如洗，还在那里每天空谈他的致富理论。

你必定会为教授的愚蠢而发笑，却不会想到，类似的事情在你身上也可能发生。想想你是不是常常渴望成功，却没有为成功做出过一丝一毫的努力？缺乏决心与实际行动的梦想于是开始萎缩，种种消极与不可能的思想衍生，甚至于就此不敢再存任何梦想，过着随遇而安、乐于知命的平庸生活。

因此，要想获得成功的果实，光有想法是不够的，想好了你得去做，只有将想法付诸行动，并全力以赴地去做，才有可能获得成功的锦标。

一位侨居海外的华裔大富翁，小时候家里很穷，在一次放学回家的路上，他忍不住问妈妈：“别的小朋友都有汽车接送，为什么我们总是走回家？”妈妈无可奈何地说：“我们家穷。”“为什么我们家穷呢？”妈妈告诉他：“孩子，你爷爷的父亲，本是个穷书生，十几年的寒窗苦读，终于考取了状元，官达二品，富甲一方。哪知你爷爷游手好闲，贪图享乐，不思进取，坐吃山空，一生中不曾努力干过什么，因此家道败落。”

“你父亲生长在时局动荡战乱的年代，总是感叹生不逢时，想从军又怕打仗，想经商时又错失良机，就这样一事无成，抱憾而终。临终前他留下一句话：大鱼吃小鱼，快鱼吃慢鱼。”

“孩子，家族的振兴就靠你了，干事情想到了看准了就得行动起来，

抢在别人前面，努力地干了才会有成功。”他牢记了妈妈的话，以十亩祖田和三间老房子为本钱，成为今天《财富》华人富翁排名榜前五名。他在自传的扉页上写下这样一句话：“想到了，就是发现了商机，行动起来，就要不懈努力，成功仅在于领先别人半步。”

也许你早已经为自己的未来勾画了一个美好的蓝图，但是它同时也给你带来烦恼，你感到自己迟迟不能将计划付诸实施，你总是在寻找更好的机会，或者常常对自己说：留着明天再做。这些做法将极大地影响你的做事效率。因此，要获得成功，必须立刻开始行动。任何一个伟大的计划，如果不去行动，就像只有设计图纸而没有盖起来的房子一样，只能是一个空中楼阁。

1989年4月，香港女作家梁凤仪发表了她的第一部小说《尽在不言中》，一出版便一炮打响，为她的“财经系列小说”开了个好头。

此后，她开始以令人难以置信的速度，以近乎批量生产的方式，有系统地创作起小说来。

1990年，梁凤仪写出了《醉红尘》等6部长篇小说。1991年，她更上一层楼，竟然一口气出版了《花帜》等一系列作品。

当时，梁凤仪的财经小说发行量特别大，在港台地区刮起了一阵猛烈的“梁旋风”。

梁凤仪心中一动，自己的小说既然如此受欢迎，如此能创造经济效益，为什么不自办出版社呢？说干就干，于是，她亲任董事长和总经理，成立了香港“勤+缘”出版社。

“勤+缘”出版社获得了很大的声誉，由此而来的是它获得的巨大经济效益。仅仅在建社的一年半以后，“勤+缘”出版社便收回了“八位数字”的投资，并在两年以后，一跃成为香港3家营业额最高的出版社之一。

如果没有梁凤仪的那心中一动，就不会有“勤+缘”出版社的诞生，更不会有今天它的壮大和辉煌。这说明，很多时候，成功的源头就躲在那些异想天开的一念之间，藏在那些一闪即逝的灵感火花之后。

想法固然重要，但若没有她的说干就干，心动之后马上行动，就算有千万次的心动，一切也都不会发生，不过都是水中月、镜中花罢了。

立刻行动起来，不要有任何的耽搁。20 几岁的年轻人必须要知道，世界上所有的计划都不能帮助你成功，要想实现理想，就得赶快行动起来。成功者的路有千条万条，但是行动却是每一个成功者的必经之路，也是一条捷径。一位演讲家曾经说过，说空话只能导致你一事无成，要养成行动大于言论的习惯，那么即使是很艰难、很巨大的目标也能够实现。

所以，要记住："现在"就是行动的时候。行动可以改变一个人的态度，因为凡事都不去行动，就不会知道自己的智慧和能力。而采取了行动，你的潜能就会随着行动发挥作用，辅助你由消极转为积极，让你在每天的行动中都享受到成就带来的满足。

如何让自己的做事效率迅速提升

我们常说，观念决定思路，思路决定出路。投资大脑，就是为了转变自己的错误观念，优化自己的思维。

20 几岁的年轻人，虽然有大好的时光等待你去完成人生的诸多任务，但没有惜时的意识，拖拖拉拉的习惯就会将你捆绑住，让你感觉一直在负重前行。

时间观念的改变，会使一个人发生质的变化。在管理时间、利用时间的过程中，你的做事效率必定也会有一个很大的提升。时间对于每一个人来说，都是无法挽留的，它就像东逝之水，一去不复返。如果你想获得成功，就必须学会有效地安排时间，有效地利用时间，更为重要的是优化自己的时间观念，提升自己的做事效率。

提高做事效率，其中重要的一项是提高执行力。要提高执行力就要做

到加强学习，更新观念。日常工作中，我们在执行某项任务时，总会遇到一些问题。而对待问题有两种选择：一种是不怕问题，想方设法解决问题，千方百计消灭问题，结果是圆满完成任务；一种是面对问题，一筹莫展，不思进取，结果是问题依然存在，任务也不会完成。

反思对待问题的两种选择和两种结果，我们会不由自主地问道，同是一项工作，为什么有的人能够做得很好，有的人却做不到呢？关键是一个思想观念认识和对待时间的态度。

一些成功的企业家认为，有什么样的思想观念，就有什么样的工作效果。而观念的转变离不开大脑的投资，只有不断加强学习、更新观念，不断分析自己、认识自己、提高自己，才能改变不执行和浪费时间的不良习惯，提高整个企业的运转效率，自动自发地做好本职工作。

有些人经常抱怨自己办事效率太低，经常被老板批评。为什么会这样呢？那些办事效率低的人并不是没有努力工作，而是因为他们没有树立正确的时间观念，没有掌握正确的方法。世界上做同一种工作的人不计其数，做同一种工作的方法更是数不胜数，其中不乏效率高的方法。这就需要自己去寻找、去借鉴，而途径就是为大脑投资，给大脑充电。

工厂花几十万元引进了一套先进设备，更换了工厂的心脏，雇佣了一批掌握了最新技术的员工，工厂的业绩逐日上升，投资换来了回报。这只是一个工厂，如果把我们的大脑比作这个工厂的话，那将会有什么样的结果呢？投资大脑，你的智力提高了，知识水平提高了，视野开阔了，思路更新了，态度改变了，重要的是你的时间观念加强了，你的办事效率就会提高。那么你的回报是什么呢？你将获得财富和地位。

事情就这么简单。在这个追求高效率的社会里，抓不住效率的绳索，就会被高效率的机器甩出十万八千里。没有效率意味着死亡，不投资大脑也就意味着没有效率。

切斯特菲尔德说：“效率是做好工作的灵魂。”约·艾迪生说：“工作中最重要的是提高效率。”萧伯纳则说：“世界上只有两种物质：高效率和低效率；世界上只有两种人：高效率的人和低效率的人。”

如果你不想做一个低效率的人，你就需要获得比别人更多的知识、方法和思维。只有当你找到了世界上最有效率的方法时，你才能赢得世界的尊重和梦寐以求的财富。

高效率意味着高投入，没有投入就没有产出，低投人只能带来低产出。对大脑的投资是一种决定命运的投资，只能以最大最优先的投入对待。对大脑的投资也是一种产生最大效率和最大收益的投资，永远不会亏本。明白了这个道理，你才能拥有正确的时间观念，才会有获得财富和社会地位的能力。你才能获得比别人更高的效率，你才能跑在赛道的最前面。

同一个西瓜，在固定的时间内，有的人只能把它当作水果来销售，获得微薄的利润；有头脑的人则把它当作一件艺术品来出售，给他打上品牌，刻上花纹，成为一件利润百倍的商品。这就是投资大脑获得的效率。在最短的时间内，让你的大脑提升到如此的程度，不浪费自己的时问，提高投资大脑的效率，你做其他事情的效率将会以乘方的速度增长。

成功的优势是：知识和能力上很小的一点差距就能够带来迥然不同的结果。在其中，对于时间观念的正确认识，对于做事效率的掌控是人与人之间能力和知识差别的重点。你在各种情况下作出抉择、采取行动的速度就越快，你的时间也就节省的越多，这就会使你迅速走人成功者的行列。

办事能力就是工作能力

俗话说得好：“光说不练假把式”，光会说还远远不够，如果在办事上拖拖拉拉、漏洞百出，反而会给人浮夸和不切实际的印象。

20 几岁的年轻人，怎样才能在华丽的言语背后，用行动给人留下能干

的印象呢？就要通过办事，日常生活鸡毛蒜皮的小事、与老板同事相处、代表公司洽谈业务……所有你正在进行或计划进行的行为动作，都可以称为你办的事。既然已经打上了“你做的”这个烙印，你就必须在办事的基础上更加用心，才能展现出你的才能与魅力，让更多人欣赏你，看中你，当然，这个“更多人”里，包括你的老板和客户。

在这个人与人相互紧密联系的社会中，无法避免地有一张人际的大网笼罩着每一个人，无论你是大人、小孩、穷人、富人、大老板还是打工仔，只要你生存在这个社会中，就避免不了与人接触，就避免不了人际二字。因此，也可以说，办事的艺术就是处世的艺术。在工作中，办事的能力就是你的工作能力。

而一个人若能做到心中有数地控制局面，把不可能的事变成可能，遇到险情能够化险为夷，最后圆满完成任务，那这就是一个会办事的人，这样的人，也势必会得到大家的赏识。

纪元来北京好几年了，现在是一家外企的办公室主任，在这个岗位上已经干了 4 年了。有一份可观的收入，老婆孩子也迁到了北京，小日子过得挺红火。

中学的时候，他是全班有名的邋遢王，最喜欢丢三落四。而现在，从言行举止上来看，那种严谨和周到，让人觉得与从前相比完全判若两人。

有一次，纪元公司的一个项目的剪彩仪式，原定由 5 位市里和区里的领导剪彩。当这 5 位领导被请上台后，公司的老总发现台下还有一位级别相当的老领导也来了，于是硬把这位领导也拉上了台，让他一道剪彩，可是台上只有 5 把剪刀，眼开就要出洋相了，纪元迅速从大衣口袋里拿出了一把剪刀递了过去。6 位领导一字排开，喜气洋洋地剪完了彩。

他的上司冲他满意地点点头，夸他是个“会办事”的人。

“会办事”这对于一个员工来说，已经是一个很高的评价。能办事是一回事，但会办事又是另一回事。有时候，对于职场中人来说，会办事更能体现出一个人的工作能力。工作是由对问题的处理而组成的，所以通常一个人的办事能力，也就是工作能力。

从这个故事中，我们不难看出把事办得天衣无缝，是一个人高能力、高水平的体现。办事是一门学问，也是一门艺术。是否具有很强的办事能力，是否可以把事情办好，是否能用最简单有效的方法把任务完成，这对每一个人的成功都是很关键的因素。因为我们的成功，是通过一件件小事的成功累积起来的，我们每天都在不停地办事，小事办妥当了，别人才放心让我们办大事；大事办成了，才能帮助我们达到理想境界。能办事、会办事、办成事、办好事，恰巧就是我们能力的体现。

把话说得滴水不漏，把事做得天衣无缝，是一种本领，而这样的本领才是帮助你更进一步的武器。说话嘴上要有硬工夫，办事心里要有软手段。说话与办事可以分开来讲，却不可以分开来做。话说得好听，事办得利落，这样的人当然会受到社会的欢迎。一个既会说话又能办事的人，就是现代社会中的人才，迟早会大展拳脚，成就事业。

讲究方法，高效解决问题

成功者坚信，世上没有办不成的事，只有不会办事的人。

每天一睁开眼睛，你就会面临许多问题、许多麻烦、许多要办的事。但成功者坚信，只要理清思路，找到最合适的方法，让生活井然有序，让工作有条不紊，原本就是一件轻松的事。

一个会办事的年轻人，可以在纷繁复杂的环境中轻松自如地驾驭人生局面，凡事逢凶化吉，把不可能的事变为可能，最后达到自己的目的。

我们可以计算一下，会办事与不会办事之间的差别到底有多大？是毫厘之差，还是千里之差？或许没有人能对此具体地下结论，但毫无疑问的

是，这个世界上的一切都是给会办事的人准备的，如财富、地位、名誉和一切与幸福沾边的东西，都被社会上一把无形的尺子拨到了会办事的人的一边，而不会办事的人大都被置于对各种利益可望而不可即的境遇。

其实，会不会办事不是天生的，而是后天学习得到的。任何人所办过的任何一件事，其成功的过程都有借鉴的价值。一件事办不办得成，不是看你有多大的企盼和多大的热情，而是看你用什么方法、用什么技巧、用什么手段。

古今成大事者，无不具备智慧的头脑和娴熟的办事技巧。掌握更好的办事技巧，才能使自己在社会上获得名誉，在政治上取得地位，在经济上赚得财富，在事业上获得成功，在爱情上找到美满，在人生中找到幸福。

渥沦·哈特葛伦在年轻时曾是一名挖沙工人，长年累月的劳作使他萌发了必须要成就自己的人生事业的欲望——想成为研究南非树蛙的专家。按照哈特葛伦所受的教育，本来他不具备这方面的才能，但他从1969年开始，就把大部分时间和精力用在了研究上。他每天都收集150个标本，共做了大约300万字的笔记，终于找到了南非树蛙的生活规律，并从这些蛙类身上提取了世界上极为罕见的一种能预防皮肤伤病的药物，从而一举成名，获得了哈佛大学的博士学位，并成为美国《时代》周刊的封面人物。他曾经问过一位年轻人是否了解南非树蛙，年轻人坦白地说，不知道。

博士诚恳地说："如果你想知道，你可以每天花5分钟的时间阅读相关资料，这样，5年内你就会成为最懂南非树蛙的人，成为这一领域中最具权威的人。"

年轻人当时未置可否，但他后来却常常想起博士的这番话，觉得这番话真的道出了许多人生哲理。这位年轻人开始像博士一样把时间和精力投入到自己的专项上，终于成就了一番大事业。他的名字叫伍迪·艾伦。

每天花费5分钟的时间将自己历练成某一领域的专家，是再值得不过的一项投资，但我们大多数人都不愿意这样做，也因此至今仍平平庸庸。

成功者告诫后来人，只要你去主动开发你的智慧，克服困难的更好方法就总能找到——只要精神不滑坡，方法总比问题多。

做事要会分轻重缓急

在我们的工作生活中也是一样，只有先把力量用在做最重要的事上。工作才会有大的进步，生活才会有好的发展。

有句话说：“成功的关键是，把精力专注在重要的事物上。”就像水滴石穿，一方面是因为它长久的坚持，另一方面是因为它把所有的力都用在一处。还有我们大家都见过的钻头，钻头为什么能在很短的时间里钻透厚厚的墙壁或者是坚硬的岩层？物理学给我们解释了其中的道理：同样的力量集中于一点单位压强就大，而集中在一个平面上，单位压强就会减小。所以，攻其一点的谋略是解决问题的最好办法。

在我们的做事中也是一样，只有先把力量用在做最重要的事上，工作才会有大的进步，生活才会有好的发展。很多人，辛辛苦苦过着朝九晚五的生活，每天忙忙碌碌却依然庸庸碌碌，原因不是不努力，而是对待各个方面都同样努力，以至于精力分散，反而没有一件事能够做到最好。做最重要的事情，就是在有效的时间里做最有成效的事情，要做到这一点，还需要我们花费10分钟时间来思考，对于我们来说什么才是最重要的，有了好的规划，就像有了好的指挥，能够引导我们做得更出色。

美国伯利恒钢铁公司崛起就是一个很好的例子。公司总裁查理斯·舒瓦普以前总是为公司的发展头痛不已，他不知道如何提高自己和全公司的效率，有人建议他去请教效率专家艾维·利。艾维·利声称可以在10分钟内就给舒瓦普一样东西，这东西能把伯利恒钢铁公司的业绩提高50%。

他把一张空白纸递给舒瓦普，并说：“请你写下你明天要做的6件最重要的事。”舒瓦普用了5分钟做完。

艾维·利接着说：“请把每件事情对于你和你的公司的重要性罗列出来，并把它们按顺序排列。”舒瓦普又花了5分钟做完。

然后艾维·利郑重其事地说：“就这样，请你把这张纸放进口袋，明天早上起来，你该做的第一件事是把纸条拿出来，按照上面所列的，先做第一项最重要的，不要让其他的事情来打扰你，只做第一项，全心全意地完成它。然后你采用同样的方式对待第二项、第三项……一直到你下班为止。这样一天下来，即使你只做完了一件事，那也没关系，因为你所做的事是你今天最重要的事情。”

艾维·利最后说：“请你务必每一天都照这样去做——您刚才看见了，这样做只占用了你10分钟的时间，但它的价值不可估量。如果你对这种方法的价值深信不疑，那么让你们公司的每个员工也都这样干。这个试验你可以一直进行下去，然后给我寄张支票来，你认为这个建议值多少，就寄给我多少。”

一个月之后，舒瓦普寄去一张2.5万美元的支票给艾维·利，还附上一封信，舒瓦普在信上说，那是他一生中最有价值的一课。

仅仅5年之后，伯利恒钢铁公司这个当年默默无闻的小钢铁厂一跃而成为世界上最大的独立钢铁厂。可以说，艾维·利提出的方法对小钢铁厂的崛起至关重要。

人的一生总是面临一连串的选择，做正确的选择，就是把时间用在重要的事情上面。有很多人，他们非常聪明，能够同时做成功好几件事，但是这些事并不一定是对他的工作有意义的，所以结局可能是很多能力不如他的人，反而得到了好的职位或者多的财富。这样聪明的人却败在没有规划、不善选择上，真是可惜至极。成功的人却刚好相反，他们也许不能够做成功很多事情，但是他们却能够把大多数精力放在一件事上，而且，这一件事的成功往往就足以改变一个人的命运。

那么，什么样的事才算是重要的事呢？简单来说就是对我们的目标和发展有帮助的事，具体的当然是因人而异，但是下面的故事却可以给我们一些另外的启迪。

有一个年轻人，加入某跨国贸易企业做 IT 部门技术员。部门里资格比他老、能力比他强的员工比比皆是，但这个年轻人却一年两升，仅仅四年时间便晋升为 IT 部门总监，跨度之大前所未有。很多同事看他其貌不扬，大惑不解。有人便向该部门的老员工询问，他晋升有无内幕或秘诀。老员工想了半天，说了一个小故事。

一天下班的时候，分管 IT 的副总裁走出办公室，正好看见这个年轻人在弄电脑，便过去看了看，顺便聊了几句。副总裁并不了解 IT 技术的发展状况，只是感叹年轻一代电脑技术好，说自己中文打字非常慢，如果有手写输入的设备就好了。在场的 IT 部门同事谁也没往心里去，那时这个年轻人已经是部门主管，等副总裁一离开，他便要求一个下属立刻出去买中文手写输入设备。下属不乐意，认为下班了，再说电脑城也关门了，要买也要等明天。他不答应，要求下属无论如何半小时以内搞定此事。结果当副总裁吃过晚饭，再进办公室加班的时候，桌上电脑已经安装好手写设备。

老员工意味深长地说，老板的事不分大小都是要事，从一件小事，就能看出一个人的发展前途。

事实上，每个人都追求完美，每个人都希望把自己的工作做到最好，每个人也都希望能够被老板赏识，从而得到升职、加薪的机会，可是为什么很多人都做不好呢？并不是因为他们不够聪明，也不是因为他们的事情多，而是他们没有选择为重要的人做事，重要的人的小事也是大事，这也算是工作中的一个诀窍。

所以，当我们还在为小事斤斤计较、烦恼不已时，想想那些成功的人，想想那个聪明的员工，把最多的时间和精力留给最重要的人和最重要的事，每天坚持做最重要的，我们的生活就被重要的日子占满，那么我们的生命也就变得重要了，这样的我们，还会不成功吗？

想到做到，要做就做最好

取得成功的唯一途径就是“立刻行动”，努力工作，并且对自己的目标深信不疑。世上并没有什么神奇的魔法可以将你一举推上成功之巅，那些空想家永远是行事的弱者。

经常会听到有人说类似这样的话：“如果我当初买了那套房子，现在就是富人了！”或“我当时要是再努力一下，肯定能上重点大学。”和这一样，有很多高尚的理想、伟大的思想、美妙的幻想，也是在某一瞬间从一个人的头脑中跃出的，这些想法转瞬即逝，如果不把这些想法付诸实践，那么当这些目标胎死腹中时，留下的只能是一声叹息了。

很多人回首往事时，往往会为自己曾经的理想而欷歔不已，那些曾经是少年时期的美好梦想，早已成为过眼烟云，而我们，依然还是平凡的自己。为什么会有这么巨大的反差？原因很简单，当我们树立了所谓的理想之后，却并没有真正地采取行动。事实上，任何事情都需要脚踏实地去做，如果总想将事情留待将来，让自己的理想停留在纸面上，那我们的理想永远都不会有实现的一天。因为很多事情我们现在不做，将来也很难去做。

“只有想不到，没有做不到！”很多人将它作为自己的口头禅或座右铭，但并不是每个人都能在实际工作中践行这句话。想与做，从来都不在一个层面上，那些想到做不到的人不一定是蠢材，但是想到又做到的人一定是人才。因为即使迅速的行动不会带来成功，但依旧会收获经验，充实自己。立即行动也许不会结出成功的果实，但是至少向成功又迈进了一步。如果没有行动，光有空想，即便是在收获的季节，也会发现自己两手空空。

这个世界永远不缺想法，但绝对缺少做法。在生活中，你会发现很多人都说自己最重要的是赚钱，但永远只有少数人能够赚到令自己满意的钱。为什么呢？因为有些人想了，更去做了，更多的人不过是想想而已。

任何想法要变成现实都离不开大量枯燥乏味的做法。所以，当有了想法的时候，就要有耐心去忍受做时的寂寞，并且要做好做而无果的心理准备。如果缺少这些，所有的想法都只能停留在想的层面。

想到不能做到的原因有很多，有的人是因为懒惰，缺乏行动的魄力，而有些人是因为太想把事情做好，反而把事情弄得更糟。

王磊在一家外企做文秘，在几年的工作中，他常有这样的体会：有时候接到领导交办的写作文案的任务，特别是创作一些比较重要的文案时，总想脱离常规、别出心裁、别具一格，把文章写得有新意、有分量、有水平，让领导看了耳目一新、交口称赞。可一旦把标准定得过高，无形中就给自己造成了巨大压力，构思时就无从下手，或者就是容易脱离实际，结果越想思维越乱。于是就想着等灵感来了再写，结果等得越久，心里越发着急，压力也越大。如此一来，一拖再拖，材料久久写不出来，自己也被拖得信心全无，而且还被领导批评。这就如英国首相丘吉尔有句名言：完美主义等于瘫痪。这句话很精辟地阐明了完美主义者的害处。世间的事情没有一件绝对完美或接近完美，如果要等所有条件都具备以后才去做，只能永远等待下去了。

其实，“想到做到”，并非一件很难的事，它只需要明快、果断和信心。但是一件事情既已开始之后，是否能够有始有终，则要靠毅力和恒心。

人生的成功并不属于那些“语言的巨人，行动的矮子”，也与做事只用三分力气的人无缘，而完全属于那些脚踏实地力求卓越的人。他们有着低调为人的智慧，更拥有强势做事的决定和策略。空想家和理论派大有人在，然而成功的理由只有一个，那就是行动远远大于空想。谁都可以拥有无数美妙的设想，但最终抵达成功顶峰的，却是那些更善于行动的人。

小说《根》的作者哈里说：“取得成功的唯一途径就是‘立刻行动’，努力工作，并且对自己的目标深信不疑。世上并没有什么神奇的魔法可以

将你一举推上成功之巅，你必须有理想和信心，遇到艰难险阻必须设法克服它。”

的确，想时容易做时难，想得再好，如果不行动，那永远不会有改变；既然决定着手做了，而不去用百分百的努力争取做到最好，就永远不会实现超越。其实，人人都能下决心去做大事，但只有少数人能够持之以恒，也只有这少数人才是最后的成大事者。

“想到更要做到，要做就做最好”是强势做事的最直接表现。正是这样的行动，才让思想的强者变成行动上卓越的人。

行动制胜，与人拉开差距

古人所说的“欲速则不达”这句话有它的道理，然而，那些高效率、快行动的人，永远不会在追赶时间中狼狈不堪。

对于年轻人来说，做事拖沓是一个致命的缺点。拖三拉四的人总是有各种理由，他们简直就是天才的借口发明人，自欺欺人还自认无辜。这种人在社会的竞争中往往也处于劣势的地位。浪费时间、效率低下的人，不仅会影响工作的进度，更会影响个人的发展。

有一个成语叫“兵贵神速”，说的就是快速行动的做事策略。你行动的速度超出了别人的想象，就能起到出其不意，攻其不备的作用。

相传当时曹操打败了据有冀、青、幽、并四州的袁绍，杀了袁绍长子袁谭，袁绍的另外两个儿子袁尚、袁熙逃走，投奔辽河流域的乌丸族首领蹋顿单于。蹋顿乘机侵扰汉朝边境，破坏边境地区人民的正常生产和生活。曹操有心要去征讨袁尚及蹋顿，但有些官员担心远征之后，荆州的刘表会乘机派刘备来袭击曹操的后方。

郭嘉分析了当时的形势，对曹操说："您现在威震天下，但乌丸仗着地处边远地区，缺少防备。如果进行突然袭击，一定能消灭他们。而如果延误时机，让袁尚、袁熙喘过气来，重新收集残部，乌丸各族响应，蹋顿有了野心，只怕我们连冀州、青州也会失去了。刘表是个空谈家，知道自己才能不及刘备，不会重用刘备，刘备不受重用，也就不会为刘表出力。所以你只管放心远征乌丸，不必有后顾之忧。"

曹操采纳了郭嘉的建议，于是率领军队出征。到达易县(今属河北)后，郭嘉又对曹操说："用兵贵在神速。现在到千里之外的地方作战，军用物资多，行军速度就慢，如果乌丸人知道我军的情况，就会有所准备。不如留下笨重的军械物资，轻装上阵，以加倍的速度前进，乘敌人没有防备发起进攻，那就能大获全胜。"

曹操依郭嘉的计策办，部队快速行军，直达蹋顿单于驻地。乌丸人惊慌失措地应战，一败涂地。蹋顿被杀，袁尚、袁熙逃往辽东后被太守孙康所杀。

曹操一生的成就正是靠善于做事而取得的。以速度取胜，是十分有效的获胜的方法。在这样一个效率优先的时代，每个人都应该懂得时间就是生命，速度就是效率。任何事情一旦决定了，如果方向没有错就应该马不停蹄地去做，你不需要走一步看一步，你需要的就是完成你的计划，越快越好。

没有什么事情不需要速度。不要以为只有你一个人在做这件事情，你和所有的人处于同一起跑线上，你稍微一停留，就会被别人甩得很远。不要以为某一个想法是你想出来的就一定属于你，当你高枕无忧的时候，别人早已将想法付诸实践了。

甲和乙同是摄影爱好者。这一天他们相约来到泰山拍摄日出。

经过一个晚上的攀登，他们都疲惫不堪。甲看了看时间，还有一个多小时太阳就会出来，于是顾不上休息，开始做准备工作。他支好三脚架，放好相机，安上快门线，调好焦距，万事俱备，只欠东风，但是甲仍然不

敢大意，眼睛一眨也不眨地盯着前方，静静地等待着日出。

而乙呢，也开始做准备，只是他准备的是，支好简易帐篷，躺在里面睡觉。他想，甲所做的那些准备工作，自己都轻车熟路，几分钟就可以搞定，何必那么着急呢！于是乙决定日出前五分钟再做准备工作。

也许老天是想惩罚那些投机取巧自以为是的人吧，这次的日出比研究人员测算的时间竟然早了半个小时。由于甲早做好了准备，成功地拍摄到了惊心动魄的日出。

乙在“太阳出来了”的呼声中醒了，可是等他做好准备工作时，太阳已经被乌云遮住了。乙捶胸顿足，悔之晚矣。

行动的速度和办事的效率是保障你抓住机遇的关键，在现实中，机遇往往转瞬即逝，你看见了机遇，可是你却东张西望，于是你和机遇失之交臂。机遇只青睐那些一直在准备并且能够马上付诸行动的人。

古人所说的“欲速则不达”这句话有它的道理，然而，那些高效率、快行动的人，不会受到拖沓恶习的影响，不会把今天的事情放到明天去做，他们永远走在时间的前面，而不做追赶时间的人。

年轻人养成做事雷厉风行的好习惯

没有别的什么习惯比拖延更为有害了，更没有别的什么习惯，比拖延更能使人懈怠、减弱人们做事的能力。

不同的人对行动有不同的理解，不同的人有不同的行动。遗憾的是，许多20几岁的年轻人会等到事情不能再拖之时才去行动。有的人则以积极的姿态积极地行动。他们说干就干，雷厉风行，决不把今天能完成的事情拖到明天去做。因为他们懂得，把今天应该做的事情拖延到明天去做，

结果往往是明天也做不了。明日复明日，明日何其多，如果真正到了明日，他们也许会想，反正还有“明天”呢。实际上，“明天的明天”还有许多新的事情要做。如此一来，我们就会旧账未清，又添新债。困难越积越多，问题越来越大，把本来能够按期完成的目标，拖成了不可完成的泡影，最后还会被那些持反对意见的人抓住把柄，把本来很正确的决策，说成是错误的决定。

同样都是行动，但由于行动态度、行动方式的不同，就会产生两种截然不同的结果。有许多一辈子平庸的人之所以远离成功，是因为他们一定要等到每一件事情都百分之百的有利、万无一失以后才去做。当然，我们必须追求完美，但是人间的事情没有一件是绝对完美的。等到所有的条件都完美以后才去做，那就只好长期等待。因为有这种观念的人，是将自己追求的目标建立在了海市蜃楼之中，是恍惚看得见而抓不住的。

而那些成功人士在决策时，总是认真地分析他所要做的事情有几分成功的把握，还有哪些阻碍成功的因素可能发生。当他认为自己完全有能力战胜不利因素时，便毫不犹豫地去做，并在做的过程中逐步完善，直至成功。

“立即行动”是建功立业的秘诀之一。在此，我们可以应用“自我发动法”。自我发动法实际上就是一句自我激励的警句：“立即行动”。无论何时，当“立即行动”这个警句从你的下意识闪现到有意识时，你就该立即行动。许多人都有拖延的习惯。由于这种习惯，他们可能出门误车，上班迟到，或者更重要的——失去可能更好地改变他们整个生活进程的良机。

没有别的什么习惯比拖延更为有害了，更没有别的什么习惯，比拖延更能使人懈怠、减弱人们做事的能力。每个人都应该极力避免养成拖延的坏习惯。受到拖延引诱的时候，要振作精神去做，绝不要去做最容易的，而要去做最艰难的，并且坚持做下去。这样，自然就会克服拖延的恶习。拖延往往是最可怕的敌人，它是时间的窃贼，它还会损坏人的品格，丧失好的机会，剥夺人的自由，使人朝着无所事事的方向发展。

要医治拖延的坏习惯，有效的方法就是立即去做自己应该做的工作。

要知道，多拖延一时，情况就可能发生始料不及的变化，还可能发生难以克服的困难，使自己由主动地位变为被动状态，不能达到自己预期的目标。

走向富有的秘诀就是“行动”，自我行动法实际上就是一种自我激励。当目标确定以后，就要立即行动起来。要知道，世上没有什么救世主，要想成功，就得全靠我们自己。等待不会带来好的结果，只有行动才能产生奇迹。

怨天尤人不会改变你的命运，只会耽误你的光阴，使你没有时间去取得成功。如果你想要改变自己的现状，取得好的成绩，就去找一样你能够拼上一拼的工作，并下大力气，雷厉风行地去将这项工作干好，并在工作中总结经验，吸取教训，努力提高自己的实战能力。

你也许已经具备了知识、技巧、能力、良好的态度与成功的方法，懂得的比任何人都多，但你还可能不会取得成功。因为你必须要立即行动。一百个设想不如一个行动，说一百句空话不如干一件实事，听说一百次不如亲眼看一次，下一百次决心也不如想干就干，持之以恒。

第11章

保持阳光心态，成败得失宠辱不惊

心态决定命运这句话我们耳熟能详，在做事时。处于什么样的心理状态之下，就会产生什么样的结果。如果你傲慢，做起事来就会轻浮；如果你急于求成，做起事情就会粗心大意。如果你愿意从小事做起，从一点一滴做起，就很可能步步高升，创出一番轰轰烈烈的事业。

人常说，如果改变不了事情就改变对这个事情的态度；如果改变不了别人就改变自己。很多时候，事情本身并不重要。关键是我们对事情的态度。人生中的每一个突破都有一个开始，而这个开始就是对自己的肯定，让自己充满信心，并果敢地去尝试。积极的做事态度。能推动你划动事业的船桨。

任何时候都需要乐观

积极的心态是一个人战胜一切艰难困苦，走向成功的推进器；而消极的心态．只会束缚年轻人才华的光辉。

人与人之间只有很小的差异，但这种很小的差异却往往造成了巨大的差异。很小的差异就是所具备的心态是积极的还是消极的，巨大的差异就是成功与失败。成功人士的首要标志，就在于他们有热情积极的心态。一个人如果心态积极、乐观地面对人生，乐观地接受挑战和应付麻烦事，那他就成功了一半。

现实生活中，有些年轻人很容易因为失败而放弃，也有人因为战胜失败而成就一番更大的事业；有人会因为对手强大而畏惧，也有人会因为挑战巨人而使自己快速成为巨人；有人会因为产品卖不出去而抱怨产品、抱怨公司、抱怨顾客，也有人因为产品卖不出去而创新出大受市场欢迎的新产品和新服务；有人会因为受不了上司的严厉而每每跳槽，也有人会因为“严师出高徒”而使自己能胜任更复杂的工作后不断晋升。

可见，对事物的看法，没有绝对的对错之分，但有积极与消极之分，而且每个人都必定要为自己的看法承担最后的结果。消极思维者，对事物永远都会找到消极的解释，并且总能为自己找到抱怨的借口，最终得到了消极的结果。接下来，消极的结果又会逆向强化他消极的情绪，从而又使他成为更加消极的思维者，这是一个恶性循环的怪圈。

在通往成功的道路上，曲折和坎坷是无法摆脱的困惑，而不管怎么聪明的人，欲想从众多道路中取一捷径，都离不开你积极向上的心态。其实，人生中任何一种成功和幸福的获取，大多都始于你积极向上的心态。

雨后，一只蜘蛛艰难地向墙上已经支离破碎的网爬去，由于墙壁潮湿，它爬到一定的高度，就会掉下来，它一次次地向上爬，又一次次地掉下

来……第一个人看到了，他叹了一口气，自言自语：“我的一生不正如这只蜘蛛吗？忙忙碌碌而无所得。”于是，他日渐消沉。第二个人看到了，他说：“这只蜘蛛真愚蠢，为什么不从旁边干燥的地方绕一下爬上去？我以后可不能像它那样愚蠢。”于是，他变得聪明起来。第三个人看到了，他立刻被蜘蛛屡败屡战的精神感动了。于是，他变得坚强起来。

生活处处有磨难，关键在于你用怎样的心态去面对。成功人士与失败人士的差别在于成功人士有积极的心态和高昂的热情。的确，心态是真正的主人，你的心态决定了谁是坐骑，谁是骑师。积极的心态使你充满力量，去获得财富、成功、幸福和健康，攀登到人生的顶峰。而消极的心态却把一切对你的生活有意义的东西剥夺得一干二净，让你对将来总感到失望。因为消极心态会散布疑云迷雾，限制潜能的发挥。人若不相信自己所能达到的成就，他便不会去争取。

乐观的人习惯用积极的方式解释问题，悲观的人会把问题做负面解释。乐观的人会把差别抛诸脑后、拒绝停留在问题上，悲观的人则认为问题恰好证明了他们的短处。乐观的人会不断地去思考如何做才能做得更好，而悲观的人往往停在自己做错的地方，变得堕落沮丧。

生于尘世，每个人都不可避免地要经历凄厉的寒风、淋漓的苦雨，面对艰难困苦，保持一种什么样的心态，将直接决定你的人生轨迹。美国成功学大师拿破仑·希尔说：“人是否能成功，关键在于他的心态。”心态决定事业的成败。有了良好的心态，不但能够快乐生活，还会增长攀登事业高峰的勇气，使事业步步高升。

1914年，爱迪生在西橘城规模庞大的工厂发生了大火，工厂几乎全毁了。可是当在火场附近看到儿子紧张地跑来时，他却大叫：“快去叫你妈妈来，她这一生不可能再看到这种场面！”第二天一早，爱迪生又来到火场，看着所有的希望和梦想毁于一旦，人们都担心他会承受不了这巨大的打击。可他却说：“这场火灾绝对有价值。我们所有的过错，都随着火灾而毁灭。感谢上帝，我们可以从头做起”。三周后，也就是那场大火之后的第21天，他制造了世界上第一部留声机。爱迪生的伟大创造靠的就是在困境中保持着的积极的心态。

生活中不可能没有失败和挫折，有的人一旦遇到失败和挫折，就会丧失意志和勇气，因之退缩；有的人则能从失败中吸取教训，获得经验，并使之化为一种前进的动力。困难可以将人击垮，也可以使人重新振作，问题是你如何养成积极的心态。抱怨是无济于事的，不妨及时调整一下自己的心态，重新审视自己，转变观念，改变思考和行为方式。面对生活的困境，要积极地为自己创造无限美好的未来而努力。

美国作家罗威尔曾说："人世中不幸的事如同一把刀，它可以为我们所用，也可以把我们割伤。那要看你握住的是刀刃还是刀柄。"人要以积极的心态去面对不幸，并靠积极的心态所激发出来的睿智，不让不幸的"刀刃"割伤自己；而是要紧握不幸的"刀柄"，让锋利的刀刃成为你挑战人生的有力武器。人生中总要面临各种困境的挑战，而成大事者则能把困境变为成功的跳板。调整心态，切忌让情绪伤害自己，心态消极的人，无论如何都挑不起重担，因为他们无法直面一个个人生挫折。

做事时遇到不幸，你不应绝望、软弱，而是要勇于坚持、心存美好。生活在苦闷之中，所有的事物都蒙上了一层灰色，即使在困境之中，你也该为自己点燃一盏芬芳的橘灯，温暖自己，照亮人生。

不为错误找借口

凡事找方法解决问题的人一定是成功者；凡事找借口推脱的人，一定是失败者。因为借口是失败的温床。

年轻人刚刚步人工作岗位，随时随地都可以感受到责任的存在，在做

事时很怕犯错误，不敢承担责任。“这不是我的错”，“它本来就是这个样子的，我也无能为力”，“我家里有事，所以……”，等等，这是最常听到的一些推托的辞令。当然，趋利避害是人的本性所决定的，可以理解，但更可恶的是有些人不仅不承担本应由自己承担的责任，还将它推给别人，要别人对自己的错误负责，“这是他做的”，“我当时就提醒他了”“他说是要这样做的”，在责任面前永远都是“他”。

心理学家分析说，借口的实质是推卸责任。在责任与借口之间，你的选择往往就代表了你的态度。选择了借口其实就是一种不负责任的表现。而一旦你曾经因为借口而被免于惩罚之后，久而久之你就会养成习惯，习惯于寻找借口来为自己的过失开脱，习惯于努力寻找借口而非尽一切努力完成目标，并且最终推卸掉自己本应承担的责任。

当老板交代任务的时候，只知抱怨的人，永远也不会把事情做好。而总给自己找借口的人，也许那些借口能为你带来一时的安逸，些许的心灵慰藉，但是却让你付出更昂贵的代价。

美国西点军校在世界久负盛名，它培育了一代又一代名将和军事人才，其中有三千七百多人成为将军，两人(格兰特和艾森豪威尔)成为美国总统。

西点军校有一个久远的传统，就是学员遇到长官问话时，只能有四种标准的回答：

“报告长官，是。”

“报告长官，不是。”

“报告长官，我不知道。”

“报告长官，没有借口。”

除此以外不能多说一个字。比如，长官派你去完成一项任务，但你没按时完成，当长官问你为什么时，你就只能说：“报告长官，没有借口。”“没有借口”就是“我错了”，并愿意承担自己的过错所造成的后果，但如果你为自己辩解，那就是错上加错。

西点军校之所以采用这种方式，是为了增强学员在压力下完成任务的

能力，培养他们不达目的誓不罢休的毅力以及忠诚执行任务的信念，让每一个学员懂得“不要为自己的错误寻找借口”，以此来激发出最大的潜力。勇于承担责任，不找任何借口，是西点军校学员成长的法宝，也是每个人挑战自我、完善自我的最佳选择。

年轻人在工作当中难免会犯一些错误。面对错误，有些人虽然知道自己错了，却不愿鼓起勇气承认，或把犯错的理由归结于别的因素。而有些人则能够站出来，勇敢地向老板坦白：“这件事没成功，是我的错……”在前者看来，承认错误意味着老板的责罚；沉默和合理的托词意味着逃脱责任。但是当你选择了承认错误时，你得到的真的只有惩罚吗?

尼克森是美国某公司的财务人员。一天，他在做工资表时，给一个请病假的员工定了个全薪忘了扣除他请假那几天的工资。事后尼克森发现了这个错误，于是他找到这名员工，告诉他下个月要把多给的钱扣除。但是这名员工说自己手头正紧，请求分期扣除，但这么做的话，尼克森就必须得请示老板。

尼克森知道，老板知道这件事后一定会非常不高兴的，尼克森认为这混乱的局面都是自己造成的，他必须负起这个责任，去老板那儿认错。

当尼克森走进老板的办公室，告诉老板他犯的错误后，没想到老板竟然大发脾气地说这是人事部门的错误，但尼克森再度强调这是他的错误。老板又大声指责这是会计部门的疏忽，当尼克森再次认错时，老板看着尼克森说：“好样的，我这样说，就是看看你承认错误的决心有多大。好了，现在你去把这个问题按照你自己的想法解决掉吧。”事情终于解决了。从那以后，老板更加器重尼克森了。

自己的过错要自己承担，这是每个人的责任和义务，千万不要惧怕因错误而带来的负面影响。一味地隐藏错误或为自己的错误寻找开脱的借口，错误就会制约你前进的步伐，减慢你成功的速度。其实，在责任面前任何狡辩都是徒劳，因为事情出了差错就必须有人承担责任，即使你花言巧语，可以一时蒙蔽别人的眼睛，侥幸逃脱。可是真相永远都是要浮出水面的，那时，恐怕连后悔的机会都没有了。

事实上，很多时候，如果你能以积极的心态，勇敢地承认错误，那么你将永远不会为错误所累，爽快地告诉大家“我错了，我对此事负责”，可能一时你会被错误压得喘不过气来，但是你无需抱怨，因为那是你应得的。可是你收获的却是尊严、人格。你可以坦诚地面对大家，因为你不曾亏欠任何人，你元需承担任何心灵上的压力，或者是谴责，坦坦荡荡，何其开阔；不用把自己揪进一个阴暗的角落，窥视着世人的眼光。那么，你会更快地获得成功。

有出息的人重视小积累

人们总是看不到眼前的希望，却一味地追求未来的梦想。

一举成功、一鸣惊人在现代社会虽屡见不鲜，但那并不是普通人成功的轨迹。20几岁的年轻人志向大、目标高本是好事，但如果脱离了踏实肯干的态度和逐步积累的步骤，往往只会收获徒劳。

在英国最古老的建筑物威斯敏斯特教堂旁边，矗立着一块墓碑，上面刻着一段非常著名的话：当我年轻的时候. ，我梦想改变这个世界；当我成熟以后，我发现我不能够改变这个世界，我将目光缩短了些，决定只改变我的国家；当我进入暮年以后，我发现我不能够改变我们的国家，我的最后愿望仅仅是改变一下我的家庭，但是，这也不可能。当我现在躺在床上，行将就木时，我突然意识到：如果一开始我仅仅去改变我自己，然后，我可能改变我的家庭；在家人的帮助和鼓励下，我可能为国家做一些事情；然后，谁知道呢？我甚至可能改变这个世界。

不积跬步，无以至千里，不积小流，无以成江河。每一个看似伟大的成功，都是用一个个坚实的脚印走出来的。任何人的成功都是由小事做起的，一件小事看起来不起眼，却往往是你成功之路的开端。

河村瑞贤是日本明治时代著名的船舶大王，说到他的成功经历也许会让我们受益良多。

河村瑞贤在年轻时有好长一段日子在家赋闲，他不断地在想怎样才能摆脱现在的局面，做出一番事业来。有一天，他想到，与其这样苦苦等待成功机遇的来临，不如切实开始做点事情，哪怕事情再小，也比整日无所事事要好。

于是他拿出自己所剩不多的积蓄，付给一些乞丐让他们去菜市场拾人家丢掉的菜叶，然后他把这些菜叶卖给那些贫穷的劳工们。当他开始做这个生意时，很多人嘲笑他是不是想发财想疯了，他们认为要赚就赚大钱，这些令人看不起眼的小钱根本不值得耗费精力，甚至他的一些朋友还因此拒绝和他来往了。而河村瑞贤并不在乎别人的眼光，他认真地干了起来，他认为这些别人看不起的活儿如果干好了，一定也可以帮自己实现梦想。

正是凭借这种细致认真、从小事做起的精神，河村瑞贤不断积累了事业的基础。过了几年，河村瑞贤用自己的积蓄投资了船舶业，并逐渐成为了著名的船舶大王。

河村瑞贤的故事告诉我们，一个人不能够从一开始就奢望去做一些我们不能完成的事情。路是一步一步走出来的，饭是一口一口吃下去的，人生存的规律如此，我们没有办法去改变。把人生的目标缩小，逐一去完成，才有可能永久保存激情与活力。

汉姆患有严重的恐高症，可是他却在1983年徒手攀登上了位于纽约的帝国大厦，并创造了徒手攀登人工建筑物的吉尼斯世界纪录，赢得了“蜘蛛侠”的称号。

美国恐高症康复联合会主席诺曼对此感到大为惊讶，一个连站在一楼阳台上都会心跳加速的人，竟然能徒手攀登上四百多米高的大楼，这真是一个令人难以相信的事实，他决定亲自去拜访汉姆，向他请教一下他登上帝国大厦的秘诀。

诺曼来到汉姆家门口时，这里正在举行一个庆祝会。十几名记者正围

着一个老太太进行采访。原来汉姆 97 岁的老祖母听说他创造了一项吉尼斯世界纪录，特地从 100 公里外的家赶来，而且这位老人居然是徒步走来的，她想以这个行动来为汉姆祝贺，谁知老人在无意之间又创造了一项耄耋老人徒步行走的吉尼斯世界纪录。

《纽约时报》的一位记者向老人提问到："老人家，当你决定徒步前来的时候，是否想过这一百多公里的路途对你的体力会是个很大的考验呢？"

"小伙子，"老人笑了笑，接着说道，"当你打算一口气跑 100 公里的时候，确实是需要勇气的，但是走 100 米是不需要勇气的，只要你走 100 米，接着再走 100 米，然后再走 100 米，100 公里就这样走完了。"

诺曼站在一旁，听到老人的这番话，豁然间明白了汉姆攀登上帝国大厦的秘诀。

在现实中，很多人在实现梦想的路途上半途而废，原因并不是这个梦想你完成不了，而是梦想太大，大到把自己吓到，让自己感觉成功太遥远，从而产生了放弃的念头。如果能够把梦想分解成一件一件的小事，一点一点地去做，你会发现奇迹就这样出现了。

不要想一口就吃成个胖子，凡事都有个过程，不要去试图一下子做好一件大事或是一夜之间功成名就，做人只有脚踏实地、一步一个脚印，才能拥有属于自己的成就。

要勇于坚持要到底

拥有耐心与毅力，比拥有聪明才智更能够有所成就。

一个成熟的人，不会在一时的困难面前就低头逃避，更不会在遇到一次失败时就轻易选择放弃。坚持到底，是他们走在正确的道路上时，永远高呼的口号。

先贤早就告诫我们，世间最容易的事就是坚持，最难的事也是坚持。成功在于坚持，这是一个并不神秘的秘诀。如果我们愿意进一步地尝试和努力，那么原来的错误就是我们前进的阶梯。当对目标的追求变成一种执著时，你就会发现，你所有的行动都会带领你朝着这个目标迈进。只要我们投入 100%的精力，去努力追求真正的价值，我们就会大有收获。

戴尔·卡内基曾经说：“拥有耐心与毅力，比拥有聪明才智更能够有所成就，因此，当你遭遇到不顺利的事情时，请你千万不要气馁、不要放弃，只要坚持下去就会有所收获，因为有太多成功的人，都是因为坚持这一信念而战胜了一切！”

在现实生活中，特别是在生活的压力之下，一个人在从事一项事业，经过一段时间的努力后，仍没有得到想要的结果，往往就开始动摇起来，怀疑自己的努力是不是白费了。信念一动摇，就很难勇敢、无畏地在这条路上走下去了。坚持到底、永不放弃的信念，不仅仅是对自我能力的一种考验，同时也代表着你经营生活的一种态度。人们在面对失败、挫折或者绝望的时候，放弃是最容易走的一条道路。但是，正是这一念之差，却可能导致以后的天壤之别，因为你的心态决定了你将获得长期胜利还是获得一连串的失败。

失败的原因只有一种，那就是就此放弃。百分之九十的失败者其实不是被打败，而是自己放弃了成功的希望。成功与不成功之间的距离，并不是一道巨大的鸿沟，它们之间的差别只在于是否能够坚持下去。

成熟的人总是这样慨叹，世间最容易的事就是坚持，最难的事也是坚持。说它容易，是因为只要愿意做，人人都能做到；说它难，是因为真正能够做到的终究只是少数人。成功在于坚持，这是一个并不神秘的秘诀。法国启蒙思想家布封曾说过：“天才就是长期的坚持不懈。”

年轻人做事要全身心投入

成功不在于做许多事情，而在于专注。全力以赴地投入你的热情和精力，不去预测它的结果。

年轻人都有急于求成的心理，当它迫切表现在理想和愿望上的时候，就会使人好高骛远。这些人与那些成熟的人相比，有一种通病，那就是在还没有看清自己的能力、兴趣之前，便一头扎进一些不切实际的追求之中，最终耗费了美好的青春时光，也没有得到想要的结果。

对于那些不切实际、浅尝辄止、见异思迁的人来说，全身心、精力集中地做好一件事情很难，这也是致使他们未能达到成熟做事境界的最大障碍。

成功者这样告诫年轻人，有能力并不反映在能够做许多事情上，而是在于能够一心一意、全心全意地努力，并由此获得理想的结果。世上最大的损失，莫过于把有限的精力毫无意义地分散到很多事情上。例如一个有经验的园艺家，有时会把许多能够开花结果的枝条剪去，这在一般人看来一定觉得可惜，可是他为了使果实结得饱满，就非得忍痛将这些多余的枝条剪掉。我们与其把所有精力分散到许多无关紧要的事情上，不如看准一项最重要的事业，然后集中精力，埋头去干，这样更有机会收到良好的效果。

纵观历史，成千上万的失败者，最大的弊病并不是因为他们缺乏才干，而是因为他们过于分散自己的精力，而且从未深入其中，如果用自己所有的精力集中去培植一棵果树，那么它将来一定会结出十分美丽和丰硕的果子。正所谓“十年磨一剑”，这一剑必是锋利无比的，与只用几天磨出来的剑是不可同日而语的。我们常说“有所不为才能有所为”，强调的也是全身心投入的重要性。

有一位画家，举办过上百次画展。在一次朋友聚会上，一位记者问他：“你成功的秘诀是什么？”

画家说道：“我小的时候，兴趣非常广泛，画画、拉手风琴、游泳样样都学，还必须都得第一才行。这当然是不可能的。于是，我闷闷不乐，心灰意冷，学习成绩一落千丈。父亲知道后，并没有责骂我。晚饭之后，父亲找来一个小漏斗和一捧玉米种子，放在桌子上。告诉我说：“今晚，我想给你做一个试验。”父亲让我双手放在漏斗下面接着，然后捡起一粒种子投到漏斗里面，种子便顺着漏斗漏到了我的手里。父亲投了十几次，我的手中也就有了十几粒种子。然后，父亲一次抓起满满一把玉米粒放到漏斗里面，玉米粒相互挤着，竟一粒也没有掉下来。父亲意味深长地对我说：“这个漏斗代表你，假如你每天都能做好一件事，每天你就会有一粒种子的收获和快乐。可是，当你想把所有的事情都挤到一起来做，反而连一粒种子也收获不到了。”

20 多年过去了，我一直铭记着父亲的教诲：“每天做好一件事，坦然微笑地面对生活。”

把你的全部精力集中到某个事情上去，这就是顺利完成它的最大秘诀。对一个领域 100％的精通，要比对 100 个领域各精通 1％强得多。因此拥有一种专门技巧，要比那种样样不精的多面手更容易成功，以十五分的精力去追求你想得到十分的成果，它会带给我们一些真正意义上的收获。

人生中如果涉足的领域太多了，最终往往一事无成。如果能够集中精力于某一领域，就很可能成为某一领域所向无敌的专家；如果总是四处出击，什么事都是浅尝辄止，不管做什么，最终只能了解一点皮毛而已。

一个人的精力是有限的，把精力分散在好几件事情上，不是明智的选择，而是不切实际的考虑。做好手边的事情，就能有所收益和突破人生困境。这样做的好处是不至于因为一下想做太多的事，反而一件事都做不好，结果两手空空。

想成大事者不能把精力分散在太多的琐事上，要关注其中的重点，全

身心地投入其中。在某一段时间内，把精力集中到一项工作上，你更容易把这件事情做好。

成熟的人懂得这样的道理：成功不在于做许多事情，而在于专注。全力以赴地投入你的热情和精力，不去预测它的结果，也不要为已经过去的和未曾到来的事过分担心，但在不经意间却总能获得理想的结局。

不要让自卑将自己绊倒

有人说，不去比较，就容易感到满足。别人接不接受你其实没什么大不了，但你却一定要接受自己，相信自己．对自己感到满意。

自卑，可以说是一种性格上的缺陷，表现为对自己能力、外表等的不自信和不认可。自卑的人，做事畏首畏尾，犹豫不决，很容易错过成功的好机会。一件很简单的事，如果你带着自卑的情绪去做，那么必然不会做好。自卑是二十多岁的年轻人走向成功的绊脚石，它会让你失去不断进取的动力。自卑会消磨一个人的信心和斗志，使人自暴自弃，还会导致人产生自闭性格。

或许你没有良好的家庭背景，或许你的身高长相不如别人，又或许你不够聪明，但是你真的没有必要自卑。年轻的我们，人生才刚刚开始，还有很长的路要走，即便起步时迟缓了一些，天资少了一些，或是成绩一时不如别人，但这些远不足以决定一个人的一生。只要你攒足劲头，继续努力，很快就可以成为一个优秀的人。当然，看到许多年纪和自己相仿的人都比自己强，的确是一件令人惭愧的事。这时我们要做的只是找到自己和别人的差距，然后努力赶上去。

经常遭受失败和挫折的人更容易产生自卑心理。自信心受挫，自卑感就会日益严重，过度的自卑会抹杀掉一个人的自信心。或许你本来有足够的能力去完成某件工作或某项任务，却因怀疑自己而失败，导致生活、工作、学习各方面都感到自卑，显得处处不行，处处不如别人。给自己的心里和生活带来很大的影响。

不要为自己的缺点感到自卑。即使你是一棵小草，你也有你的价值，也要高昂着头，积极向上地生长。

从前有一个农夫弓着腰在院子里清除杂草，因为天气很热，所以他脸上不停地冒汗，汗珠一滴一滴地流了下来。农夫越来越累，不禁嘀咕着："可恶的杂草，假如没有这些杂草，我的院子一定很漂亮，为什么要有这些讨厌的杂草，来破坏我的院子呢？"

有一棵刚被拔起的小草，正躺在院子里，它回答农夫说："你说我们可恶，但也许你从来就没有想到过，我们也是很有用的。现在，请你听我说一句吧，我们把根伸进土中，等于是在耕耘泥土，当你把我们拔掉时，泥土就已经是耕过的了。下雨时，我们防止泥土被雨水冲掉；干涸的时候，我们能阻止强风刮起沙土。我们是替你守卫院子的卫兵，如果没有我们，你根本就不可能享受赏花的乐趣，因为雨水会冲走你的泥土，狂风会刮起可恶的沙尘……你在看到花儿盛开时，能不能记起我们小草的好处呢？"

一棵小草并没有因为自己的渺小而自卑，农夫对小草不禁肃然起敬。他曾经整天埋怨自己的命运不好，一辈子都是农夫，被别人看不起，他觉得自己的地位很卑微。如今听了小草的话，他下决心也要消除自卑，做一个自信快乐的人。

每个人都有自己的缺点，但是缺点并不影响我们去做好一件事，有时候，不完美的人往往可以做出完美的事来。小草长在庄稼地里我们要拔掉它或许没什么错误，如果它长在草坪上，体育场上，我们是不是还要花大力气来维护它呢？所以说，缺点未必就真的是缺点，看你如何发挥它，找到适合它的环境，缺点就变成了优点。天生我材必有用，只要你相信自己，

肯定自己的价值，一定可以做出有价值的事来。

而且，无论如何千万不要把自己想成一个失败者，而要尽量把自己当成一个赢家。哲人常说，你想成为一个什么样的人，你就会成为一个什么样的人，首先我们要在思想上重视自己，鼓励自己。只要你专注努力，大部分的事情你都可以做好。克服了自卑情绪，才能找到自信，才能离成功越来越近。

有一位刘小姐，大学毕业后被聘入某服饰公司工作。分配到经理部的她，因为不擅长计算，工作中总是出现或大或小的错误。和同事比较起来，她要花费两倍甚至更多的时间做完同样的工作，但即使是这样也经常做得不够出色。为此，她产生了很强烈的自卑感，每天都会为此而烦恼。由于她有这方面的先天缺点，所以在公司开始使用电脑后，领导对她说："你用手计算的错误比较多，以后就学习用电脑工作吧！"

虽然她有些犹豫，但还是开始每天准时到电脑学校学习如何使用电脑的新知识，在短短的一年时间内，她就精通了普通电脑知识，于是比谁都算得更快、更准确，而领导对她的评价也发生了大转弯。一起工作的同事也对她投以羡慕的目光："真羡慕你能够操作电脑，如果我也先学电脑该有多好呀！"

不仅如此，在实施网络化作业的时候，刘小姐成了该计划的直接领导者，带领大家很顺利地完成了公司局域网的建设。

许多人总是过于追求完美，处处严格要求自己，因此在发现短处和缺点时就会耿耿于怀、瞻前顾后，时间长了，就形成了一种自卑怯懦的性格。通常，怀有自卑情绪的人，总是认为"我不行"，"我比别人差"，"我不能胜任这份工作"……这种在还没有开始的时候就给自己宣判死刑的做法是十分不妥的。

实际上，每个人都有自己的优点和缺点，取人之长、补己之短，经过自己加倍的努力，每个人都可以很出色。只有从心里克服自卑，别人才会尊重我们，才会看到我们的长处。

人生中阻碍我们前进的往往不是别人，而是我们自己。自卑与自负，就像一对孪生兄弟，都会成为你人生中的绊脚石。扔掉自卑，相信自己，无论任何事，你都可以做得很出色。

气馁是心中的魔鬼

一个人一旦气馁，他就会丢掉勇气，失去信心，无异于向恐惧、坏脾气以及其他丑恶的东西敞开大门，让魔鬼潜入他的内心，随意控制折磨，为所欲为。

生活中充满了憎恨、恐惧、怀疑、嫉妒、敌意、怨恨、坏脾气、贪婪、残忍、欺骗、报复以及各种各样的谎言，但是一个人一旦气馁，他就会丢掉勇气，失去信心，无异于向恐惧、坏脾气以及其他丑恶的东西敞开大门，让魔鬼潜入他的内心，随意控制折磨，为所欲为。有的人因此会滋生一些心理上的恶习，如紧张、胆怯、鄙视、反抗、折磨自己、折磨家人。假使他以这样的态度在人生战场上走下去，他就输定了。有的人还会因此变得喜怒无常、不善控制钱财、不能与人相处、也不能克服自身的坏习惯。其实假使他意志坚定，进取不惜，仍会赢得胜利。

英国政治家兼诗人李顿写道："在青年人的辞典中，根本没有'失败'这个词！"不知道这句激励人心的话，每年在各个学校的毕业典礼中，要被提到多少次。困难和挫折，每个人都会遇到，没有哪个人能够一帆风顺地走完人生旅途，就算那些名垂青史的帝王将相，英雄才子也不例外，并且，他们所遇的困难也非一般人可比。面对困难，他们采取的是迥然不同的人生态度，可叹、可泣、可敬，不一而足。他们留给后人的除了无尽的评述外，还有激励和教诲。

先有孔子，他的思想、言语跨越了时间和空间。他出身贫寒，仕途不顺，虽是满腹经纶、一腔热情，却在当了三个月的司寇之后被罢官。于是他周游列国，游说推行他的政治思想，然而没有哪个君主采纳他的主张。用几十年的生命，孔子亲历了万般磨难，依旧“知其不可为而为之”，面对困难毫不退缩。他那博大的思想、不屈不挠的意志、精进向上的崇高精神，给他众多的弟子以及后人留下了一笔取之不竭的财富。孔子本人也被公认为东方第一的思想家、教育家。

后有司马迁，他出生于世代史官的家庭，由于家庭的影响，他 10 岁就能诵读古文，20 岁开始到全国各地漫游。天汉三年，司马迁遭到李陵事件的牵连。为了完成《史记》的写作，他甘遭“腐刑”，蒙受奇耻大辱。司马迁在受刑后，虽然精神上受到打击，但并没有消沉气馁，他痛定思痛，发奋著述《史记》，几乎用了毕业的精力，完成了这部历史巨著。

如何面对困难和挫折，它取决于我们的思想和态度，以及我们完成工作的意愿。孔子是位圣人，他执着地追求；司马迁是一位超人，为了追求可以忍受一切非人的苦难。在人生的进程里，我们总会遭遇不顺，但在不顺以后如何东山再起，才是最重要的。如果我们能够花费时间和精力去对付气馁，我们就可以从容应对，对各种各样的日常琐事，就会保持信心和希望。如果一个人不多加注意，气馁可能就会变成一种习惯。当类似的困难和障碍再次摆在眼前时，他的第一反应可能是沮丧，他的所有精力将会被逐渐消磨掉。

乐观的人说，挫折有时只不过是成功前的一个征兆而已，踢走挫折，成功的路就快走到了终点。但对于习惯气馁的人，挫折的来临就像是噩梦的降临，对他们来说，这一切都是没有意义的。挫折或许并不会被任何人重视，就像荷叶陪衬荷花一样，永远使挫折过后的成功显得更加耀眼。

海伦·凯勒向往的是三天光明，而我们呢，假如让我们失去三天光明，我们又会如何？我想可能一天就足以让我们受不了的。海伦的坚强，使她从被挫折打倒的地方重新站了起来。

人的一生是由失败和成功组成的，人不可能总是辉煌。也许你经历了无数次考验，付出了许多心血和汗水后，品尝到的仍然是丑恶的苦涩。面对挫折，有的人迷失方向，对自己的过去全盘否定，自暴自弃。殊不知，只有勇敢地面对它，才能找到成功的钥匙。失败了，不气馁，摔倒了，要马上爬起来，不要去欣赏自己砸的那个坑，勇敢地向前继续我们的旅程。人生不怕挫折，就怕挫折过后的气馁。气馁是人生道路上鞋里的一粒沙子，应学会随时把它倒出来，成功才会伴你而行。就像著名思想家拉尔夫·沃尔多·爱默生所说的那样：一心向着自己的目标前进的人，整个世界都会给他让路。

经常对自己说些鼓励的话

你的期望和你现实中的差距就是促使你每天努力的原动力，有进取心的人，他们懂得每天给自己加油。

对于工作繁忙的年轻人来说，烦恼也不断滋生。每天有想不完的心事，无休止地期望和现实的落差带给你不断的打击，让你心灰意冷，找不到前进的方向和动力。让这种状态持续下去，对自己百害而无一利。心理专家说，人的心态由主观意愿来引导，每天对自己说些鼓励的话，无异于给生活打了一针兴奋剂。能自己鼓励自己的人就算不是一个成功者，也绝对不会是一个失败者。

人的一生是短暂的，努力拼搏的青春时光更是价值千金。然而，当生活不能如愿以偿或者不尽如人意时，我们不应一味地计较和埋怨，而是一如既往地做自己应该做的事，保持一种恬淡的心情对待生活，用积极的自我鼓励提升自己的士气。“人能走多远？”这话不要问两脚而是要问志向：

“人能攀多高？”这话不是要问双手而是要问意志。在短暂的生命里我们不能失去人生的三盏灯塔：自信、勇敢和坚毅，在属于自己的土地上辛勤地耕耘，谁能否认明天不是一个丰收的日子呢？

一个懂得鼓励自己的人，是有着强烈的进取心的人，我们绝对相信他对未来做了充分的准备。麦克·阿瑟将军曾经勉励我们说：“你有信仰，你就年轻；你若疑虑，你就衰老。你有自信，你就年轻；你若恐惧，你就衰老。你有希望，你就年轻；你若绝望，你就衰老。”学会每天鼓励自己，可以帮助自己寻找适合的目标，并让你在改变自己的同时，积极进取，激发潜能。

当低潮来临时，我们会企盼有人拍拍我们的肩膀，给我们打气，却不知道依靠别人的鼓励来产生勇气和力量，未必能持久，而自己对自己的鼓励却可能陪伴你跨过所有的坎坷道路。对于一心进取的人来说，当没有人鼓励他的时候，他懂得最佳支持者就是自己。你期望和你现实中的差距就是促使你每天努力的原动力，有进取心的人，他们懂得每天给自己加油。

数千年来，人们一直认为要在四分钟内跑完一英里是件不可能的事。不过，在1954年5月6日，美国运动员班尼斯特打破了这个世界纪录。他是怎么做的呢？每天早上起床后，他便大声对自己说：“我一定能在四分钟内跑完一英里！我一定能实现我的梦想！我一定能成功！”这样大喊一百遍，然后他在教练库里顿博士的指导下，进行艰苦的体能训练。终于，他用3分56秒6的成绩打破了一英里长跑的世界纪录。有趣的是在随后的一年里，竟有37人进榜，而再后面的一年里更是高达二百多人。

每个人都向往幸福的生活，希望有充足的财富，有成功的事业，有美好的爱情，有健康的身体。这一切都要自己去努力追求，在追求过程中出现的一些艰难困苦都要自己去解决。当感到吃力时，不妨多鼓励自己，给自己鼓掌，为自己打气，这样才不至于半途而废，才能永不放弃，直至成功。

每天鼓励自己，让勇气和力量在自己心中产生，好比打开了心灵之泉，潜能喷涌而出。心情不佳的时候，每天起来对着镜子微笑，大喊：“我是最棒的”；意志消沉的时候，可以在墙上贴满励志标语，每天在固定的时间默念；伤心失意的时候，就找个僻静的地方，痛快地流泪。你还可以拼命看成功人物的传记；可以借运动来强化意志，忘却沮丧；可以每天自我反省一次……每当你对自己做出这些鼓励的行为，或在心底、脑海里大声呐喊时，你同样会听到来自心灵的一个同样的声音在回应：“yes、yes、yes……”正如法国心理疗法专家艾米尔·库埃在 20 世纪 20 年代被成千上万的英国人和美国人反复念叨的名言：“每一天，在每一方面，我都越来越好。”

我们每一个人，都应铭记：你只能自己鼓励你自己，相信你自己，因为你是你的敌人，只有你才能打倒你；你是你的上帝，只有你才能拯救你。永远不要错过那一部分，我们称其为鼓励，它会使你时刻振作起来。当你失意落魄时，不要灰心，每天对自己说些鼓励的话，会使你精神重振，生机勃发；当你自轻自贱时，请鼓励一下自己，这样会使你不再低头走路，而是鼓起勇气，信心十足地去面对生活；当你想获得成功人士拥有的一切时，请激励自己去努力争取，说不定几年后你就是一个荣耀的成功者。鼓励的力量是无穷的，它会像一簇阳光，为你照亮黑暗，它会像一汪清泉，解除你旅途中的干渴。请记住：爱生活爱自己，就别吝啬对自己的鼓励。

一颗有梦想的心带你高飞

只要活着。就有希望. 只要每天给自己一个希望. 一个梦想. 我们的人生就一定不会失色。

每个人都有梦想。《阿甘正传》中阿甘说：“有时候到了晚上，我仰望星星，看见整个天空就那么铺在那儿。可别以为我什么也不记得。我依旧跟大家一样有梦想……”梦想是什么？是引爆生命潜能的导火线，是激

发生命激情的催化剂。每天给自己一个值得相信的梦想，我们将活得生机勃勃，哪里还有时间叹息、悲哀，将生命浪费在一些无聊的小事上？生命是有限的，但想象是无限的，只要我们不忘每天给自己一个梦想，我们就一定能够拥有一个丰富多彩的人生。

耶鲁大学曾作过一项跟踪调查，研究人员向参与调查的学生们问了这样一个问题："你们有目标吗？"有10%的学生确认有目标。接着又问了第二个问题："如果有目标，那么，你们是否把自己的目标写下来了呢？"这次，总共只有4%的学生回答是肯定的。20年后，当耶鲁大学的研究人员在世界各地追访当年参与调查的学生们的时候，结果，当年白纸黑字写下目标的4%的人无论从事业发展还是生活水平上都远远超过了另外没有这样做的同龄人。不说别的，这4%的人所拥有的财富居然超过了余下96%的人的总和。也许，这样的结果带给我们的只是些许的震惊。但最为令人无法轻松使然的却是那96%没有写下人生目标的人们一生都在干什么呢？"这些人忙忙碌碌，一辈子都在直接间接地、自觉不自觉地帮助那4%的人们实现他们的奋斗目标。"

把目标写下来，这不仅仅是写下来的简单过程，你必须用一种敏锐的眼光去看清社会，判断哪些梦想值得相信，值得付出。有了梦想，生活才有了方向，有了动力。有了这些，生活也就有了希望。梦想是一种象征，一种精神的寄托。想想人生能有几个二十几岁？在异彩纷呈的年轻时代，把你的目标写下来，用梦想武装自己，从此，你的生活就是充满生机的一场比赛，种种机会就可能垂青于你。

中国残疾人艺术团成员在瑞士的苏黎世表演的《千手观音》等节目，感动了当地政府和媒体代表。"每个人都有一个梦想，残疾人也有，正是因为有了梦想，人们才有动力去实现它"。因《千手观音》在中国家喻户晓的聋哑舞蹈演员邰丽华如是说。她15岁开始习舞。15岁，骨骼已经形成，正常人学习舞蹈已经不易，更何况是听不到音乐、感受不到节拍的邰丽华。刚开始学习时，她进步并不快，她的老师也曾经几乎放弃教导。后来，邰丽华凭借自己不懈的努力感动了老师，也让老师觉得她是可塑之才。邰丽华告诉记者，支持她练习的动力就是她的“梦想”。

就是靠着这样的奋斗精神，邰丽华演绎的《雀之灵》得到了原创者杨丽萍老师的赞赏；由她领舞的《千手观音》不仅获得 2005 年中国春节联欢晚会特别大奖与歌舞类一等奖，更踏遍世界四十多个国家；2004 年雅典残奥会闭幕式上的精彩演出更是让人至今无法忘怀。这个身材娇小的舞者骨子里迸发的进取、拼搏的劲头让人感动。“不管生活给予我们的是好是坏，我们都要坦然面对”，正是梦想的力量帮助她克服种种困难，最终获得了成功。

梦想在一个人的心里可以是永恒的。它最大的意义是给予人们一个方向，一个目标。它是一个人的信仰，是一个人在做事时的动力。它没有宗教，不爱金钱，不图权力，它是一个人心里的最美好部分，人的伟大就是把它作为目标来执著追求。

拥有梦想的人，他的心灵是积极的、健康的。有人说，梦想正如适量的镇静剂。它可以使背负太多沉重的我们的神智得到安息，并从精神上产生一种柔和清凉的气息，来修整纯思想的粗糙形象，填补漏洞和罅隙，打磨想象的棱角。

拥有梦想，为梦想而努力、而追求，人生才踏实，才充实，才精彩。哲人说，要毁掉一个有梦想的人是不容易的，因为他可以不停地向着梦想前进，肉体上的痛苦与物质上的空缺都可能被追求理想的激情所掩盖，所超越。要毁掉一个有梦想的人又是容易的，只要剥夺他的梦想，让他像所有历史长河中碌碌无为的人那样活一辈子，这样就可能把他逼疯。

不要让过去干扰现在的你

我们必须倾听过去、学习过去，但不要停留于过去，在过去上面睡大觉。忽视过去与无法忘掉过去的人都是愚蠢的。

你见过有人曾经回到昨天吗？你绝对没有见过。即使我们能够回到过去，其景象也是面目全非。以前的人永远也无法重聚到一起，古老的经验也无法重新回来。时间是一座脆弱的桥梁，我们每迈过一步之后，它就已经变成过去，变成永恒。过去的已经过去，不再属于我们。

当你偶尔记起往事的时候，心中是否会泛起异样的涟漪？你回忆，你叹息；你回忆，你哭泣。你不如选择忘记过去，去展望那神秘的充满诱惑的未来。人活着不是为了别人，而是为了自己的目标和信念，把自己的未来掌握在自己手中的人，他的心愿才可能一一达成。不要为了曾经的放弃、曾经的退让、曾经的不自信而后悔。当未来变成现在时，那它就不是未来，因为它成为了现在，而后悔是无法改变现在的，到那时你便失去了另一个未来，失去了自己的追求，失去了目标，失去了你心中的那一个信念。未来在自己手中，因为你始终是你自己生命的主宰。

今天的存在和收获在于昨天的努力，站在今天的位置，我们不能忘记过去，这是常情。但是人总是在向前走，每走一步所遇到的情形都与过去有很大的差别，所以需要认真思考未来的方向。虽然过去的成功可以让我们增强自信心，但是很多时候我们却只是在困苦面前怀念着过去的成功，这往往容易导致自高、自大、自满情绪，这样就很难有一个很好的心态去解决当前的问题。所以我们在忘记过去的坎坷的同时，还要善于忘记过去的成功。

有这样一个故事：一个小伙子大学期间表现非常优异，做过学生会主席，年年拿奖学金，是校园里的“风云人物”。大学毕业后，他去了深圳一家著名的公司工作。在公司里，他的目标很简单，他要努力做到和大学一样出色。他从最简单最普通的事情做起，每天第一个到办公室，包揽了所有的公共事务，加班加点，毫无怨言。第一年年终，老板给他加薪。

不过，不久之后，他发现自己并不开心。因为老板给自己加的薪水并不是所有员工中最高的。第二年年终升职时，虽然他也名列其中，但却只是被提升为副主管。他很不满意，因为和他同来公司的另外一个人已经是部门经理了。他觉得在公司的这两年退步了，因为自己不是公司里最优秀最出色的年轻人。于是，他把烦恼告诉了父亲。

做了一辈子记者的父亲给他回了一封信，信中说：“我曾经采访过一个马拉松冠军，我问他在到达终点前心里通常是怎么想的，他回答我说，在临近终点前，我什么都不敢想，只是拼命忘记自己曾经跑过的路，一步一步继续朝前跑。亲爱的孩子，你之所以不开心是因为曾经获得的荣誉太多了，它们让你产生了无形的压力，你始终在和自己的从前赛跑。其实你已经很优秀了。孩子，一个人如果真想获得更大的成功，就必须明白人生就和长跑一样，只有忘记从前跑过的路，前进的脚步才能够迈得更矫健。”

人总容易回忆起过去，并被那些经历所羁绊，在心理上产生各种各样的影响。不能忘记过去的成功和荣耀的人，就无法真正地虚心看待此时的自己。生活中的我们必须倾听过去、学习过去，但不要停留于过去，在过去上面睡大觉。忽视过去与无法忘掉过去的人都是愚蠢的。生命不在于长短，而在于质量；当你还沉浸在过去的回忆之中时，说明今天的你乏善可陈。

如果你房间里的东西太多，太乱，就会给人一种压抑和不舒服的感觉。同样，在你心里，杂七杂八的东西多了，也要及时清理，该整理的整理，该搬的搬，该扔的扔。清理心房的“搬”和“扔”，就叫做“忘记”。一位著名的心理学家曾经说过：善忘，是人生的一种佳境。是的，当我们大踏步走入这种人生佳境时，你肯定会惊喜于自己的轻松、潇洒和惬意。

处于同一个世界里的人，每个人都是生活中的赛手，之所以赛出千差万别的结果，其根源往往就是因为精力分配不同。人的精力是有限的，有所不为才能有所为，不会忘记也就不会记住。生活需要记忆，记住经验、记住关怀、记住友谊、记住爱情……但生活也需要忘记。不会忘记，就等于背上了沉重的包袱，就不可能保持前进的激情。

人生如同时间一样，一去不再回头，说过的话无法收回，做过的事无法重做。我们曾经拥有的事物不是被别人剥夺，而是被锁起来，变成了尘封的历史。但是，我们还有未来，我们可以创造未来。当未来被写成历史的时候，我们可以赋予其更深刻的意义，就好像一出戏的开头和结尾互相呼应一样。回忆过去不如展望未来，我们可以阔步向前，创造成就。

第

章

修炼敏锐眼光，整合信息以巧搏富

20 几岁的年轻人由于家庭背景、学位学历、经济条件等因素的制约，各自迈入社会的起点不一样，在刚开始启程的时候，人与人之间会显出很大的差距。有些年轻人因此愤世嫉俗，深感怀才不遇；有些人则抓紧时间，努力追赶。从他们做事的方式上，就可以窥见一二。

做人是立足社会的根本，做事则是闯荡社会的武器。年轻人能不能在单位被领导重视，在同行之间被人器重。在竞每之中处于优势地位，有没有眼力见，能否整合信息，发现机遇是至关重要的因素。在复杂的社会中学会辨别事情的真伪，不被假象所迷惑，也是刚刚“出徒”的我们必须具备的一种能力。

练就一双火眼，不被假象所迷惑

我们绝对不能被表面现象所迷惑，当遇到不能看透的事情时，不妨多看几眼……

唐僧西天取经，有孙悟空一路随行，因此能够识别众多的妖魔鬼怪。而 20 几岁的年轻人闯荡社会，却只能只身前行；年轻人善变，却不像孙悟空的七十二变那样可以保护自己；20 几岁的年轻人在寻找“成功圣经”的路上，必须既做孙悟空又做唐僧，只有这样才能在变幻莫测的花花世界中认清事物的本质，一路顺利地前行。

孙悟空的火眼是在太上老君的丹炉里练成的，而年轻人看透事情的火眼则需要细心观察、积累经验和灵活思考来提升自己的功力。

古时候有一个精明的商人要买一头驴。一个卖主殷勤地向商人推荐一头好吃懒做且没人愿意买的驴。卖主指着那头驴说:“那是本店最勤快的驴，你看，它不停地在拉磨。”

商人看了看，那头驴果真在拉磨，似乎很卖力的样子。但商人并没有马上答应下来要买这头驴，商人说要牵回去试用一天。卖主为了早日把这头驴卖掉，答应了商人的要求。于是商人付了押金把驴牵回家了。

商人为试试这头驴到底好不好，就把它带去饲养，并且好吃好喝地照顾它。结果，商人发现，这头驴每次都会吃得饱饱的然后就打盹睡觉，很少站起来走动。

商人认清了这头驴好吃懒做的本质，马上把驴送回给卖主。后来他发现，以前看到的那头驴在拉磨的情形是卖主故意设计的，而磨也是假的。

商人没有被表面现象所迷惑，为自己挽回了损失。

通过这个故事我们了解到，商人第一次看到驴拉磨的样子是店主故意设计的，而聪明的商人当然不会因为看到了就真的相信，他通过用心观察发现了这头驴子懒惰的本质，并为自己挽回了损失。商人这种细心和善于观察的本领是我们每个人闯荡社会都应该学习的，尤其作为20几岁的年轻人，不能因为自己年轻，做任何事情就都跟着感觉走，感情丰富是好事，但若是被人利用就适得其反了。

如今，越来越多的企业在招聘新人尤其是20几岁的年轻人的时候，都会考察应试者分辨事物真伪的能力，看你能不能够看清事物的本质，不被表面现象所迷惑。

一位女企业家想聘用一名秘书，为了考察应聘者的能力，她亲自乔装，扮成一名在面试现场打扫卫生的老妇人。面试场地拥挤了为数不少、打扮得花枝招展的年轻女性，她们大都在忙着整理衣服、补妆，还有的忙着发信息、打电话，其中也有几个在看书和杂志。

女企业家提着一个垃圾筒从她们身边慢慢走过，也对她们进行了一一的观察，当她从头到尾看了一遍又重新回到场地中间时，她装作不小心的样子打翻了垃圾筒，筒里的垃圾掉了出来，有些瓶子滚得到处都是。她这种举动吸引了室内全部的眼光，然而几乎所有人都只是扫了一眼，就继续做自己的事了，只有两个人对她伸出了援助之手，其中一个还亲切问候她，并帮助她把垃圾送去外面的垃圾回收站。结果，在这个年轻人回去接受面试的时候，女企业家给公司人事部打了电话，驱散了那些冷漠的年轻人。

事后，这个年轻人在同朋友庆祝面试成功时感慨地说，“面试要多个心眼，不要糊里糊涂，只顾考虑如果表现自己。如果不是我发现那老妇人手上戴着的那块名表，也不会看出女企业家的高招，抓住这次机会。”

年轻人的善于观察，让他在竞争中脱颖而出。换个角度说，这位女企业家和大多数的老板不一样，她采用了亲自观察、亲自考察的方式对应聘者进行了深入的了解，她也顺利地找到了自己理想的秘书人选，想必，这也是她能够成为一个女企业家的秘诀吧。

年轻人没有孙悟空那样的本事，没有火眼金睛可以看透妖魔的本来面目，当然就算事后看清了，也没有能力去降妖除魔，去改变既成的事实，所以我们最好在没有陷入错误之中的时候就即时地擦亮眼睛，通过反复的观察和思考去选择一条正确的道路。也只有这样我们才能在今后的工作和生活中，走出一条更为平坦的道路！

发现需求，小产品撬动大市场

成功并非是干出惊天动地的大事．在商场上．满足顾客需求的小产品更具有大商机。

很多 20 几岁的年轻人都有创业的想法，也曾有过惊天动地的大计划，眼光更是极其长远，未来几十年的发展都规划得清清楚楚。这样的人有可能在天时、地利、人和等诸多有利因素聚齐的情况下，开创一番大事业。然而，更现实的情况是，他们的计划只能停留在纸面上，实施起来毫无机会和可行性。

大梦想和大计划无需从大行动开始，在商场上，能够满足顾客需求的产品，才会受人欢迎。成功的投资人告诉年轻人：收集信息，了解客户需求是开展投资项目的开始，同时，是否有效实现客户需求成了项目本身成败的关键。

生活中有许多小商品虽然不太起眼，但它的需求量很大，或者是人民生活所必需的，或者是工业产品所配套的。对于年轻人来说，如果你有眼光，能够从这些小商品中发现顾客的大需求，抓住机遇，做成自己的事业就不是遥不可及的事情。

1973 年，年仅 15 岁的格林伍德收到别人送给他的圣诞节礼物，一双

冰鞋。他非常高兴，因为他一直渴望有滑冰的机会。

拿到这件礼物后，格林伍德马上就跑出屋子，到离家很近的结了冰的小河上去溜冰。可能是他初次出来，他感觉到天气太冷了，一溜冰，耳朵被风吹得像刀子割了似的。他戴上了“两片瓦”式的皮帽子，把头和腮帮捂得严严实实的，一玩起来又热得满头是汗。

格林伍德想，自己戴的这种皮帽子运动起来很不舒服，冬天很多人只是耳朵冷，应该做一件能专门捂得住两边耳朵的东西。他发现人们对于护耳朵的产品的需求后，就开始琢磨这样一个小产品。他在构思出轮廓后，回家请妈妈照他的意思做。他妈妈摆弄了好半天，缝出了一双棉的耳罩。格林伍德戴上它去溜冰，果然挺管用。一些朋友见到了，也向格林伍德要。格林伍德和妈妈商量，去把祖母也叫来，一起做耳罩。经过几次修改，耳罩做得更适合，也更好看了。小格林伍德把它取名为“绿林好汉式耳套”，并且向美国专利局申请了专利。一双耳套能值多少钱？申请专利又有什么用？

答案是：小格林伍德后来成了世界耳套生产厂家的总首领，靠着这个小产品，他成为了百万富翁。

年轻人要有眼光，生意不分大小，有需求的地方，就有市场，就有赚钱的机会。改革开放之初，市场竞争异常激烈，浙江省许多民营企业不贪大求洋，专门生产纽扣、茶杯、牙刷等小商品，结果竞争力大增，创造了多项世界第一。可见，在市场竞争的角逐场上，企业要发展，绝不能忽视小商品的生产，因为有些小商品虽然利小，但市场需求量特别大，照样能赚大钱。

20世纪初期，由于生活条件的改善，胖人越来越多，于是健身成为一种热潮。人人都想使自己变得苗条秀丽，而减肥的一个首要办法就是减少热量的摄入，因此很多高营养的食品被冷落了。含高“卡路里”的汉堡包更是遭受了前所未有的冷遇，生意日渐萧条。可是里布曼和里巴克两个年轻人却在这种时候办起了一家新的汉堡包食品店，并取得了巨大的成功。

里布曼和里巴克原来都是广告公司的职工，负责市场调查业务，因此他们俩对市场动态比较了解。他们因为没有太多的资金不能开大的公司，只能做一些投入少的生意，于是就决定开一家汉堡包饮食店。当时的情况是一方面汉堡包店林立，好的地盘都被别人占了；另一方面这种食品已逐渐被顾客冷落。所以，在一般人眼里，开这种店是无利可图的，没有什么前途。有人预言他们必赔无疑，可他们却很有信心。

里布曼和里巴克认为任何竞争激烈的行业，都有可利用的空间，就看竞争的手段怎样。竞争当中智者胜。他们凭着这种信念开始调查汉堡包市场，结果发现了一个有趣的现象：众多的汉堡包店为了争取顾客，开始在“量”上做文章，争相出售大型汉堡包。但怕胖的顾客根本不敢吃完这么大的一个汉堡包，所以常常将吃了一半的汉堡扔到垃圾箱里，造成了很大的浪费。而且大汉堡吃起来也很麻烦。另一些汉堡包店为了在竞争中生存，又相继推出了越南风味和以色列风味等外国口味的汉堡包。

这种改进虽然取得了一些效果，但生意仍然不理想。通过全面调查，他们俩充分了解了市场状况，因此两个人胸有成竹地开起了具有自己特色的汉堡包食品店。其产品与众不同的主要特点是体积比一般的汉堡包小得多，只是大汉堡包的六分之一，称为“迷你型”汉堡包。使人们意想不到的是他们的小汉堡包极受消费者的欢迎，特别是受到女士们的青睐，很快就成为热销食品。五年以后，其他大汉堡店相继倒闭，而“迷你型”汉堡包店却发展迅速，很快成为拥有 10 家分店的饮食公司了。里布曼和里巴克准确把握了顾客的需求，靠着小汉堡白手起家，成就了自己的财富梦想。

如里布曼和里巴克一样，不管你销售的产品是大是小，只要满足顾客的需求，就能深受他们的欢迎。如果你准备创业，对市场进行详细调查，收集信息，挖掘顾客心理是先前的工作，在做好这些工作后适时推出满足顾客需求的产品。无论这种产品竞争如何激烈，只要抓住了顾客的心，就一定会在竞争中脱颖而出。

捕捉灵感，成为创业高手

偶然间的一个灵感，有心人抓住了它．将它进行商业化运作．就成了创业的一趟直达快车。

只因一时的突发奇想，甚至是凭空想象，就大胆实践的人，也许是傻子，因为他们没有经过更多的论证和实验，风险极大。也或许，他们是鬼才，是命运青睐的成功人士。沃尔特·迪斯尼恰恰是后者。

迪斯尼的名字家喻户晓。英国政治漫画家大卫·罗说：“沃尔特·迪斯尼是自达·芬奇以后，绘画界最显赫的人物。”美国哥伦比亚广播公司评价迪斯尼时说：“迪斯尼是一位富有创造性的天才，他为全世界的人带来了欢乐，但若我们仅仅从这一方面去判断他所作出的贡献，仍是不够的……迪斯尼在医治、安慰人类心灵方面所作出的贡献，也许比世界上任何一位心理医生都要大。”

在孩子们的眼中，迪斯尼就是欢乐的代言人。迪斯尼公司在它的发展历程中，创造了无数深入人心的动画形象，最突出的例子就是米老鼠。沃尔特·迪斯尼认为，正是米老鼠这一灵感的闪现，并将它成功地创造和推出，使迪斯尼公司不断发展壮大，从某种程度上说，没有米老鼠，就没有如今的迪斯尼公司。

沃尔特·迪斯尼从小就有绘画天赋，尤其对漫画情有独钟，他喜欢漫画几乎到了痴迷的程度。他的漫画既活泼又幽默，深受老师和同学们的喜爱。学生时代就被冠以“小漫画家”的美誉。

成年以后，他从自己的兴趣爱好出发，组建了一个“欢笑卡通公司”，通过“卡通片”打造自己的天下。创业初期，卡通片题材只限于改编一些原有的传统故事，如《灰姑娘》、《爱丽斯仙境漫游记》等。沃尔特认为要想在卡通片市场有所作为，就一定要推陈出新，创造出全新的卡通形象，这样才能吸引观众的目光。为了创造新的卡通形象，他常常手拿画笔，坐在书桌旁冥思苦想，草稿不断地被扔进废纸篓，但一直设计不出满意的卡通形象。于是他决定走出去，到外面寻找创作灵感。

有一天，沃尔特听说加州要举办儿童玩具展销会，他饶有兴趣地特意坐火车赶往加州，希望从那里能获得一些启示。

夏日的骄阳，透过玻璃窗洒满了整个车厢，乘客们昏昏欲睡，沃尔特看了一会儿书，也有些困意了。不知不觉也闭上了眼睛，这时在他的眼前出现了一片绿草茵茵的牧场，天空蓝蓝的，青青的草地上溪水环绕，真是世外桃源般美丽和安宁。这时，一只灰色酷似老鼠的小动物跃人眼帘，它在沃尔特眼前又蹦又跳，满脸笑意，显得机灵又顽皮。沃尔特想靠近它，它却“噌噌”地跳到了别处，一边还不时地回头东张西望，好像在对沃尔特说：“来呀，来呀，快来追我呀！”不一会儿，它又笑眯眯地蹦到沃尔特跟前，它好像很喜欢和沃尔特玩耍。这时，哐的一声，火车的临时刹车声使沃尔特睁开眼睛。他这才知道是个梦，想到梦中那只活泼可爱的老鼠形象，他马上来了灵感。沃尔特立即拿起画笔，在纸上画了起来，不一会儿，一只可爱的老鼠形象就跃然纸上。望着这只神气活现的小老鼠，沃尔特马上想到，若将这只老鼠作为新的卡通形象，一定会大受欢迎。

果然不出沃尔特所料，以米老鼠为主角拍摄的系列卡通片一上映，就在全美国引起了轰动，各大影院人头攒动，票房收入一路飙升。沃尔特一夜之间成了妇孺皆知的名人，沃尔特的事业由’此获得了空前的成功。一只活泼可爱、勇敢善良的米老鼠，不但赢得了孩子们的喜爱，无数成年人也为之痴迷，沃尔特也正是借着米老鼠这个灵感，开创了白手起家的传奇道路。

评论家说，沃尔特·迪斯尼是一个白手起家的传奇式人物，他靠自己的灵感创造了世人皆知的米老鼠形象，他利用娱乐赚钱的商业模式被后来诸多

的年轻人效仿。他的名字就是一种梦想的象征，他的灵感改变了世界的面貌。

灵感的信息是稍纵即逝的，我们常说思想是一笔宝贵的财富，听得多了，也就左耳朵进，右耳朵出，少有人细细琢磨这句话的深切含义。偶然间的一个灵感，有心人抓住了它，将它进行商业化运作，就成了创业的一趟直达快车。

威尔逊在一家洗衣店里打工，一晃两年过去了，薪水依然微薄。除了靠卖力加班多赚些钱外，没有其他的改善生活的好办法。

但威尔逊和其他的打工仔不同，他很善于观察，在闲暇时总爱思考问题。他发现洗衣店每次都把刚熨好的衬衣折叠在一块硬纸板上，防止它再次褶皱。他从老板的口里得知，这种衬衣纸板每千张要花费4美元。突然间，他想到了一个主意，以每千张1美元的价格出售这些纸板，并在每张纸板上登上一则广告。登广告的人当然要付广告费，这样他就可从中得到一笔收入。威尔逊有了这个灵感以后，就开口和老板商量合作，赚得的钱一人一半。老板欣然同意了。

事实证明，这样做是行得通的，威尔逊的收入越来越多，不久就成了这家洗衣店的半个老板。但过了一段时间，他发现衬衣纸板一旦从衬衣上撤除之后，顾客很少保留，广告的作用不能实现最大化。于是，他给自己提出这样一个问题："怎样才能使许多家庭保留这种登有广告的衬衣纸板呢？"他解决的方法是在衬衣纸板的一面，继续印一则黑白或彩色广告。在另一面，他增加了一些新的东西——一个有趣的儿童游戏；一个供主妇用的家用食谱；或者一个引人入胜的字谜。效果很快产生了。有一次，一位男子抱怨，他的妻子把刚洗好的衬衣又送到洗衣店去了，而这些衬衣他本来还可以再穿穿。他的妻子这样做仅仅是为了多得一些威尔逊的菜谱。就这样，瞬间的灵感给威尔逊带来了可观的财富。

在现实生活中，像威尔逊这样的打工仔很多，能够抓住突发的灵感，走上创业道路的却是极少数。

灵感本身不是一种财富，当你利用它解决商业问题时，它就与金钱成了最好的伙伴。古今中外，无不如此，只有少数人抓住部分灵感，不折不挠地完成了创新，实现了创新的价值，成了发明家、科学家、企业家。20几岁的年轻人要成为捕捉灵感的高手，在一瞬间，成就自己的致富梦想。

搏击商海，信息就是商机

搏击商海，信息就是商机，把握住了有益信息就等于牵住了财富之手。能够准确地甄别出有益信息并为我所用，是成功的不二法则。

有一个商人的年轻女儿，在商人与客人的闲聊中，听到客人说了一句话：今滴水未降，但据气象部门预测，明年将是一个多雨的年份。

说者无心，听者有意。商人的女儿从朋友的话里，发现这是一条很有价值的信息，是一个不可失的商业机会。什么与下雨关系最密切呢？当然是雨伞。

女儿把自己的想法告诉了商人，商人也觉得有道理，便立即着手调查当年的雨伞销售情况，结果是大量积压。于是他同雨伞生产厂家谈判，以明显偏低的价格从他们手中买来大量雨伞囤积。

转眼就是第二年，天气果然像气象部门预测的那样，雨真的下个没完。商人囤积的雨伞一下子就以明显偏高的价格出了手，仅此一次，商人就大赚了一笔。当然事后商人没忘记女儿敏锐的观察力和出众的分析能力，给了她很大一笔钱作为奖励，并鼓励她开始自己的创业之路。

这位商人的女儿在与客人的聊天中捕捉到了明年多雨的信息，并且挖掘到了这条信息中潜在的价值，她充分地整合信息、正确地分析模糊信息，然后加以有效运用，并在父亲的帮助下订立计划，切实行动，使得信息发挥了最大效力。

信息充斥在我们的生活中，有心人会判断哪些信息是有价值的，发现信息背后的财富。如果20几岁的我们能够用一种发散的和创造性的思维处理问题，久而久之触类旁通，成为一个出色的年轻人也就不是什么难事了。

在奥斯维辛集中营，一个犹太人对他的儿子说："现在我们唯一的财富就是智慧，当别人说1加1等于2时，你应该想到大于2。"纳粹在奥斯维辛毒死50万人，父子俩却幸运地活了下来。

1946年，他们来到了美国，在休斯敦开始做铜器生意。一天，父亲问儿子1磅铜的价格是多少？儿子答35美分。父亲说："对，整个得克萨斯州都知道每磅铜的价格是35美分，但作为犹太人的儿子，你应该说3.5美元。你试着把一磅铜做成门把手看看。"

20年后，父亲死了，儿子独自经营铜器店。他做过铜鼓，做过瑞士钟表上的簧片，做过奥运会的奖牌。他曾把1磅铜卖到3500美元，这时他已是麦考尔公司的董事长。然而，真正使他扬名的是纽约州的一堆垃圾。

1974年，美国政府为清理翻新自由女神像所扔下的废料，向社会广泛招标，但好几个月过去了，没人应标。正在法国旅行的他听说后，立即飞往纽约，看了看自由女神像下堆积如山的铜块、螺丝和木料，未提任何条件，当即就签了字。

纽约许多运输公司对他的这一愚蠢举动暗自发笑。因为在纽约州，垃圾处理有严格的规定，弄不好会受到环保组织的起诉。就在一些人等待着要看这个得克萨斯人的笑话时，他开始组织工人对废料进行分类。他让人把废铜熔化，铸成小自由女神像；他把木头加工成底座；他用废铅和废铝做成纽约广场的钥匙。最后，他甚至把从自由女神像身上扫下来的灰尘包装起来，出售给花店。不到3个月，这堆废料在他手中变成了350万美元。

20几岁的年轻人经常抱怨致富无门，其实致富的信息已经叩门无数次了，只是看人们怎么处理。思维活跃的人看到了问题背后的机遇，木讷死板的人看到的是解决问题的繁琐。垃圾几乎在每个人眼里都是多余的、一无是处的东西，然而这个犹太人的儿子却看到了它内在的商业价值，最后使一堆废料变成了手中巨额的财富。

对于年轻人来说，不管你现在的生活状态如何，社会地位如何，你都可以广泛地去接触各种信息，尤其是在现代社会，电视、广播、网络媒体的盛行，使我们获得信息的渠道大大加宽了，每个人都可以很轻松地获取到自己想要的信息，从诸多的信息中，发现和创造更多的价值。

思考不少成功者的专利，年轻人同样可以有很出色的思想，因为年轻，所以敏感，对社会新闻的捕捉力强，往往比年老的人更能够快速地掌握信息，如果你能够善加利用自己的长处，在处理事情中运用这些技巧，相信无论是工作或者生活，都会在你的打理下，井井有条、蒸蒸日上。

挖掘想法，思考更能致富

一个人的成功。从谋略上讲。归根结底是“想”出来的。

从小到大，在成长的过程中，我们总要借助一个个伟人身上投射出来的哲理启迪自己。在品读众多的别人的人生故事时，你会发现，几乎每一个人的成功都源于一个伟大的想法，而故事的主人公无一例外地会遇到怀疑和困境。而他们的过人之处就在于能够使这些杂音在头脑中沉寂下来，坚持自己的意见，让自己坚定正确的行进方向。他们的“疯狂”并非真的盲目，其中蕴含着目的，蕴含着谋略。正因为如此，他们对自己的行为抱有积极的态度。用思考为自己开拓，用行动向别人证明自己的判断。

二十多年前很多国家都不敢申办奥运会。苏联曾经举办过一次，一下子就赔了几十亿美元。但是，1984 年美国洛杉矶奥运会彻底改变了这种局面，并且创造了奇迹。当时的运作者是商人尤伯罗斯。

尤伯罗斯以两万美元开了一个户头，在一间非常小的办公室开始工作。

看起来，尤伯罗斯简直是在玩游戏。可他通过改变思路，把奥运会点铁成金了。

以往的奥运会，一定是离不开新闻媒体的支持。任何人搞活动都要请电视台过来，更何况奥运会呢？这个时候，尤伯罗斯扭转了一下思路：谁通过奥运会赚了钱，我就要赚他的钱。如果不用媒体做新闻宣传会有什么后果？我先不想这个问题，我只想他们通过这个奥运会赚了多少钱。

于是，他决定：这个奥运会的转播权不能无偿给电视台，必须有偿使用。怎么有偿呢？采取一种办法，独家拍卖转播权。只有一家企业，能通过拍卖得到这个转播权。

这么一说，员工都觉得不可思议，你把电视台得罪了，这个奥运会还怎么开得起来呢？

于是，尤伯罗斯问员工："我们组织这次拍卖会能有多少收入啊？"

大家都不吭声，过了半晌，终于有一个员工说："也许他们可以拿到3000万吧！"尤伯罗斯摇头。

又有人说："5000万吧！"他还是摇头。"8000万！""1亿！"最后都说到了1.5亿。

尤伯罗斯仍然摇头："哎呀！你们真是太没有想象力了！"

大家对他的话深表怀疑。而最后的结局呢？是独家转播权拍卖到了2亿多美元。

你们是不是觉得尤伯罗斯的招数很绝呢？更妙的还在后面。

大家看奥运圣火的传递，大多是花钱请名人或运动员来做传递者。想想看，那得花多少钱啊！而尤伯罗斯却说："不要，奥运精神有一点就是重在参与，火炬传递为何一定要名人来干呢？"

于是，他决定将"跑步权"出售。将1.5万公里的长跑，分成1.5万份的1公里一段卖出去，跑1公里的价钱是3000美元。

这怎么可能呢？哪儿有人会傻到自己花钱买罪受啊！但结果还真有很多人来买。为什么呢？因为别的不说，这1公里路，起码自己会成为公众关注的热点。现代人渴求展示自己，可又缺乏机会。而这，不正是展示自己的一个好机会吗？

他这一把又多创收4500万美元。

很多人在为尤伯罗斯的惊人之举感叹之余也在想：为什么我们没有想到呢？这是因为他有颗聪明的大脑，他的想法更具创新性、超前性。

其实，命运对待每个人都是公平的，我们也许没有尤伯罗斯那么聪明的大脑，但是每个人都肯定会有思考能力，对任何事情都会有自己的想法。想法是大脑的活动，人的一切行为都受它的指导和支配。想法虽然看不见、摸不到，但它真实地存在着。哲人说，一个人有什么样的想法，就会有什么样的命运。

有一次，一个名叫摩根的年轻人被公司派往古巴的哈瓦那采购海鲜货物。回来的时候，货船在新奥尔良码头作了短暂的停泊休憩。闲来无事，摩根便在码头上信步闲逛。

突然，一位陌生人从后边拍了一下他的肩膀，并问他是否有兴趣购买一船咖啡。对任何事都感兴趣的摩根就跟他交谈起来。从谈话中得知，此人是一艘巴西货船的船长，正在为一个美国商人运来一船咖啡。可是，货到了，收货人却破产了，无法接收，只好就地贱卖抛售。

摩根看了船长拿出的样品，觉得咖啡的成色还不错，他左思右想，在进行了一番统计后，果断地决定全部买下。

要知道，对一位职员来说，仅凭自己一时的简单想法就做出这样的决定要冒极大风险。第一，摩根初出茅庐，还没有商业实践经验，万一判断失误怎么办？第二，摩根还没有找到合适的买家，万一这批货卖不出去，后果不堪设想。第三，此事还未经过公司批准，万一上面怪罪下来怎么办？

但摩根凭着自己的想法，果敢买下这批咖啡，然后用电报通知公司。他很快接到公司的回电：赶快退货。这样，摩根陷入进退两难之境。但是，他相信自己的直觉判断没错，并没有畏惧退缩。于是，他决定向自己的父亲求援。他的父亲也是一个冒险家，对儿子的行为十分赞赏，当即决定投资。

受到父亲的支持，摩根索性大干一场，把码头上其他几条船上的咖啡也以很便宜的价格买了下来。气魄之大，令人惊叹。不久，巴西咖啡因为受到寒潮侵袭而产量骤减，市场供应量猛然少了许多。物以稀为贵，咖啡的价格一下子涨了好几倍。

于是，摩根由此大赚特赚，取得了第一笔巨额的风险收益。

此后，摩根创办了自己的公司，进行了一次又一次令人惊叹的“风险投资”，大获其利，并最终成为左右美国经济达半世纪之久的金融巨擘。

年轻人要想取得成就，从谋略上讲，归根结底是“想”出来的。只有敢“想”，会“想”的人，才会有伟大的行动，才会成为成功者的候选人。

对于有心人来说，机会无处不在

莎士比亚曾说：“好花盛开，就该尽先摘，慎莫待美景难再，否则一瞬间，它就要凋零萎谢，落在尘埃。”

富人说，在众多促成自己实现一步步飞跃的因素中，机会就像一个装有弹簧的踏板，踩到它，你会被弹得很高很高，甚至让你腰缠万贯。机会就像一个美丽但性情古怪的天使，她随时都会降临在你身边，如果你有一双慧眼，就会发现她、抓住她，成功就会降临；如果你稍有不慎，她又将随风而去，即便你扼腕叹息，她也不会回头。

20几岁的年轻人不要总是抱怨没有好的机会降临在你身上，不要总想着会有兔子撞到你面前。成功的机会无处不在，关键在于你是否是个有心人。聪明的年轻人能从一件小事中得到大启示，有所感悟，化成成功的机会。而愚笨的人即使机会放在他面前他也不知。

一天早上，日本狮王牙膏公司的职员加藤信三为了赶去上班，匆匆刷牙，牙龈被刷出血来。他怒气冲冲，上班路上仍是一肚子的牢骚和不满。

在心头火气平息下去后，他便和几个要好的伙伴们提及此事，并相约一同设法解决刷牙容易伤及牙龈的问题。

他们想了不少解决牙龈出血的方案，诸如：牙刷改为柔软的狸毛；刷牙前先用热水把牙刷泡软；多用些牙膏；慢慢地刷牙……但是效果都不太理想。

他们进一步仔细检查牙刷毛，在放大镜底下，他们发现刷牙毛的顶端并不是尖的，而是四方形的。“难怪会伤牙龈，”加藤信三想，“把它改成圆形的不就行了！”于是他们着手进行改进。

经过试验，他们改进后的这种牙刷，刷毛不仅能伸进齿缝更好地清洁牙齿，而且一点也不像以前那样坚硬了，基本不会出现是牙龈出血这样的现象。取得实效后，他们正式向公司提出了这项改变牙刷毛形状的建议。公司很乐意改进自己的产品，果然把全部牙刷毛的顶端改为圆形。

改进后的狮王牌牙刷经过广告媒介的宣传，销路极好，连续畅销十多年之久，销售量占全国同类产品的30%—40%。加藤信三也由职员晋升为科长，而后成为公司的董事长，开始了人生的财富之门。

从一个小小的普通职员，一跃成为公司的董事长，这是多少人连想都不敢想的事情。也许加藤信三也没有如此的宏图大志，但他是一个有心的人，也正是他的用心和专心，把牙刷的改进问题变成了改变人生轨迹的机遇，才有了日后不凡的成就。

机遇的身影经常在你的生活中若隐若现地晃动，但它的存在不是显露的，也就是说并不是每一个人一眼就能看到它，从而捕捉到它。机遇的存在是潜隐的，它隐藏于纷繁复杂的生活之中。机遇不像时光老人那样无私地给予每一个人，机遇只垂青那些有心人。

叶玲玉本是福州一家工厂的普通工人，她在工厂工作时就发现，工业路沿线企业众多，可是为企业职工服务的个体小吃店却很少，不能满足工人们的需求。许多工人上班后肚子饿了，没地方就餐，只好忍饿回家。

敏感的叶玲玉是个有心人，她看准了这机会，借钱买了烘箱等制作面

包糕点所需的全部设备，在工业路开设了一家乐凯面包屋。她自己制作自己销售，依据顾客的需求数来制作糕点面包，充分保证食品的新鲜度。

乐凯面包屋一开张，马上就受到工业路沿线企业干部职工的欢迎，生意十分红火。有不少企事业单位还前来预订面包，作为职工们的夜班点心。

一次，有三个英国商人到工业路的一家工厂参观访问后散步走进了“乐凯”面包屋，看见店里有西式面包卖，想买几个尝尝。叶玲玉自学过英文，这时终于有了用武之地，她迎上前去，连说带比划，和这三个英国人交谈起来。这三人十分高兴，买了几个面包来尝，一吃发现味道很好，高兴地跷起了大拇指。临走时，叶玲玉又送给他们一袋刚烘烤出来的新鲜面包。令她没有想到的是，这三位英国人中有一位平时颇喜欢写作，就把这次福州之行中遇到面包屋的事写了出来，发表在香港一个著名的经济刊物上。

这一来，乐凯面包屋声誉大振。许多港台同胞读了这篇文章后，到福州时都慕名到乐凯面包屋去,从而大大扩大了乐凯面包屋的知名度和经营范围。

现在，叶玲玉的面包屋已成了当地知名的连锁店，她本人也成为身价百万的女老板。

对于渴望白手起家的有心人来说，敏锐的眼光和积极的行动，才能使你撩开笼罩在机遇身上的神秘面纱，从而捕捉到它并利用它，将其变为宝贵的物质财富。

然而，现实中的很多人，就如莎士比亚曾感叹的一样：“好花盛开，就该尽先摘，慎莫待美景难再，否则一瞬间，它就要凋零萎谢，落在尘埃。”很多人之所以走不出平凡的牢笼，是因为他们缺乏发现机遇的眼光和把握机遇的能力，等到机遇稍纵即逝后，才对此感到懊悔：“也许我应该更好地把握住那些机会。”机遇不等人，如你稍不留心，它就擦肩而过。

其实，在我们的生活中，机会并不是路边的石头，总是安静地在路边，等着你去捡起它。机会就好像天空中的鸟，时常会在空中召唤你，但你要做个有心人，能够抬头发现它，捕捉它。做个有心人，你会发现生活中处处都充满致富的机遇。

只有独特的眼光，才能发现蒙尘的金子

眼光就是当别人不明白时，你明白自己在做什么；当别人不理解日寸，你理解自己在做什么。所以当别人明白时你已经成功了，当别人理解时你已经富有了。

在我们身边，反复上演着小人物拼搏致富的故事。其中的主角或许是你的朋友、亲戚、同事，或许是你的敌人。当你羡慕他们能赚得令人眼馋的金钱和具有传奇色彩的经历时，在心里，抑或更会情不自禁地上前问一句："你咋富起来的呢？白手起家，太牛了！"

如同哲人说的那样，富有和谦虚常常并肩而行。多数白手起家的富人在谈起致富经验时多会三言两语轻轻略过，慷慨激昂地一言蔽之，也大多会说出那句财富格言："我们身边并不缺少财富，而是缺少发现财富的眼光。"

真的是眼光的不同，使得财富择渠而流吗？白手起家并成为亿万富翁的比尔·盖茨的话给了我们答案。

美国《财富》杂志和《福布斯》杂志访问比尔·盖茨时问他说："比尔，你身为世界首富，你到底是怎么样成为世界首富的呢？因为只有你才可以告诉我们成为世界首富的秘诀。"

比尔·盖茨淡淡地答道："事实上我之所以真正成为世界首富，除了知识、除了人脉、除了微软软件公司很会行销之外，有一个前提，是大部分人没有发现的，这个关键就叫做眼光好。"

机会并不是不可求的，只要你稍稍转动你的脑筋，并且细细地观察，你会发现，其实生活中充满了财富。但更为现实的是，很多时候，我们总是抱怨没有机会，没有人帮助我们，抱怨世界不公平，抱怨自己没有好的

出身，没有好的关系……其实，我们缺少的不是这些条件和机会，最重要的，我们缺少的是发现机会的眼光以及把握机会所需要的足够的智慧。想要白手起家的人要明白，事物的价值和优势并不如你表面上看到的和想到的那样，就如那座旧房子，很多东西不是没有价值，而是你没有发现它的价值；很多东西不是不能创造财富，而是你没有发现它身上携带的珍珠。

闻名于世的希腊船王奥纳西斯，曾经是流浪在阿根廷的穷小子，正是由于他慧眼识珠、发现机遇，才使得他白手起家，创造了一番伟业。

1929 年，世界范围内的经济危机把阿根廷经济推人黑不见底的深渊：工厂倒闭、工人失业、民生凋敝、百业萧条，海上运输业也在劫难逃。奥纳西斯得知加拿大国营铁路公司为了渡过危机，准备捐卖产业，其中 6 艘货船 10 年前价值 200 万美元，如今每艘仅以 2 万美元拍卖，他像猎鹰发现猎物一样，极为神速地前往加拿大商谈这笔生意。他的这一举动令同行们瞠目结舌，认为他太不理智了，这无异于把钞票白白抛人大海。但奥斯纳西没有听他们的劝告，因为他看到，经济的复苏和高涨终将代替眼前的萧条，随着经济的振兴，货运运输必将重新获得高额利润。于是，他果断而坚决地做下去。不出所料，神奇的机会来了，经济危机过后，海运业的回升和振兴，使奥纳西斯从加拿大购买的那些船只一夜之间身价陡增，他一跃成为海上霸王，大量财富源源不断地流进他的腰包。

有人问，什么是独特的眼光，我怎么没有呢？从奥纳西斯的身上，我们可以总结到：眼光就是当别人不明白时，你明白自己在做什么；当别人不理解时，你理解自己在做什么。所以当别人明白时你已经成功了，当别人埋怨时你已经富有了。

独到的眼光让那些抱有强烈的白手起家欲望的人不甘于因循守旧、墨守成规，能够看准时机，敢于冒险；激励他们“海阔凭鱼跃，天高任鸟飞”；同时也警醒自己学会选择、懂得放弃，看准时势而行。

“经济泡沫”这个词在经济发达的现今社会经常被人提及，殊不知，这个词是从荷兰的“郁金香泡沫”开始的。众所周知，郁金香是荷兰的国花，在 17、18 世纪的时候，郁金香被炒到离谱的价格，很多小商贩也借此白手起家，但其中一批低价格进货的商人慧眼识势，激流勇进，成为真正从泡沫中，从潮流中获利的人。而更多的商人最终都卷入了破产的泥潭。

哲人说，一双发现机遇和财富的眼睛，远远要比金钱更有价值。就如亿万富翁洛克菲勒所说：“如果有一天我被扔在了沙漠里，只要有一队骆驼经过，我可以重建我的王国。”而美联储主席格林斯潘是这样评价这句话的：“这些词汇比整个洛克菲洛所有财富还要宝贵。”而这句话所诠释的主题就是，一个聚敛财富的人首先要有一双发现财富和机遇的慧眼。

不是缺少财富，而是缺少发现它的眼睛

爱献生说：“智慧的可靠标志就是能够在平凡中发现奇迹。”其实把市几会转变成财富，是需要发现财富的眼光的。

眼光不同。取得的结果就不一样。在我们大多数人的一生中，并不是没有创富的机会，而是我们没有为机会做好充分的准备。当机会降临时，我们没有把机会当成机会，而唾手可得的财富，便从我们的眼皮底下轻易地溜走了。其实把机会转变成财富，是需要发现财富的眼光的。眼光不同，取得的结果就不一样。

艾尔萨·佩奇是一位年轻的空中小姐，她曾经为一个朋友张罗过婚礼。她的朋友和大多数即将出嫁的新娘一样，面对着没完没了的琐事不知所措：找教堂和举行婚礼的大厅，安排饮食、租豪华轿车、选婚纱、为伴娘挑选服饰、选花、筹划蜜月之旅、发请柬……看着好友焦头烂额，佩奇突然产生了一个想法：为什么不向新嫁娘提供一揽子婚礼策划服务呢？很快，英国最大的婚礼服务中心问世了，由一群婚礼筹划人来张罗大喜日子里的每

一件事，这家新企业就是新嫁娘公司，这家新嫁娘公司成立后，生意异常红火，赚了个盆满钵满。

几乎每个人都要做新郎或新娘，艾尔萨·佩奇只是参加朋友的婚礼，却把自己从空中小姐提升到一个行业的创始人，一位令人仰视的富翁。很多人都感觉到了筹备婚礼的劳累，而艾尔萨·佩奇于区别他人的只是，她想到了怎样去解除人们所累。

机会对于不能利用它的人又有什么用呢？正如风只对于能利用它的人才是动力。抱怨机会的人，是那些不懂得发现的人。像艾尔萨·佩奇这样获取成功的人，都是善于思考，对机遇异常敏感的人。

加州海岸的一座城市中，所有适合建筑的土地在不断的开发中都已经被开发，并被予以利用，城市的地皮不断飙升着。面对城市一边满是陡峭小山，和另一边因为地势太低而每天都要被倒流的海水淹没一次的土地，一些开发商常常无奈地连连感慨。

一天，一名叫杰克的普通职员到这个海岸来度假时，他不禁欣喜若狂并立刻预购了那些因为山势太陡而无法使用，以及那些因为地势太低每天都要被海水淹没一次而无法使用的土地。因为这些土地都被认为并没有太大的价值，他的预购价值很低。然后，杰克用了几吨炸药，把那些陡峭的小山炸成松土，再利用几台推土机把泥土推平，原来的山坡地就成了很漂亮的建筑用地。同时，他又雇用了一些车子，把多余的泥土倒在那些低地上，使低地超过水平面，那些低地也变成了漂亮的建筑用地……很快，建筑商蜂拥而至，争相抢购这些建筑用地。当这些建筑用地都出售后，杰克从一名普通职员变成了富翁。

爱默生说："智慧的可靠标志就是能够在平凡中发现奇迹。"成功需要发现它的眼睛。善于动脑，有一双敏锐的眼睛，发现别人不注意的东西，把平常之物变为不平常，这就是智慧的力量。

20几岁的我们要坚信，机遇并不是那么缥缈，在财富面前，一个有眼力的人，远远比只会埋头出蛮力的人要有更多抓住它的可能。

参考文献

[1] 曾仕强. 圆通的人际关系 [M]. 北京：北京大学出版社，2008.

[2] 吴淡如. 性格决定幸福 [M]. 南昌：二十一世纪出版社，2008.

[3] 吴维库. 阳光心态 [M]. 北京：机械工业出版社，2006.

[4] 李欣频. 十四堂人生创意课 [M]. 北京：电子工业出版社，2008.

[5] 李开复. 做最好的自己 [M]. 北京：人民出版社，2005.